James Reed
Paul G. Stoltz

Wie Sie in jedem Beruf erfolgreich werden

James Reed
Paul G. Stoltz

Wie Sie in jedem Beruf erfolgreich werden

Die Formel für Ihre Karriere

Übersetzung aus dem
Englischen von Silvia Kinkel

REDLINE | VERLAG

Bibliografische Information der Deutschen Nationalbibliothek:
Die Deutsche Nationalbibliothek verzeichnet diese Publikation in der Deutschen Nationalbibliografie; detaillierte bibliografische Daten sind im Internet über **http://d-nb.de** abrufbar.

Für Fragen und Anregungen:
reed@redline-verlag.de
stoltz@redline-verlag.de

1. Auflage 2013

© 2013 by Redline Verlag, ein Imprint der Münchner Verlagsgruppe GmbH,
Nymphenburger Straße 86
D-80636 München
Tel.: 089 651285-0
Fax: 089 652096

Die englische Originalausgabe erschien 2011 bei Portfolio/Penguin unter dem Titel »Put Your Mindset to Work«.

Übersetzung: Silvia Kinkel, Taunusstein
Redaktion: Jordan T.A. Wegberg, Berlin
Satz: Georg Stadler, München
Druck: Konrad Triltsch, Ochsenfurt
Printed in Germany

ISBN Print 978-3-86881-343-2
ISBN E-Book (PDF) 978-3-86414-293-2

Weitere Informationen zum Verlag finden sie unter
www.redline-verlag.de
Beachten Sie auch unsere weiteren Imprints unter
www.muenchner-verlagsgruppe.de

Stimmen zum Buch

»*Wie Sie in jedem Beruf erfolgreich werden* liefert pragmatische und erkenntnisreiche Strategien für die Bewertung und Entwicklung von Talenten in Unternehmen. Ein wegweisender Ratgeber, wie Sie Ihre innere Einstellung wirksam einsetzen, um einen Vorteil auf dem Markt zu erzielen.«

Tamar Elkeles, Ph.D., Leiter Ausbildung und Entwicklung, Qualcomm

»Dieses Buch vermittelt entscheidende Elemente der Einstellungsgleichung und ist eine Grundlage für jede Organisation oder Führungskraft, die Top-Talente gewinnen und halten will.«

Chris Powell, Personalleiter, Scripps Networks Interactive

»James Reed und Paul Stoltz wagen die Behauptung, dass Fähigkeiten nichts garantieren und dass es mehr als nur Mumm braucht, um erfolgreich zu sein – es ist die geistige Haltung, die alles entscheidet. Sie untermauern diese Wahrheit mit realen Beispielen und einer beeindruckenden Analyse dessen, was tatsächlich wichtig ist, um die besten Stellen zu bekommen, das Verdienstpotenzial auszuschöpfen und über die Arbeit hinaus aufzublühen.«

Jim Kouzes, Koautor der Bestseller The Leadership Challenge *und* The Truth about Leadership

»Dieses brillante Buch ist spielentscheidend. Lesen Sie es, halten Sie sich daran und bringen Sie Ihr neues 3G-Mindset zum Einsatz. Dann kann Sie nichts mehr aufhalten.«

Gordon Roddick, Mitgründer von The Body Shop

»Ein ausgesprochen informatives und unterhaltsames Buch, das durch pragmatische und leicht anwendbare Tools zeigt, wie Sie Ihr Mindset fördern können, um Ihre Karriereentwicklung zu unterstützen. Die Fallstudien, die das Buch durchziehen, sind besonders anregend und veranschaulichen die Kernbotschaften.«

Simon Lloyd, Personalleiter, Santander UK plc

»Das 3G-Mindset verschafft Ihnen neue Einsichten und das nötige Verständnis, um im Beruf erfolgreich zu sein. Eine gute Lektüre, die zum Nachdenken anregt und praktische Ratschläge für alle gibt, die ihre Karriere vorantreiben wollen.«

Andy Doyle, Leiter der Personalabteilung, ITV Group plc

»*Wie Sie in jedem Beruf erfolgreich werden* verändert die Gesprächsführung, wenn es um Recruiting und Auswahl geht. Jeder sucht nach einem erfolgreichen Mindset. Dieses großartige Buch zeigt Ihnen, wie es aussieht und wie Sie am meisten davon profitieren.«

John Ayton, Mitgründer von Links of London

»Dieses Buch vereint solide Wissenschaft mit überzeugenden Tools, um die besten Arbeitsplätze zu bekommen, zu behalten und darin Erfolg zu haben. Es steht in meinem Buchregal ganz vorn.«

Harry Hoopis, Vorstandsvorsitzender, Hoopis Financial Services

»Wenn Sie ein Buch suchen, das Sie in die Lage versetzt, sich von der Masse abzuheben und von den besten Unternehmen händeringend gesucht zu werden, nehmen Sie *Wie Sie in jedem Beruf erfolgreich werden*.«

Christi Strauss, Präsident und CEO, Cereal Partners Worldwide, ein globales Joint Venture von Nestlé und General Mills

Dieses Buch ist allen gewidmet,
die mehr als nur ihren Job erledigen wollen.

Inhalt

Einleitung

Warum die innere Einstellung so wichtig ist

Dieses Buch gibt Ihnen ein einfaches Versprechen: Sie können die Chancen vervielfachen, Ihren gewünschten Arbeitsplatz zu bekommen, und darin außergewöhnlich erfolgreich sein, während Sie gleichzeitig Ihr Leben immens bereichern.

Unser Versprechen fußt auf der überraschenden Wahrheit darüber, was Arbeitgeber *wirklich* wollen. Bestätigt werden diese Erkenntnisse durch wissenschaftliche Forschung und unsere jahrelange Erfahrung in der Wirtschaftswelt. Wir belegen unser Versprechen und jede Behauptung, die wir in diesem Buch aufstellen, mit Nachweisen. Wir verschonen Sie mit marktschreierischen Tricks. Auch das ist Teil unseres Versprechens.

Sie können die neuen Tools und Ideen, die wir Ihnen vorstellen, sofort anwenden, um

➤ Ihre Chancen zu verdreifachen, den besten Arbeitsplatz zu bekommen und auch zu behalten;

➤ in den Augen Ihres Chefs oder der wichtigsten Stakeholder siebenmal so wertvoll zu sein wie ein »normaler Mitarbeiter«;

> ➤ Ihre Verdienstmöglichkeiten spürbar zu verbessern;

> ➤ bei der Beförderung gegenüber anderen, scheinbar »qualifizierteren« Kandidaten bevorzugt zu werden;

> ➤ Ihren Arbeitsplatz so zu sichern, dass Sie als Letzter entlassen werden, selbst wenn es zu drastischen Stellenkürzungen kommt;

> ➤ selbst vom anspruchsvollsten Chef oder den strengsten Stakeholdern hervorragende Leistungsbewertungen zu erhalten und

> ➤ auf jeder Ebene des Spiels inner- und außerhalb des Berufs erfolgreich zu sein.

Und das ist erst der Anfang. Alles, was Sie brauchen, ist die richtige innere Einstellung – das richtige Mindset.

Am Anfang – der doppelte Weckruf

Dieses Buch ist eine Gemeinschaftsleistung, die ihren Anfang fand, als beide Autoren ihre persönlichen Weckrufe erlebten und erfuhren, was eine erfolgreiche Karriere tatsächlich ausmacht. Unsere Erkenntnisse gelten für jeden Berufstätigen, jeden Bewerber und jeden Arbeitgeber. Es sind Weckrufe für *Sie*, Alarmglocken, dass die alten Formeln versagen und dass es einen neuen und besseren Weg gibt, sich abzuheben und Ihren Erfolg voranzutreiben.

Weckruf Nr. 1 – Qualifikationen allein sind keine Garantie!

James lebt für seinen Beruf. Seit mehr als zehn Jahren leitet er die weltweite Recruitment Group REED mit Büros in Europa, Australasien, dem Mittleren und dem Fernen Osten. REED vermittelt jedes Jahr Hunderttausende von Arbeitnehmern in neue Stellen. Die Online-Stellenbörse reed.co.uk ist die größte in Europa und erhält jährlich mehr als 20 Millionen Bewerbungen. Wenn Sie sehen, wie zig Millionen Menschen auf einem wettbewerbsorientierten, weltweiten Markt um Arbeitsplätze konkurrieren, lernen Sie eine Menge darüber, was funktioniert und was nicht.

Und eines wissen wir ganz sicher: Den richtigen Job zu bekommen hängt letztlich davon ab, die entsprechenden Kompetenzen zu haben. Oder etwa nicht?

Als der Arbeitsmarkt zusammenbrach und die Arbeitslosigkeit aus den Tiefen der Finanzkrise aufstieg, nahm James an einem Spitzentreffen über »Die Zukunft von Kompetenzen« teil. Es war ein wichtiges Meeting, da Regierungen und Führungskräfte weltweit auf Basis derselben grundlegenden Annahmen oder Formeln agierten: Bessere Qualifikationen bedeuten bessere Stellen. Sie investierten Milliarden in die Weiterentwicklung von Mitarbeiterkompetenzen und erwarteten als Konsequenz eine sinkende Arbeitslosigkeit. Verbessere deine Kompetenzen und du bist besser vermittelbar, oder? Nun, vielleicht ist das ein Irrtum.

Schneller als je zuvor veralten heutzutage berufliche Qualifikationen oder werden gar wertlos. Eine der führenden Rednerinnen, Lucy Adams, beschrieb es so: »Das Problem ist, dass wir nicht wissen, welche Kompetenzen in zehn Jahren am stärksten gefragt sein werden.«

In dem Moment dämmerte es James. »Nein«, dachte er, »ich kann unmöglich wissen, welche Kompetenzen in zehn Jahren am stärksten gefragt sein werden. Qualifikationsanforderungen unterliegen ständigen Veränderungen. Es gibt jedoch ein paar zeitlose Fähigkeiten, über die ein Arbeitnehmer unter allen Umständen verfügen muss. Ich weiß vielleicht nicht, welche Kompetenzen in zehn Jahren am meisten gefragt sind, aber ich weiß genau, welche Art von Mitarbeitern ich in zehn Jahren einstellen will.«

Er dachte an die produktivsten und erfolgreichsten Leute in seinem Unternehmen und an die Mitarbeiter der Firmen, mit denen er jedes Jahr zu tun hatte. Er dachte an die cleveren, fähigen, flexiblen Leute mit einer starken Arbeitsmoral und der Entschlossenheit, Dinge zu erledigen, die seine Firma und die seiner Kunden nach vorn gebracht hatten. Gute, integre Leute, die hartnäckig, leidenschaftlich, tatkräftig, innovativ, optimistisch und belastbar sind. James dachte genauso wie die Tausende von Arbeitgebern, die wir seither befragt haben, an Leute mit der richtigen inneren Einstellung.

Weckruf Nr. 2 – Man braucht mehr als nur Mut, um erfolgreich zu sein

Paul ist Experte, was Belastbarkeit angeht. Sein Lebenswerk und seine feste Überzeugung bauen auf einer einfachen Wahrheit auf: Du kannst nicht alles kontrollieren, was passiert. Wenn du jedoch meisterst, wie du auf Ereignisse *reagierst*, kannst du dein Schicksal steuern. Menschen mit Mut – einem Mindset, das sie hart im Nehmen macht – kommen in der Regel weiter. Als Gründer und CEO von PEAK Learning, Inc. und dem Global Resilience Institute hat Paul hat das während seiner dreißigjährigen Forschung über die innere Einstellung bewiesen.

Paul ist der Urheber der Adversity-Quotient-Theorie und -Methode. Es ist die weltweit meistgenutzte Methode für die Beurteilung und Stärkung menschlicher Widerstandskraft – der Art und Weise, wie Menschen mit Widrigkeiten umgehen. Top-Unternehmen nutzen den AQ weltweit.

Der AQ spielt in der Arbeitswelt eine wichtige Rolle. Er steuert Ihre Leistung, Ihre Produktivität, Ihre Innovationsstärke, Ihre Aufnahmefähigkeit, Ihren Optimismus und Ihre Fähigkeit, gesetzte Ziele zu erreichen. Das belegen einige bahnbrechende Studien.

Eines wissen wir ganz sicher: Mut spielt eine Rolle. Je souveräner Sie mit Widrigkeiten umgehen, desto erfolgreicher sind Sie. Stimmt doch? Oder irren wir uns schon wieder?

Paul hatte sein Aha-Erlebnis in Bezug auf das amerikanische Strafvollzugssystem. Gefängnisleiter baten ihn um ein AQ-Training, aber nicht für ihre überlasteten Mitarbeiter, sondern für die Gefangenen. Paul malte sich das Ergebnis eines derartigen Trainings aus und erkannte, dass etwas Entscheidendes fehlte. Sollte das Ziel tatsächlich darin bestehen, Kriminelle noch belastbarer, hartnäckiger und entschlossener zu machen? Sind es tatsächlich diese Eigenschaften, an denen es ihnen mangelt, um erfolgreiche Mitglieder unserer Gesellschaft zu werden? In dem Moment erkannte Paul, ähnlich wie auch James, die schonungslose Wahrheit. Es braucht mehr als Mut und Belastbarkeit, um erfolgreich zu sein. Paul wusste, dass er diesen Auftrag nicht annehmen konnte, bis er eine bessere Lösung gefunden hatte.

Das war der Punkt, an dem wir (James und Paul) uns zusammensetzten, um ein Referenzmodell für die erfolgreiche innere Einstellung zu finden – ein Mindset, das über Kompetenzen und Belastbarkeit hinausgeht.

Manchmal führen die einfachsten Ideen zu den größten Durchbrüchen. Wir haben das getan, was wir für offensichtlich hielten. Wir fragten Tausende von Top-Arbeitgebern, was sie *wirklich* von den Leuten erwarteten, die sie einstellten, behielten, beförderten und lobten. Aber die Antworten werden Sie vielleicht schockieren. Unsere auf Recherchen basierenden Entdeckungen erschüttern gängige Meinungen und Ratschläge hinsichtlich der nötigen Voraussetzungen, um die besten Arbeitsplätze zu bekommen und zu behalten, geschweige denn, langfristig bei all Ihren Aktivitäten erfolgreich zu sein.

Vieles von dem, was wir – und vielleicht auch Sie – für die Grundlage beruflichen Erfolgs hielten, liegt zumindest teilweise daneben, wenn es nicht gar vollkommen falsch ist.

Letztlich entscheidet die richtige innere Einstellung.

Kompetenz ist wichtig

Lassen Sie uns eines klarstellen: Kompetenz ist wichtig und kann viel bewirken. Ihre Kompetenz und Ihre Fähigkeiten sind die Werkzeuge, mit denen Sie Ihr Leben steuern. Viele Berufe erfordern spezifische Qualifikationen und erfolgreiche Arbeitgeber bewerten und testen die Kompetenz jedes Bewerbers. Bevor man einen Piloten an das Steuer eines Flugzeugs lässt, muss er seine Fähigkeiten in einem Flugsimulator überzeugend unter Beweis stellen. Das Beherrschen bestimmter Fertigkeiten muss bewiesen und nicht nur zugesichert werden. Und wenn Sie auf Arbeitsuche sind, sollten Sie darauf vorbereitet sein, Ihre Qualifikation unter Beweis stellen zu müssen.

Fähigkeiten zählen. Tatsächlich sind Ihre Kenntnisse das, weswegen Sie eingestellt wurden und was Sie dahin gebracht hat, wo Sie heute beruflich stehen. In einigen Berufen, vor allem in hoch spezialisierten wie beispielsweise versicherungsmathematische Buchhaltung, Ultraschalltechnologie oder Arabisch-Übersetzungen, sind spezifische Fähigkeiten unabdingbar.

Sich jedoch ausschließlich auf Fachkenntnisse zu stützen kann böse ins Auge gehen, insbesondere wenn Sie sich bei jedem Versuch, Ihre Berufsperspektive zu verbessern, gegen die Konkurrenz behaupten müssen. Wenn Sie sich heute bei einer Fluggesellschaft als Pilot bewerben, treten Sie gegen einen riesigen Pool hervorragend ausgebildeter Bewerber an. Im Kielwasser wirtschaftlicher Krisen und daraus resultierender Entlassungen gibt es einen deutlichen Überhang erfahrener Piloten, die sofort bereit wären, auch für die Hälfte ihres früheren Gehalts wieder zu arbeiten. Um trotz geringer Chancen Erfolg zu haben, braucht man nicht irgendeine innere Einstellung, sondern die richtige.

Ihre innere Einstellung ist das, was Sie unterscheidet und es Ihnen ermöglicht, dort Erfolg zu haben, wo andere versagen. Menschen mit einer überlegenen inneren Einstellung agieren mit außergewöhnlicher Integrität und Belastbarkeit, mit gutem Willen, Beharrlichkeit, Geschicklichkeit, Aufgeschlossenheit und Perspektive. Von Jahr zu Jahr gewinnen diese Eigenschaften an Bedeutung, während die harte Realität des Wettbewerbs auf einem globalen Arbeitsmarkt selbst die verstecktesten Winkel unseres Planeten erreicht und fachliche Fähigkeiten in einem zunehmend schnelleren Tempo angepasst werden müssen.

Immer mehr amerikanische und europäische MBA-Programme schicken ihre Studenten als Bestandteil des Studiums nach Indien und China, nicht zuletzt um sie aus ihrer Selbstgefälligkeit zu reißen. Wenn sie erst einmal mit der vibrierenden Intensität unternehmerisch denkender, entschlossener, von Möglichkeiten beflügelter junger Menschen konfrontiert wurden, denen sie in diesen (und anderen) Ländern begegnen, erkennen sie plötzlich, wie stark die Konkurrenz um jeden interessanten Arbeitsplatz ist.

Was ist eigentlich Mindset?

Wenn sich Ihre fachlichen Fähigkeiten auf das beziehen, was Sie tun können, dann ist Ihre innere Einstellung – Ihr Mindset – das, was Sie denken, woran Sie glauben und wie Sie die Dinge sehen. Sie werden schon bald feststellen, dass damit keineswegs gemeint ist, immer eine positive Haltung zur Schau zu tragen. Beim Mindset geht es um mehr. Es ist die Grundlage von allem.

Das viel zitierte *Oxford English Dictionary* definiert »Mindset« als »die gewohnte Denkweise«. Deshalb halten wir die innere Einstellung für wesentlich tiefgründiger und umfassender als etwas, das nur an der Oberfläche existiert. Für uns ist es wie ein Objektiv, durch das Sie das Leben sehen und steuern. Ihre innere Einstellung beeinflusst sowohl alles, was Sie sehen, als auch alles, was Sie tun.

Lassen Sie uns die Natur zu Hilfe nehmen, um zu erklären, was genau die Definition des »Mindsets« ist. Haben Sie schon einmal an einem zugefrorenen klaren See gestanden?

Das Eis ist wie ein riesiges Objektiv auf das Leben darunter. Sie können hindurchsehen – auf die Fische und das Leben auf der anderen Seite der Eisschicht. Wenn Sie das tun, sehen Sie auch die Dinge, die beim Gefrierprozess eingeschlossen wurden. Manches ist wunderschön, wie zum Beispiel ein abgefallenes Blatt, das im Zustand des Schwebens festgehalten wurde. Ein anderes Mal ist es hässlich, weggeworfener Müll, der das schöne Bild stört. Entscheidend ist, dass alles, was in diesem Objektiv – Ihrer Sichtweise – gefangen ist, dort bleiben wird, bis es im Frühling taut.

Ihre Sichtweise ist außerdem gefärbt. Stellen Sie sich vor, die ganze Welt hätte dieselbe Farbe wie das Objektiv vor Ihrem Auge, so wie gefärbtes Eis das Wasser darunter färben würde. Wenn Sie blaue Augen haben, hätte die ganze Welt einen bläulichen Schimmer. Hat die Welt eine grüne Färbung, dann müssen Sie grüne Augen haben. Und so weiter. Sie würden nicht merken, dass Ihre Augen Ihrem Gehirn einen Streich spielen. Wenn Sie blaue Augen haben, ist die Welt für Sie blau. Punkt. Möglicherweise streiten Sie sogar mit jemandem, der grüne oder braune Augen hat. Zweifellos muss sich derjenige irren.

So funktioniert das Mindset. In Ihrem Gehirn verbinden sich Ihre persönlichen Erfahrungen, Ihre Charaktereigenschaften und Ihre Ausbildung zu einem einzigartigen Objektiv. In Ihren jungen Jahren wird jede neue Erfahrung und Lektion dieser Mischung hinzugefügt, sodass Ihr Mindset flexibel und in Bewegung bleibt. Wenn jedoch die notwendigen Justierungen Ihrer inneren Einstellung abnehmen, beginnt Ihr Objektiv zu erstarren. Im Gegensatz zu Stimmungen, die radikal und plötzlich schwanken können, ist das Mindset, nun ja, verkrustet. *Zumindest bis jetzt.*

Deshalb färbt Ihre innere Einstellung alles auf ähnliche Weise wie das Eis auf dem See. Sie wird zu *der* Art und Weise, wie Sie die Dinge sehen und durchs Leben gehen. Letztlich beeinflusst sie, welche schönen (oder hässlichen) Dinge Sie wahrnehmen oder beitragen. Aber der globale Charakter des Umfelds und die veränderten Zeiten haben einen radikalen Umbruch herbeigeführt. Das verleiht unserem Mindset eine neue Bedeutung. Es bietet jedoch auch hervorragende Möglichkeiten, wenn Sie die Prinzipien und Tools beherrschen und anwenden, die in diesem Buch vorgestellt werden.

Was Arbeitgeber wirklich wollen

Wir fragten Tausende von Top-Arbeitgebern, darunter viele der weltweit besten, worauf sie bei ihren Mitarbeitern Wert legen. Die Antworten werden tief greifende Auswirkungen auf Ihre gesamte Karriere haben.

Wenn Arbeitgeber die Wahl haben zwischen einem Arbeitnehmer, der das gewünschte Mindset mitbringt, dem es jedoch an den entsprechenden Fachkompetenzen fehlt, und jemandem, der zwar über die entsprechenden Fertigkeiten verfügt, dem es jedoch an der richtigen inneren Einstellung mangelt, so stellen 96 Prozent der Arbeitgeber das Mindset über die

Fertigkeiten. 98 Prozent hielten es für wahrscheinlicher, dass sich ein Mitarbeiter mit der richtigen inneren Einstellung die nötigen Kompetenzen aneignet, als dass sich jemand mit den entsprechenden Qualifikationen das gewünschte Mindset zulegt. Und 97 Prozent der Arbeitgeber waren zuversichtlicher, was ihre Prognose hinsichtlich der gewünschten inneren Einstellung in fünf oder zehn Jahren anging, als hinsichtlich der dann erforderlichen Kenntnisse.

Wir waren erstaunt über die Eindeutigkeit der Ergebnisse. Sie untergraben eine der tragenden Säulen der Arbeitswelt: dass bessere Kompetenzen gleichbedeutend sind mit besseren Arbeitsplätzen. Stattdessen stellen sie das Modell der Karriereberatung auf den Kopf. Die neue Wahrheit besagt: Konzentriere dich auf dein Mindset und alles andere wird sich von selbst regeln.

Die innere Einstellung sticht die Qualifikationen aus. Nicht nur ein bisschen, sondern erdrutschartig. Und dennoch, wenn wir Arbeitgeber danach fragen, wie sie derzeit das Mindset von Neueinstellungen einschätzen, dann schweigen sie entweder bedeutungsvoll, lachen gekünstelt oder murmeln irgendetwas vor sich hin. Tatsächlich haben sie keine Antwort. Und wenn wir sie fragen, wie wichtig ihnen eben jene Bewerber und Mitarbeiter sind, die ihre innere Einstellung nicht nur artikulieren, sondern auch unter Beweis stellen können, dann hören wir sie rufen: »Das wäre fantastisch!« Oder: »Genau das hat mir immer gefehlt!« Und eine der häufigsten Reaktionen: »Die innere Einstellung ist das Entscheidende.«

Die innere Einstellung. Arbeitgeber wissen sehr genau, wie wichtig sie ist. Aber sie haben keine Ahnung, wie sie das Mindset der Bewerber erkennen oder einschätzen können. Das ist unsere Chance, ihnen zu zeigen, was sie wollen.

Wir fragten Arbeitgeber: »Was wäre, wenn Ihre Bewerber eine Möglichkeit hätten, ihr Mindset unter Beweis zu stellen? Was würden Sie davon halten?« Branche für Branche, Arbeitgeber für Arbeitgeber erhielten wir dieselbe Antwort. Mit den Worten von Steve Collins, dem Senior-Vertriebsleiter von Mars, Inc., wäre das »eine bahnbrechende Veränderung«.

Harry Hoopis, Managing Partner bei der Hoopis Financial Group, einem 5 Milliarden Dollar starken Finanzdienstleister, wird von vielen als Begründer der Branche betrachtet, einer Branche, die weltweit jedes Jahr etliche Millionen Menschen einstellt. Während der letzten Jahrzehnte bereitete er vielen Neuerungen den Weg, die zu weltweiter Expansion der Branche und zunehmender Ausgereiftheit führten.

Auf die Frage: »Was wäre, wenn Ihre Bewerber eine Möglichkeit hätten, ihr Mindset unter Beweis zu stellen? Was würden Sie davon halten?«, setzte sich Hoopis kerzengerade auf, sah uns durchdringend an und sagte:

> Ich würde diesen Leuten [mit dem richtigen Mindset] auf der Stelle einen Job geben. Ich meine, machen wir uns doch nichts vor. Lebensläufe sagen einem so gut wie nichts und Bewerbungsgespräche laufen letztlich, wenn wir ehrlich sind, auf

das Bauchgefühl hinaus. Natürlich haben wir alle möglichen Assessments, aber wir verfehlen das Ziel. Unsere Assessments stellen Behauptungen auf, aber sie beurteilen nicht die innere Einstellung. Wenn mir ein Bewerber beweisen kann, dass er das richtige Mindset hat, dann will ich denjenigen an Bord haben. Ohne Frage. Den Rest können wir dann gemeinsam ausknobeln. Das sind die Leute, die etwas bewegen. Das sind die Leute, die wir wollen. Es geht nichts über das Mindset.

Seine Worte wiederholen das, was wir von den meisten Arbeitgebern gehört haben. Was bedeutet das nun für Sie?

Es geht nichts über das Mindset. Aber nicht *irgendein* Mindset. Wie sich zeigt, geht es um eine bestimmte Einstellung – das haben stichhaltige Recherchen gezeigt –, die wir als *3G-Mindset* bezeichnen und die Ihren Erfolg sowohl prognostiziert wie auch vorantreibt. Tatsächlich prognostiziert und steuert sie *eine Menge* Faktoren, einschließlich dem, wie viel Geld Sie verdienen.

Der Weg nach vorn

Das Versprechen, das wir Ihnen geben, ist schlicht und einfach: Ihre Chancen zu vervielfachen, den Arbeitsplatz zu bekommen, den Sie wollen, und beruflich außergewöhnlich erfolgreich zu sein, während Sie gleichzeitig Ihr Leben ungemein bereichern.

Um Ihnen zu verdeutlichen, welches Potenzial Sie sich erschließen können, sollten Sie sich einmal die beiden folgenden Fragen stellen:

1. Abgesehen von der inneren Einstellung, welche andere Möglichkeit hätte ich, einen größeren Einfluss auf mein Glück insgesamt und meinen Erfolg im Job und darüber hinaus zu nehmen?

2. Wie genau kann ich davon profitieren, wenn ich meine innere Einstellung verstehe, einschätze und stärke?

Dieses Buch wird Sie einen ganz bestimmten und nachvollziehbaren Weg entlangführen, um jede einzelne Stufe und Möglichkeit in Ihrem Berufsleben zu stützen. Dieser Weg zum erfolgreichen Mindset hat vier Hauptetappen: Verstehen, Einschätzen, Stärken und Anwenden.

Kapitel 1 und 2	Verstehen und erfassen, was wir unter dem erfolgreichen Mindset verstehen.
Kapitel 3	Ihr Mindset mit dem fortschrittlichsten Instrument seiner Art einschätzen: dem *3G-Panorama*.
Kapitel 4 bis 7	Ihr Mindset stärken.
Kapitel 8 und 9	Ihr Mindset dazu nutzen, die besten Arbeitsplätze zu bekommen, sich darin zu entfalten und voranzukommen.

Wir haben dieses Buch geschrieben, um Ihnen einen klaren Vorsprung bei Ihrem Vorwärts-streben zu verschaffen. Wir haben Beweise, dass es funktioniert. Der beste Beweis wird jedoch Ihr Erfolg sein, indem Sie das nun Folgende in die Tat umsetzen. Bringen Sie Ihr Mindset zum Einsatz und eine Welt voller Möglichkeiten erwartet Sie … beginnen Sie *jetzt* damit.

1. Die neue Realität: Was Arbeitgeber wirklich wollen

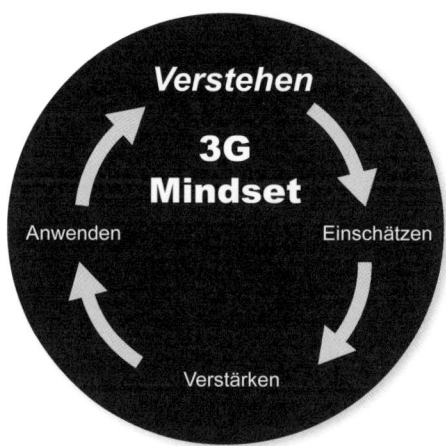

»Meine größte Aufgabe bestand darin, die innere Einstellung von Menschen zu ändern. Die innere Einstellung spielt uns sonderbare Streiche. Wir sehen die Dinge so, wie unser Gehirn den Augen vorgibt, sie zu sehen.«

Muhammads Yunus, Nobelpreisträger und Gründer der
Mikrokreditbewegung zur Bekämpfung von Armut

Die innere Einstellung beeinflusst, wie Sie alles sehen und tun. Ihre innere Einstellung hat viel Übung darin und ist Ihnen von besonderem Nutzen, wenn Sie eine klare Vorstellung von den jeweiligen Zusammenhängen haben. Sehen Sie es einmal so: Ein Bewusstsein von den ihn umgebenden Gewässern und räuberischen Kreaturen zu haben verleiht einem Fisch nicht nur eine höhere Lebenserwartung, sondern auch die Chance, gut zu gedeihen. Und in Ihrem Fall haben sich die »Gewässer« und »Kreaturen« drastisch verändert. Möglicherweise haben Sie nur eine leise Ahnung davon, aber tatsächlich sind Sie von einem kleinen Teich in einen großen See übergewechselt. Das hat Auswirkungen auf die Bedeutung Ihrer inneren Einstellung und die Rolle, die sie spielen kann.

Gen G – die Generation Global

Willkommen in der Generation Global, einer Generation, die sich stärker durch das Zeitalter als durch Ihr Lebensalter definiert. Die Generation G bestimmt sowohl Ihre Chancen – auf dem Stellenmarkt – als auch den Konkurrenzkampf neu. Unabhängig von Ihrem Alter, Ihrer Ausbildung oder Herkunft sind Sie Teil der größten und wohl wichtigsten Generation in der Menschheitsgeschichte. Lesen Sie diesen letzten Satz zweimal. Niemand vor Ihnen, vor heute, war in der Lage, diese Behauptung aufzustellen. *Sie* schon. Für einige sind das potenziell gute Neuigkeiten, für andere eher schlechte. Und wie Sie schon bald erkennen werden, ist es die innere Einstellung, auf die es dabei ankommt.

Die Tage der Zwangsjacken, die aus dem Geburtsjahr resultieren (Babyboomer, Generation X und Generation Y) und von uns eine bestimmte Art und Weise des Denkens und Handelns erwarteten, sind vorbei. Die Arbeitswelt befindet sich in einem ständigen Veränderungsprozess und damit wurden auch die Erwartungen hinsichtlich unseres Denkens und Handelns hinfällig. Als Mitglied der Generation G sind Sie es, der die Regeln aufstellt.

Khosro Khaloghli wurde als Sohn eines aserbaidschanischen Vaters und einer türkischen Mutter in einer der ärmsten Gegenden des Iran geboren. In den eisigen Wintern stopfte seine Mutter ihm die abgewetzten Schuhe mit Zeitungspapier aus, damit seine Füße auf dem langen Schulweg nicht erfroren.

Durch viele Jahre harter Arbeit gelang es ihm, 600 Dollar zusammenzusparen und mit einem Wrestling-Sportstipendium in die USA zu reisen. Dort angekommen, war er nahezu mittellos, kannte niemanden und sprach nur wenige Brocken Englisch. Bereits mit seiner ersten Arbeitsstelle als jüngster Mitarbeiter auf einer Bohrinsel im Persischen Golf und auf seinem anschließenden Weg nach oben widerlegte er sämtliche Annahmen hinsichtlich dessen, was möglich ist und was nicht. Khosro arbeitete (und leitete Unternehmen und Projekte) auf der ganzen Welt.

Khosro findet: »Das Mindset ist das Wichtigste!« (Eine Aussage, die wir in unseren Befragungen oft zu hören bekamen.) In seinem Leben ging es stets darum, die innere Einstellung zu aktivieren, aus »nichts« »etwas« zu machen, Gelegenheiten zu schaffen, wo es keine gab, und immer wieder das Unmögliche möglich zu machen. Über Khosro und seine erstaunliche Geschichte könnte man ganze Bücher schreiben (und jemand sollte das auch tun), aber in diesem Buch geht es um *Ihre* Geschichte und nicht um Khosros. Lassen wir es dabei bewenden, dass er einen Weg gefunden hat, sich von anderen abzuheben, indem er viele der in diesem Buch aufgeführten Prinzipien befolgte.

Heute leitet Khosro mehrere Unternehmen, er hat einen Doktortitel in Urban Economics, nimmt am größten Entwicklungsprojekt der Welt in China teil und lebt in den Vereinigten Staaten und in Japan. Er hat es zu großem Reichtum gebracht, den er einsetzt, um tagtäglich in Dutzenden von Ländern Bedürftigen Gutes zu tun.

Mit einundsiebzig Jahren ist »Dr. K« (ohne Übertreibung) fitter als je zuvor, er verfügt über mehr Energie und Tatendrang als sogar der beeindruckendste Berufsanfänger und lernt mit der Wissbegier eines Erstsemesters. Dr. K weist jegliche Versuche von sich, ihn einer bestimmten Generation zuzuordnen, und erklärt mit der für ihn typischen Eindringlichkeit:

> Vergessen Sie diese albernen Typisierungen. Es spielt keine Rolle, wie alt Sie sind und wo Sie leben! Es ist egal, welche Plus- oder Minuspunkte Sie haben! Sie, ich, wir alle sind Menschen auf diesem Planeten. Alles, was Sie tun, jeder Job, den Sie haben, ist Teil dieser Welt. Bei jeder Stelle, um die Sie sich bewerben, jeder Arbeit, die Sie verrichten, stehen Sie überall und jederzeit im Wettbewerb mit jedermann. Das ist die Realität. Das ist die Chance! Und deshalb bin ich überzeugt – bitte glauben Sie mir –, dass wir in der aufregendsten Zeit der Menschheitsgeschichte leben!

Dr. K hat Recht. Ihr Weg muss nicht vorherbestimmt sein durch Zeit und Ort Ihrer Geburt oder durch das, was Ihnen in die Wiege gelegt wurde.

> Die Generation Global, oder Gen G, ist eine Generation, in der die Menschen mehr durch das Zeitalter als durch ihr Lebensalter bestimmt werden. Zur Gen G gehören weltweit 2,5 Milliarden Menschen, die auf einem globalen Markt jegliche Form lohnenswerter Arbeit suchen.

Vergessen Sie Ihr Alter und befassen Sie sich stattdessen mit Ihrer Lebensphase. Die wird nämlich Einfluss darauf haben, wie Sie Ihre innere Einstellung am besten zum Einsatz bringen. Sehen Sie sich die verschiedenen Gen-G-Stadien an und versuchen Sie zu ermitteln, welche Phase Ihrer derzeitigen Situation am ehesten entspricht. Wie Dr. K werden auch Sie vielleicht finden, dass Sie in mehr als eine Kategorie passen. Dann wenden Sie sämtliche in diesem Buch dargestellten Tools und Tipps auf Ihre spezielle Realität und Ihre Aufgaben an.

Aufstrebende sind scheinbar gänzlich unbeeindruckt von den Realitäten, Aufgaben und Chancen, welche die Weltwirtschaft bietet. Wenn Sie ein Aufstrebender sind, werden Sie diese sogar begrüßen, weil Sie es gar nicht anders kennen. Sie wollen mitarbeiten und Ihren Beitrag leisten und finden jene Arbeitsplätze, die es Ihnen erlauben, Ihre relativ kompromisslosen Werte zu leben, auch wenn es zunächst nur darum geht, den Lebensunterhalt zu verdienen.

Aufstrebende haben einen Vorsprung gegenüber allen anderen, wenn es um spezielle Facetten von Qualifikationen und Mindset geht, aber nicht genug, um den Erfolg zu garantieren. Zugleich können bestimmte Aspekte einer inneren Einstellung für Aufstrebende eine Herausforderung sein. Zielstrebigkeit ist zum Beispiel eine wesentliche Komponente eines erfolgreichen Mindsets. Aber die Aufstrebenden gehören zu der Altersgruppe, die wie keine andere in der Menschheitsgeschichte ADHS-Symptome (Aufmerksamkeitsdefizit-Hyperaktivitäts-Syndrom) aufweist. Und wie Sie zu einem späteren Zeitpunkt in diesem Buch noch erfahren werden, entwickelt sich Ihr Denkprozess ohne die richtige innere Einstellung umso oberflächlicher und weniger zielgerichtet, je stärker Sie vernetzt sind.

Baumeister stecken mitten in der Arbeit. Wenn Sie ein Baumeister sind, haben Sie sich auf einen Karrierepfad oder beruflichen Weg eingelassen und sind darauf vorbereitet, beträchtliche Energie darin zu investieren. Sie streben danach, Ihr Leben und das Ihrer Familie zu verbessern, und steuern auf eine glanzvolle Zukunft zu. Als Baumeister sind Sie vielleicht gerade im Begriff, Ihre berufliche Situation zu verändern, angetrieben von dem Wunsch, dass Ihr nächster Karriereschritt noch bedeutender und lohnender sein wird.

Aller Wahrscheinlichkeit nach haben Sie, wie die meisten Baumeister, die Spielregeln gelernt, vielleicht sogar auf die harte Tour. Möglicherweise haben Sie bisher Ihre Ziele erreicht, indem Sie auf Ihr eigenes Wohl bedacht waren und clever auf Gewinn setzten, auch wenn andere dabei leider auf der Strecke bleiben mussten. Ihr Motto könnte lauten: Ich halte mir den Rücken frei, habe ein dickes Fell und falle jenen auf, die meine Zukunft beeinflussen könnten.

Sie müssen tough sein. Stimmt's? Vielleicht hat Ihnen mal jemand gesagt: »Nett sein macht sich nicht bezahlt.« Das ist eine Lüge und wir werden es beweisen. Tatsächlich kann es sich sogar sehr bezahlt machen, nett zu sein. Aber das allein genügt nicht. Sie müssen nett *und* tough sein.

Bleiben wir fair: Natürlich sind Beharrlichkeit, Mut, geistige Robustheit und Anpassung an Ihre Umwelt entscheidende Aspekte des Mindsets. Aber Vertrauen, Wohlwollen, Mitgefühl und Glaubwürdigkeit sind mindestens genauso wichtig. Wir werden Ihnen zeigen, warum und auf welche Weise.

Viele Baumeister haben sich bis zu einem bestimmten Punkt hochgearbeitet, indem sie sich vor allem auf ihre Fertigkeiten verließen und der inneren Einstellung nur geringe Aufmerksamkeit schenkten. Das ist eine gefährlich eingeschränkte Perspektive. Falls diese Beschreibung auf Sie zutrifft, ist eine Schwerpunktverlagerung vonnöten.

Die Bedeutung der inneren Einstellung muss Ihnen in Fleisch und Blut übergehen. Seit Sie in die Arbeitswelt eingetreten sind, haben die Kräfte der globalen Veränderungen zugenommen, sich ausgeweitet und die Realität durchdrungen. Manche Menschen empfinden das als abschreckende Kälte. Für andere ist es eine laue, exotisch anmutende Brise, die ihre Segel für künftige Abenteuer bläht. Ihr Mindset ist entscheidend dafür, wie Sie die Situation erleben.

Vollender streben danach, ihre arbeitsreichen Jahre positiv und erfüllt zu beschließen. Sie fürchten vielleicht die Vorstellung, dass ihr Leben, ihr Beitrag und ihre eigene Bedeutung durch externe Kräfte und seismische Verschiebungen schrumpfen könnten.

Bei der inneren Einstellung treten nun die Aspekte »Beweglichkeit« und »Charakterfestigkeit« in den Vordergrund. Wir werden diese Begriffe im Laufe unserer Erläuterungen noch häufig verwenden. Wer bisher nicht über diese Eigenschaften verfügte, muss sie sich jetzt dringend aneignen.

Vollender erleben das neue globale Spielfeld in der gesamten Bandbreite von Bedrohung bis Versprechen. Manche begrüßen es, andere akzeptieren es widerwillig als den neuen selbst erschaffenen Kontext, in dem sie sich rückhaltlos engagieren müssen, um ihre Karriere nachhaltig zu vollenden.

Und wo stehen Sie? Sind Sie ein Aufstrebender, ein Baumeister oder ein Vollender? Die Bestimmung Ihrer Lebensphase macht Ihnen deutlich, was Sie tun müssen, um das unbegrenzte Potenzial der Generation G zu erschließen. Und wir können gar nicht genug betonen, wie wichtig es ist, sich beim Entwickeln einer erfolgreichen inneren Einstellung die Gen G zu eigen zu machen.

Wir werden uns in diesem Buch auf die Gen G und die drei Lebensphasen beziehen. Wir werden Sie mit ein paar bahnbrechenden neuen Tools ausstatten, die unerlässlich für Sie sind, um das Optimum aus der Gen G herauszuholen, egal in welcher Lebensphase Sie sich befinden.

Die richtige innere Einstellung

Wie bereits in der Einleitung beschrieben, sagen die meisten Arbeitgeber, dass ihnen bei der Einstellung, der Beförderung und dem Halten von Mitarbeitern das Mindset wichtiger sei als das entsprechende Repertoire an Qualifikationen.

Aber warum legen Arbeitgeber so viel Gewicht auf die innere Einstellung und wie zeigt sich das, während Sie die Karriereleiter in der Firma nach oben klettern? Bei unseren Forschungen erhielten wir viele Aussagen, die auf die enorme Bedeutung des Mindsets verwiesen. Betrachten Sie einmal die folgende Stichprobe der Sichtweisen von fünf Arbeitgebern.

Eine wahre Geschichte – Sichtweisen von Arbeitgebern

Auf die Frage, ob die innere Einstellung für Führungskräfte mehr oder weniger wichtig sei, antwortete April Pack, Senior Sales Capability und Performance Manager bei Mars, Inc.: *»Auf dieser Ebene ist die innere Einstellung das Wichtigste. Dass Führungskräfte über die entsprechenden Fachkenntnisse verfügen, setzen wir voraus. Aber für jemanden, der andere führen will, ist die innere Einstellung am wichtigsten.«*

Barry Hoffmann ist Personalchef bei Computacenter, dem größten unabhängigen Provider von IT-Infrastruktur-Dienstleistungen in Europa mit einem Umsatz von 2,5 Milliarden Pfund. In diesem schnelllebigen Geschäft sind ausgeprägte technologische Kenntnisse essenziell. Dennoch sind in seinen Augen diese Fähigkeiten nicht das Ausschlaggebende. *»Wir brauchen die innere Einstellung«*, sagt er. *»Fertigkeiten können erlernt werden und unsere Branche ist schnelllebig. Eine heute aktuelle Qualifikation kann in achtzehn Monaten bereits passé sein, weil sich die Technik so schnell weiterentwickelt. Von daher ist für uns die innere Einstellung wichtiger als eine Kompetenz, die vielleicht schon bald überholt ist.«*

Bildung ist eine ganz andere Art von Geschäft, aber als eine von Großbritanniens jüngsten Schulleiterinnen bei ihrer Ernennung zur Rektorin und CEO der East London Academy musste Hilary Macaulay vom ersten Tag an Top-Leistungen zeigen. *»Die Quintessenz meiner Erfahrungen besteht darin, dass man Fertigkeiten in den meisten Fällen erlernen und entwickeln kann«*, erklärte sie. *»Wenn du jedoch keine Mitarbeiter mit der richtigen inneren Einstellung hast, die dich unterstützen, können Energien in völlig falsche Kanäle gelenkt werden. Leute mit der richtigen inneren Einstellung zu finden war für mich das Wichtigste, wenn ich meinem Team neue Mitarbeiter hinzufügte.«*

Caitlin Dooley ist freiberufliche Recruiterin für Facebook, eins der begehrtesten Unternehmen der Welt. Auf die Frage, wie wichtig die innere Einstellung für ihr wegweisendes Unternehmen sei, antwortete Caitlin: *»Die entsprechenden Kompetenzen zu finden ist nicht schwer. Genau genommen werden die vorausgesetzt. Wir müssen über die rein technischen Fähigkeiten hinausschauen. Alle zwei bis drei Monate führen wir einen Hackathon durch. Dabei wird die ganze Nacht lang teamübergreifend programmiert. Viele unserer bekanntesten Produkte sind aus solchen Hackathons entstanden. Menschen, die erfolgreich an den Hackathons und bei Facebook mitarbeiten, haben die richtige innere Einstellung. Punkt. Genau das führt uns in die Zukunft.«*

Paul Milliken ist stellvertretender Vorsitzender der Personalabteilung bei Shell und berät bei Rekrutierungsentscheidungen innerhalb eines weltweiten Konzerns, der mehr als 100.000 Menschen in über neunzig Ländern und Regionen beschäftigt. Er erzählt, dass ihn eines Tages ein Manager aufsuchte, der sich in einem echten Dilemma befand: Er konnte sich nicht entscheiden zwischen einem Bewerber mit ausgezeichneten Fachkenntnissen und einem anderen Bewerber, der weniger Fachkenntnisse, dafür aber die gewünschte innere Einstellung besaß.

Milliken sagte zu dem Manager: »*Wenn Sie zurückblicken, dann denken Sie an die erfolgreichen und an die weniger guten Entscheidungen, die Sie getroffen haben.*« Es folgte ein Schweigen, während der Manager überlegte, welche Rekrutierungsentscheidungen er in der Vergangenheit gefällt hatte und welche Konsequenzen diese im Einzelfall nach sich gezogen hatten. Und da wusste er plötzlich die Antwort. Immer wenn er der inneren Einstellung gegenüber den Fachkenntnissen den Vorzug gab, »*hatte es stets gut funktioniert*«.

Andere weltweit führende Unternehmen sind sehr freimütig, was ihre Einstellungspolitik angeht. »Wir sind bei unseren Einstellungen extrem integrativ«, heißt es auf der Website von Google. »Da wir weiter wachsen, sind wir ständig auf der Suche nach Leuten, die unser Engagement teilen und Spaß daran haben, die Internetsuche zu perfektionieren.« Für Google geht es ganz klar um die innere Einstellung, so wie es bei vielen fortschrittlichen Unternehmen der Fall ist.

Wir haben uns mit diesen und anderen führenden Arbeitgebern in Europa, Asien und Amerika unterhalten, einschließlich Aviva, Merck, Prudential, DIRECTV, General Mills, Ernst & Young sowie Deloitte. Sie alle stimmten ohne Umschweife zu, dass die innere Einstellung die Fachkenntnisse aussticht, und das nicht nur bei den Auswahlkriterien von Bewerbern, sondern auch bei der Beurteilung, wie wertvoll ein Mitarbeiter tatsächlich für das Unternehmen ist und wie hoch die Wahrscheinlichkeit, ihn langfristig halten zu wollen.

Wir stellten diesen Arbeitgebern eine einfache Frage: »Wie viel mehr ist Ihnen ein Mitarbeiter mit dem richtigen Mindset im Vergleich zu einem anderen Mitarbeiter wert?« Als die Antworten sehr vage ausfielen, wie etwa »sehr viel«, baten wir die Befragten, ihre Aussagen in Zahlen auszudrücken. Das Ergebnis ist verblüffend. Im Schnitt bezifferten diese weltweit führenden Arbeitgeber die richtige innere Einstellung als *siebenmal* wertvoller.

Anders ausgedrückt gestanden sie unumwunden ein, dass sie bereitwillig etwa sieben »normale« Mitarbeiter gegen einen mit dem richtigen Mindset eintauschen würden.

Als wir Hunderte von Arbeitgebern fragten: »Wenn Sie jetzt gezwungen wären, Ihre Mitarbeiterzahlen drastisch zu reduzieren, welche Mitarbeiter würden Sie auf jeden Fall behalten?«, lautete die einstimmige Antwort, *dass sie auf jeden Fall die Leute mit der richtigen inneren Einstellung behalten würden.*

Fertigkeiten sind wichtig, aber die innere Einstellung ist maßgebend. Qualifikationen werden zumeist ohnehin vorausgesetzt. Was Sie von anderen abhebt, ist die innere Einstellung. Betrachten Sie den wichtigen Zusammenhang von Mindset und Fähigkeiten.

Der Zusammenhang von Mindset und Fähigkeiten

Falls Sie über alle erforderlichen Fertigkeiten verfügen, so ist das großartig, obwohl selbst Top-Arbeitgeber nachdrücklich sagen, dass selbst herausragende Qualifikationen nicht zwangsläufig herausragende Leistungen bedingen. Mit dem richtigen Mindset können Sie noch weiter kommen. Sie brauchen auch nicht in Panik zu verfallen, falls Ihre fachlichen Fähigkeiten nicht perfekt sind. Sollten Ihre Kompetenzen nicht den Anforderungen entsprechen oder Ihr Fachwissen nicht auf dem neuesten Stand sein, dann kann die richtige innere Einstellung dabei helfen, die Lücke zu schließen.

Was unsere Forschungsergebnisse und diese Arbeitgeber Ihnen verraten, ist Folgendes: Wenn Sie lernen, wie man das richtige Mindset beurteilt und entwickelt, erkennen und erreichen Sie viel leichter die richtigen Qualifikationen, um die Zukunft zu sichern, die Sie sich ausmalen. Das Mindset beflügelt die Kompetenz. Diese Top-Arbeitgeber sagen Ihnen, dass die innere Einstellung an *erster* Stelle kommt. Nur mit dem richtigen Mindset werden Sie wachsen und Ihre Fertigkeiten so optimieren, wie es für Sie am förderlichsten ist.

Die entscheidenden Merkmale eines erfolgreichen Mindsets

Unser Forschungsteam hat mehr als achthundert Arbeitgeber quer durch alle Branchen gefragt, was sie unter der inneren Einstellung verstehen. Es wurde gezielt danach gefragt, welche Eigenschaften oder Aspekte ihnen bei den Mitarbeitern, die sie einstellen und halten wollen, besonders wichtig sind. Auf der Grundlage unserer vorhergehenden Forschungen legten wir ihnen eine umfassende Auswahl vor. Außerdem konnten sie hinzufügen, was ihrer Meinung nach in dieser Auflistung noch fehlt. Wir baten sie, jedes einzelne Element als notwendig, wünschenswert oder unwichtig einzustufen.

Bevor wir Ihnen die Ergebnisse präsentieren, sollten Sie sich einen Moment Zeit für die folgende Übung nehmen. Im Laufe dieses Buches werden wir Ihnen eine Reihe solcher Übungen präsentieren, die Ihnen dabei helfen, die Schlüssellektionen zu verinnerlichen und anzuwenden.

Übung:

Was Arbeitgeber wirklich wollen

Stellen Sie sich die drei folgenden Fragen. Tragen Sie Ihre Antworten in die dafür vorgesehenen Felder ein.

1. Wenn Sie Arbeitgeber wären, welche spezifischen Aspekte des Mindsets würden Sie sich vor allem bei Leuten wünschen, die Sie einstellen?

   Antwort: _____

   _____

   _____

2. Über welche Eigenschaften der inneren Einstellung muss jemand verfügen, um die größten Chancen zu haben, befördert zu werden oder in seiner Karriere voranzukommen?

   Antwort: _____

   _____

   _____

3. Denken Sie an die Menschen in Ihrem unmittelbaren Umfeld. Welche Eigenschaften dieser Menschen beziehungsweise ihres Mindsets bewundern Sie am meisten? Welche ziehen Sie an? Wenn Sie eine Gruppe von Freunden haben könnten, die über beliebige Eigenschaften Ihrer Wahl verfügen, welche würden Sie aussuchen?

   Antwort: _____

   _____

   _____

Und jetzt betrachten Sie einmal Ihre Antworten. Inwieweit unterscheiden sie sich voneinander? Oder stellen Sie – so wie unsere Tausende von Arbeitgebern – ebenfalls fest, dass es sich im Wesentlichen um ein- und dieselben Punkte handelt?

Lassen Sie uns sehen, ob Sie und die Führungskräfte dieser Welt einer Meinung sind. Betrachten Sie nun die Liste der »zwanzig wichtigsten Mindset-Eigenschaften« unserer mehrjährigen weltweiten Forschungsanstrengungen. Diese Liste ist außergewöhnlich aussagekräftig. Alle zwanzig Eigenschaften dieser Liste bewerteten mehr als 90 Prozent der Arbeitgeber als »wesentlich« oder »wünschenswert«.

Was uns überraschte, war nicht etwa, welche Punkte die Befragten auswählten. Wir waren vielmehr erstaunt, wie stark diese Listen quer durch alle Branchen, Länder und Kulturen übereinstimmten. Die innere Einstellung ist sowohl universell wie auch zeitlos. Das bedeutet, dass Sie diese – im Unterschied zu Fachkenntnissen – überall und immer nutzen können.

Die Arbeitgeberliste der zwanzig beliebtesten Mindset-Eigenschaften		
Platz	**Eigenschaft**	**Wesentlich/Wünschenswert**
1	Ehrlichkeit	100,00%
1	Vertrauenswürdigkeit	100,00%
3	Engagement*	99,77%
4	Anpassungsfähigkeit	99,77%
5	Verantwortungsbewusstsein**	98,60%
6	Flexibilität	98,60%
7	Entschlossenheit	98,14%
8	Loyalität	97,91%
9	Beziehungsfähigkeit	97,44%
10	Mitwirkung	97,44%
11	Aufrichtigkeit	96,98%
12	Ausgeglichenheit	96,28%
13	Fairness	96,05%
14	Moral	96,05%
15	Tatendrang	95,81%
16	Gemeinschaftliche Ausrichtung	95,35%
17	Tatkraft	95,12%

18	Zielstrebigkeit	93,49%
19	Offenheit	93,49%
20	Innovationsbereitschaft	93,02%

Nehmen Sie sich einen Moment Zeit, um die Liste nicht einfach nur zu lesen, sondern darüber *nachzudenken*. Wie würden Sie wohl abschneiden? Wo würden Sie sich im Vergleich zu den Leuten einstufen, bei denen diese Eigenschaften besonders stark ausgeprägt sind? Wie sieht Ihre Reihenfolge im Vergleich mit unserer aus? Vielleicht haben Sie andere Begriffe verwendet, aber wir vermuten, dass Sie viele der von Ihnen genannten Eigenschaften in unserer Liste wiederfinden.

Natürlich ist diese Aufzählung nicht vollständig. Es gibt noch unzählige weitere Aspekte der inneren Einstellung, die Arbeitgebern wichtig sind. Diese zusätzlichen Eigenschaften vervollständigen das erfolgreiche Mindset, das Sie im Laufe dieses Buches entwickeln werden. Das hier ist nur die Top-Liste. Im nächsten Kapitel werden wir diese Aufzählung auf andere Weise aufbereiten, damit Sie noch besser erkennen können, inwiefern sie zur Grundlage des Mindsets gehört.

Und natürlich ist das Nennen oder Auflisten dieser Qualitäten etwas ganz anderes, als sie so aufzuschlüsseln, dass sie genutzt oder wirklich eingeschätzt und verstärkt werden können. Die Liste ist lang, aber es lohnt sich, zur Kenntnis zu nehmen, welche Punkte auf den ersten Plätzen gelandet sind.

Die sechs beliebtesten Mindset-Eigenschaften

Betrachten Sie einmal die Eigenschaften, die Arbeitgeber ganz oben auf die Liste setzen. Ehrlichkeit und Vertrauenswürdigkeit bilden gemeinsam die Spitze. 100 Prozent der Arbeitgeber haben diese Qualitäten als wesentlich oder wünschenswert eingestuft. Kein einziger Arbeitgeber sagte, dass diese Qualitäten unwichtig seien, und mehr als 90 Prozent bewerteten sie sogar als wesentlich. Engagement, Anpassungsfähigkeit, Verantwortungsbewusstsein und Flexibilität folgen dicht dahinter. Das bedeutet: Wenn Sie für den Anfang allein über diese sechs Qualitäten verfügen, steigt Ihr Wert für Arbeitgeber drastisch.

Angefangen mit den Top 6 und schließlich erweitert auf die gesamte Liste, die wir Ihnen später in diesem Buch vorstellen, werden Sie am Ende diese Qualitäten demonstrieren wollen, und zwar in all Ihren Handlungen, nicht nur dann, wenn es gerade passt.

---

* Wir haben das Engagement über der Anpassungsfähigkeit eingestuft, weil uns 92,09 Prozent der Arbeitgeber sagten, dass das Engagement eine wesentliche Eigenschaft sei. Anpassungsfähigkeit wurde nur von 75,12 Prozent der Arbeitgeber als wesentlich bewertet.

** Verantwortungsbewusstsein rangiert über Flexibilität, weil 72,56 Prozent der Arbeitgeber das Verantwortungsbewusstsein für wesentlich halten, während nur 66,51 Prozent die Anpassungsfähigkeit als wesentlich einstuften.

Die innere Einstellung ist wichtig

Im Laufe dieses Buches werden wir Ihnen zeigen, wie Sie die Top-Eigenschaften bei sich verstärken können. Die innere Einstellung zu verstehen ist entscheidend. Sie sind gut gestartet. So richtig stark werden Sie, wenn Sie das richtige Mindset bei allem, was Sie tun, verstehen, einschätzen, verstärken und anwenden.

Sie müssen uns jedoch nicht blind vertrauen. Hören Sie einfach auf das, was einige Arbeitgeber sagen:

> »Was bringt es denn, einen Mitarbeiter zu haben, der zwar über die richten Qualifikationen verfügt, aber nicht weiß, wie er sie einsetzen muss? Jemand mit dem richtigen Mindset wird mehr als bereit sein, die benötigten Fertigkeiten zu erlernen und zu entwickeln. Das ist der perfekte Kandidat!«

> *Melissa Mezzone, Geopost UK*

> »Die innere Einstellung ist das Wichtigste. Punkt. Qualifikationen werden vorausgesetzt. Für mich haben mehr als 100.000 Leute gearbeitet und ich erwarte von ihnen, dass sie in ihren Jobs kompetent sind. Wenn sie das nicht sind, gehören sie nicht hierher. Aber wir wollen Leute mit dem richtigen Mindset finden – diese seltene Kombination aus Authentizität und Integrität, Entschiedenheit und Belastbarkeit sowie dem Blick auf den Gesamtzusammenhang –, nur so können wir gewinnen.«

> *John Suranyi, früherer Präsident von DIRECTV*

> »Das Mindset ist unglaublich wichtig. Letztes Jahr hatte ich hier eine äußerst fähige Mitarbeiterin, die eine Menge Empfehlungen und eine lange Liste von Qualifikationen vorweisen konnte. Aber obwohl sie mich im Vorstellungsgespräch sehr beeindruckt hatte, stellte sich dann heraus, dass sie schlichtweg unmotiviert war, ohne Begeisterung, Neugier, unternehmerisches Denken. Ich bin beim Vorstellungsgespräch einem großen Irrtum erlegen, weil ich dachte, die Qualifikationen wären das Wichtigste.«

> *Ben Glazier, Glazier Publicity*

Veraltete Vorstellungen revidieren

Jahrelang wurde uns gesagt: Mach eine gute Ausbildung. Sammle Erfahrung. Die Entwicklung unserer Fachkenntnisse galt als der sichere Weg zum Erfolg. Natürlich sind die Bausteine Ihres Lebenslaufes wichtig, aber sie greifen zu kurz.

Das bedeutet, dass Sie bei Lebenslauf, Jobsuche, Bewerbungsgesprächen, Schulungen und anderen karrierebezogene Anstrengungen sehr wahrscheinlich wie die meisten Menschen in erster Linie Ausbildung, Erfahrung, Fortbildung, Fähigkeiten betont haben – Dinge, die auf Qualifikationen bezogen sind. Das ist normal. Machen Sie sich deshalb keine Vorwürfe. Tatsächlich ist es das, was Ihnen praktisch alle Arbeitsmarktexperten empfehlen. Jeden Monat bewerben sich über James' Firma REED mehr als 2 Millionen Menschen um eine Stelle. Eine große Zahl ihrer Lebensläufe folgt derselben qualifikationsbasierten Formel. Mit seinem Lebenslauf sagt jeder Bewerber: »Das hier habe ich getan, das hier habe ich gelernt und hier steht, wovon ich Ahnung habe.« Diese Standardformel geht nur allzu oft am Ziel des Mindsets vorbei. Und genau das verschafft Ihnen eine einzigartige Chance.

Weiter hinten in diesem Buch geben wir Ihnen noch ein paar einfache Tipps, wie Sie Ihre Chancen buchstäblich verdreifachen, um den Arbeitsplatz zu bekommen, den Sie wollen, sogar im Wettbewerb mit anderen, fachlich höher qualifizierten Bewerbern. Aber zuerst brauchen Sie eine stabile Grundlage, um zu verstehen, worum es bei der inneren Einstellung geht.

Stellen Sie sich vor, Sie kaufen ein Haus. Sie möchten ein Haus, das lange hält, also achten Sie auf eine stabile Struktur, eine hochwertige Bauweise und darauf, wie gut das Design, die Elektrik und die Installation sind. Sie wissen, dass diese Punkte den langfristigen Wert des Hauses bestimmen. Aber jedes Mal, wenn Sie sich mit einem Makler unterhalten, erzählt er Ihnen etwas über die Landschaft und die Besitzerhistorie des Hauses. Diese Aspekte mögen das Haus attraktiv *wirken* lassen, aber sie beantworten nicht Ihre eigentlichen Fragen. Sie sprechen nicht das an, um was es Ihnen wirklich geht. Dasselbe geschieht, wenn Bewerber ihre Lebensläufe abgeben und Arbeitgeber diese durchsehen. Wenn es also darum geht, das Spiel von heute mit den Regeln von gestern zu gewinnen, ist alles möglich.

Kapitelzusammenfassung

Generation Global (Gen G)
Ist die größte Generation in der Menschheitsgeschichte.

Aufstrebende
Treten gerade ins Berufsleben ein oder befinden sich in den Anfangsjahren ihrer Karriere.

Baumeister
Befinden sich in der Mitte ihrer Karriere, haben bereits viele Berufsjahre hinter sich und noch viele Jahre vor sich.

Vollender
Sind in den letzten Jahren ihrer Karriere und arbeiten an dem, was sie hinterlassen wollen.

Für Arbeitgeber ist die innere Einstellung ein dringenderes Erfordernis als Fachkenntnisse. Das Mindset sticht die Qualifikation aus.

Die Verbindung von Mindset und Fertigkeiten: Wenn Sie lernen, die richtige innere Einstellung einzuschätzen und zu entwickeln, werden Sie sich viel leichter und wie von selbst die richtigen Fertigkeiten aneignen, die Sie benötigen, um Ihre Zukunft zu sichern.

Eine innere Einstellung zu haben genügt nicht. Es gibt eine erfolgreiche oder ideale innere Einstellung.

Zu den sechs beliebtesten Mindset-Eigenschaften gehören:
Ehrlichkeit, Vertrauenswürdigkeit, Engagement, Anpassungsfähigkeit, Verantwortungsbewusstsein und Flexibilität.

Es gibt eine überragende Formel zum Entwickeln der erfolgreichen inneren Einstellung. Und Sie können jetzt damit anfangen, sie zu erlernen.

2. Das erfolgreiche Mindset: Wir stellen Ihnen 3G vor

»Die Reiche der Zukunft sind Reiche des Geistes.«

Winston Churchill

Nicht alle Mindsets sind gleich gestaltet. Stellen Sie sich vor, Sie nehmen alle Zutaten für ein Spitzen-Mindset, die Top-Arbeitgeber am höchsten bewerten, setzen sie einem Belastungstest aus, um zu sehen, wie sie sich behaupten, und schütten sie dann in eine gigantische Sortiermaschine. Im Wesentlichen haben wir genau das getan, um das »3G-Mindset« zu erhalten.

Das 3G-Mindset ist eine Einteilung der wichtigsten, von Arbeitgebern gesuchten, wissenschaftlich bestätigten Eigenschaften in drei grundlegende Kategorien. Diese drei Kategorien stellen einen logischen, verständlichen und einprägsamen Rahmen dar, der alle entscheidenden Faktoren des Mindsets beinhaltet.

Wir haben herausgefunden, dass alle wichtigen Aspekte Ihres Mindsets in diese drei Kategorien der drei G passen: Global-Mindset (die eigene Perspektive erweitern), Good-Mindset (einen positiven moralischen Kompass entwickeln) und Grit-Mindset (die Beharrlichkeit, um auch Widrigkeiten zu meistern). Sie werden sehen, wie jeder Begriff beziehungsweise jedes G wissenschaftlich erforscht und in der Wirtschaftspraxis untersucht wurde. Zusammengenommen bilden diese Aspekte das 3G-Mindset. Sie werden in den kommenden Kapiteln erfahren, wie Sie diese Aspekte auf eindrucksvolle Weisen meistern – durch Einschätzen, Stärken und Anwenden.

Das 3G-Mindset geht dabei über die Top 6 und Top 20 der Mindset-Eigenschaften hinaus. Das 3G-Modell beruht auf der kompletten Liste dessen, was Arbeitgeber wirklich wollen und was nach Meinung der besten Wissenschaftler den größten Unterschied ausmacht. Die Elemente des 3G-Mindsets stammen aus unserer weltweiten Forschung, einschließlich eines eingehenden Blicks auf Menschen, welche die meisten von uns bewundern und denen sie gern ähnlicher wären.

Unabhängig davon, wo Sie im Leben stehen – ob Sie ein Aufstrebender, ein Baumeister oder ein Vollender sind –, die 3 G gelten auch für Sie. Allerdings sollten Sie die 3 G, abhängig von Ihrer Phase innerhalb der Generation G, unterschiedlich anwenden.

Wir stellten fest, dass eine weitere revolutionäre Eigenschaft des 3G-Mindsets im Unterschied zu einem Skillset darin besteht, dass die 3 G für einen CEO ebenso wirkungsvoll sind wie für einen Unternehmer, eine mittlere Führungskraft, einen Büroangestellten, einen Hafenarbeiter oder einen Teilzeitadministrator. Wir glauben und haben bewiesen, dass diese Eigenschaften deshalb für jedermann jederzeit anwendbar sind. Sie können das 3G-Mindset einsetzen, um Ihre Perspektiven zu verbessern, und zwar nicht nur im Beruf, sondern in allen Lebensbereichen.

»Als eine der größten Versicherungsgesellschaften der Welt gestalten wir unsere gesamte paneuropäische Kultur mit 10.000 Angestellten und 18.500 Vertrieblern gemäß einem klaren Kanon von Werten und Handlungsweisen. Wir entwickeln ein neues Mindset, um auf einem wettbewerbsintensiven Marktplatz zu gewinnen. Ich wusste nicht, wie wir es nennen sollten. Aber jetzt weiß ich es. Wir werden diese auf den 3 G beruhenden Prinzipien beim Einstellen, Halten und Entwickeln von Mitarbeitern nutzen. Ich bin fest davon überzeugt, dass eine 3G-Mitarbeiterschaft nicht nur unsere Kunden und Stakeholder erfreut, sondern sich auch als unsere stärkste Waffe im Wettbewerb erweisen wird.« Andrea Moneta, CEO Europa, Aviva plc

Die 3 G – Global, Good und Grit – erklären den tief greifenden Unterschied zwischen Minderleistern und Spitzenleistern, armen und wohlhabenden Unternehmern, stagnierenden und beförderten Angestellten, die sich engagieren, statt sich zu beschweren, sowie zwischen geschätzten Mitarbeitern und jenen, die man gerne gehen sieht, zwischen Bestdotierten und Geringverdienern sowie zwischen denen, die eingestellt werden, und denen, die entlassen werden.

Das 3G-Mindset beantwortet Ihnen folgende elementare Frage:

> Welche drei Aspekte der inneren Einstellung sind die stärksten und wichtigsten, auf die ich mich konzentrieren soll, um meine Karriere und mein Leben entsprechend meinen Wünschen zu gestalten?

Wir haben zum Beispiel entdeckt, dass das 3G-Mindset prognostiziert, wie viel Geld Sie voraussichtlich verdienen werden. Tatsächlich existiert ein klarer Zusammenhang. Und auch wenn Geld nicht Ihre erste Priorität sein sollte, so wird es Ihnen doch nicht völlig gleichgültig sein. Wir werden diese und weitere Erkenntnisse in den folgenden Kapiteln vertiefen.

Während unserer Forschung prüften wir das 3G-Mindset als Ganzes sowie seine sämtlichen Bestandteile im Vergleich zu den Erkenntnissen herausragender Vordenker, Führungskräfte und weltweiter Forschung sowie der Arbeitgeber vor Ort. 3G trifft ins Schwarze.

Ob Sie lieber führen oder geführt werden wollen, dieses Buch wird Ihnen die entsprechenden Tools für das richtige Mindset, das 3G-Mindset, zur Verfügung stellen.

Wir beginnen mit **Global,** weil es hierbei um Ihren *Blickwinkel* geht. Wie global denken und handeln Sie, um die täglichen Herausforderungen und Probleme zu verstehen und anzugehen? Global ist in der Bedeutung gestiegen und wird zunehmend wichtiger.

Gemäß Dr. Stephen Cohen »hat sich ein Global-Mindset als der bestimmende Faktor für die langfristigen Berufsaussichten und die Entwicklung eines Menschen herauskristallisiert. Viele Menschen haben noch nicht begriffen, dass ein Global-Mindset jetzt für jeden, in jedem Beruf und in jeder Branche notwendig ist. Das gilt nicht mehr nur für den exklusiven Klub globaler Wirtschaftslenker. Ohne ein Global-Mindset können Sie Ihr Karrierepotenzial niemals ausschöpfen.«

In einer Studie aus dem Jahr 2003 interviewten Marshall Goldsmith und sein Team eine breit gefächerte Gruppe von Personalmanagern in zweihundert globalen Organisationen. Sie wurden gebeten, die wichtigsten Führungsfähigkeiten zu nennen (aus einer Liste von zweiundsiebzig Punkten, dabei war 1 = unwichtig und 10 = sehr wichtig), die ausschlaggebend sind für den Erfolg in Vergangenheit, Gegenwart und Zukunft.

Wenig überraschend schlossen die drei erstgenannten Punkte in Bezug auf frühere Führungskräfte keinen ein, der auch nur am Rande den Aspekt Global beinhaltete. Aber bei der Frage, was für die Zukunft wichtig sei, wurde an dritter Stelle genannt: »Trifft Entscheidungen, die globale Gesichtspunkte widerspiegeln.« Heute rangiert dieser Aspekt unter den Hauptkriterien vieler Recruiter.

Als Mitglied der Generation G können Sie ohne das Global-Mindset nicht erfolgreich sein. Das 3G-Mindset ermöglicht Ihnen, sich weltweit um Stellen auf jeder Ebene zu bewerben.

Diese Facette des Mindsets treibt uns an, neugierig und erfinderisch zu sein. Sie könnten sogar sagen, dass sie für unsere Evolution notwendig ist. Und es wird Sie freuen zu hören, dass Global nicht altersabhängig ist. Menschen jeden Alters und in jedem Stadium ihrer Karriere können das Global-Mindset entwickeln.

Bei Global geht es um die Offenheit für neue Erfahrungen und neue Ideen ebenso wie um die Fähigkeit, neue Beziehungen herzustellen und Dinge anders miteinander zu kombinieren. Global bedeutet – unabhängig von Alter, Führungsebene oder Position –, dass Sie kulturelle Flexibilität zeigen müssen, um überlebensfähig und marktfähig zu bleiben, und zwar ab *jetzt*.

Die Welt wird nicht nur intensiv miteinander verzahnt, sie ist auch zunehmend grenzen- und schrankenlos. Und dennoch bedeutet Globalität nicht nur, über die Landesgrenzen hinweg mit anderen Menschen zusammenzuarbeiten. Wer einen beschränkten Blickwinkel hat, engt auch seine Möglichkeiten ein. Wer aber seine Perspektive erweitert und lernt, auf eine stetig wachsende Welt von Einflüssen und Ressourcen einzugehen, wird sich das Global-Mindset zu eigen machen.

Eine globale Perspektive kann einen Menschen von einem einschränkenden, destruktiven

»Wir betreiben das größte Callcenter-Unternehmen der Welt. Wir sind in sechsundzwanzig Ländern tätig. Als Führungskraft bin ich zu der Erkenntnis gekommen, dass jeder – sogar und vielleicht besonders die Menschen, die auf der untersten Führungsebene arbeiten – ein Global-Mindset haben muss. Um in unserem Unternehmen eine Zukunft zu haben, brauchen unsere 65.000 Mitarbeiter auf allen Ebenen ein Bewusstsein für die Welt außerhalb ihres Dorfes oder Arbeitsplatzes. Das ist die Welt der Wirtschaft heutzutage.«

Chad Carlson, leitender Geschäftsführer Amerika, Sitel

Mindset befreien und es ihm ermöglichen, einen neuen und produktiven Weg einzuschlagen.

Unser zweites G, **Good,** ist das *Fundament,* auf dem alles aufbaut. Bei dieser Facette des Mindsets geht es um eine Sichtweise und einen Umgang mit der Welt, der auch anderen von Nutzen ist. Es geht um Ethik, Moral und Ihren allgemeinen Umgang mit Menschen. Während Global den Kontext Ihres Beitrags definiert und Grit das Ausmaß bestimmt, entscheidet Good, wie positiv (oder negativ) Ihr Beitrag zu Ihrem Beruf, Ihrem Leben und der Welt ausfällt.

Wie das gesamte 3G-Mindset schlägt auch Good hohe Wellen und hat auf allen beruflichen Ebenen eine ansteckende Wirkung. Falls Sie eine Führungskraft sind oder dies in irgendeiner Form anstreben, ist es besonders wichtig, so viel Good wie möglich zu entwickeln. In einer bahnbrechenden Studie haben Michael Brown, Linda Trevino und David Harrison, Professoren für Verhalten in Organisationen und Politikwissenschaft, bewiesen, dass die Eigenschaften des Good-Mindsets sich darauf auswirken, wie ehrlich, rücksichtsvoll, vertrauensvoll, fair, engagiert und zufrieden der Betreffende sein kann. Das Ausmaß von Good bestimmt zudem, wie Sie als Führungskraft wahrgenommen und von anderen bewertet werden. Kurz gesagt: Ohne Good-Mindset können Sie andere Menschen nicht erfolgreich führen.

Good ist zeitlos. Längst weiß man, dass es entscheidend dafür ist, wie viel Sie geben und wie Sie im Job wahrgenommen werden. Vor zweiunddreißig Jahren stellte Kathryn Bartol an der Universität von Maryland fest, dass die Ausprägung von Good-Mindset-Eigenschaften signifikante Auswirkungen auf Ihr Engagement beziehungsweise Ihre Kündigungsbereitschaft hat. Dies ist sowohl für Führungskräfte wie auch für Mitarbeiter eine wichtige Botschaft: Ein Good-Mindset ist gut fürs Geschäft. Und für welchen Job Sie sich auch entscheiden, es steigert Ihre innere Bindung und Ihr Engagement.

Angesichts der »Jeder gegen jeden«-Konkurrenzsituation auf den meisten Geschäftsfeldern heutzutage hat es Sie vielleicht überrascht, dass die zeitlosen Tugenden Ehrlichkeit und Vertrauenswürdigkeit in den Augen der besten Arbeitgeber die Spitzenreiter sind. Wohin würde sich ein Unternehmen ohne diese Elemente entwickeln und wie lange könnte es sich behaupten?

Arbeitgeber legen deshalb so viel Wert auf das Good-Mindset, weil es entscheidend ist für eine langfristig erfolgreiche Tätigkeit innerhalb jeder Organisation. Was Ihnen die Arbeitgeber dieser Welt sagen wollen, ist, dass nette Menschen eben nicht als Letzte ins Ziel kommen. Und wir werden Ihnen das in den folgenden Kapiteln beweisen.

> »Wenn jemand keine Integrität hat, erkennt man das sofort. In der Wirtschaft sind sehr ehrgeizige Leute oft nur aus eigenem Interesse aktiv. Und die anderen beginnen sich zu fragen: ,Ist das überhaupt ein Teamplayer?' und verlieren das Vertrauen. Selbst wenn du eine Menge Energie hast, steckst du in einer schwierigen Situation. Auf Worte müssen Taten folgen. Vertrauen ist im Geschäftsleben das Entscheidende – wenn du jemandem nicht trauen kannst, wie willst du dann mit ihm Geschäfte machen?«
>
> Chris Zanetti, Regionalleiter Europa, Merck Consumer Healthcare

Die Anerkennung der fundamentalen Bedeutung von Good ist die Grundlage, auf der individuelle Entscheidungen und Handlungen richtig getroffen beziehungsweise durchgeführt werden.

Grit ist das dritte G – der *Treibstoff* des 3G-Mindsets: Es bringt Sie voran und lässt Ihr 3G-Mindset selbst in den düstersten Momenten lebendig werden. Wenn Sie an die Top-6-Mindset-Eigenschaften denken, so kann keine davon ohne ein beträchtliches Maß an Grit wirkungsvoll und dauerhaft aufrechterhalten werden.

Dank Grit kann jeder zum Gewinner werden, unabhängig von seinen Vor- oder Nachteilen im Leben. Grit erschüttert den Mythos des Anspruchsdenkens – die Überzeugung, dass eine bestimmte Schulbildung, bestimmte Abschlüsse oder Privilegien einen guten Job garantieren –, der die Vereinigten Staaten, Großbritannien und viele der reichsten Länder dieser Welt geschwächt hat. Es ist Grit, oftmals zusammen mit den anderen beiden G, das uns anspornt.

Aus dem tiefen Brunnen wissenschaftlicher Sorgfalt geschöpft und mit Belegen aus dem harten Wirtschaftsleben versehen, werden wir Ihnen vor Augen führen, wie Menschen mit Grit ausreichend Beharrlichkeit, Belastbarkeit und unermüdlichen Siegeswillen demonstrieren. Grit kann nicht nur wissenschaftlich gemessen, sondern auch permanent verbessert werden. In den folgenden Kapiteln zeigen wir Ihnen, wie das geht.

Wann immer Sie bei einem sportlichen Wettkampf sehen, wie ein Sportler stolpert, abgedrängt wird oder sich gar verletzt und dann statt aufzugeben alle Kräfte mobilisiert und gewinnt, erleben Sie echtes Grit in Aktion. Dasselbe bewundernswerte Mindset lässt sich hervorragend auf jeden Aspekt Ihrer Karriereentwicklung anwenden.

In einer sich rasch verändernden Welt voller Widrigkeiten ist Grit die Eigenschaft, die es uns ermöglicht, uns aufzuraffen, den Staub abzuklopfen und stärker als je zuvor weiterzugehen.

Denken Sie daran, dass das erfolgreiche 3G-Mindset eine einzelne, in der Praxis geschmiedete Sichtweise ist, durch die Sie die Welt sehen und steuern; es sind nicht drei verschiedene Perspektiven, die Sie an- und ausziehen wie eine modische Brille. Die 3 G verschmelzen und überlappen sich häufig, wie Sie in der folgenden Abbildung sehen können. Dadurch erhält Ihre Sichtweise ihre eigene spezifische Qualität:

Wie die aktualisierte Tabelle auf Seite 44 zeigt, können die wichtigsten zwanzig Eigenschaften, nach denen Arbeitgeber bei Bewerbern Ausschau halten, häufig mehr als nur einem der 3 G zugeschrieben werden. Wenn die 3 G verschmelzen, werden sie stärker. Es ist diese natürliche Mischung, die das gesamte 3G-Mindset-Modell bereichert und einzigartig wirksam macht.

Sehen Sie sich die Ergebnisse in Ruhe an. Betrachten Sie die Top 20 durch die 3G-Brille. Je besser Sie verstehen, was die Top-Arbeitgeber dieser Welt sagen, desto größer werden Ihre Chancen. Diese Liste sagt Ihnen, was Arbeitgeber wollen und was Sie herausstellen müssen. Beachten Sie, dass jeder einzelne Punkt in der Top-20-Liste zu einem oder mehreren G passt.

Die Arbeitgeberliste der zwanzig wichtigsten Mindset-Eigenschaften			
Platz	Eigenschaft	3G	Wesentlich/ Wünschenswert
1	Ehrlichkeit	Good	100%
2	Vertrauenswürdigkeit	Good	100%
3	Engagement*	Grit	99,77%
4	Anpassungsfähigkeit	Global	99,77%
5	Verantwortungsbewusstsein**	Grit	98,60%
6	Flexibilität	Global	98,60%
7	Entschlossenheit	Grit	98,14%
8	Loyalität	Good	97,91%
9	Beziehungsfähigkeit	Global/Good	97,44%
10	Mitwirkung	Global/Good	97,44%
11	Aufrichtigkeit	Good	96,98%
12	Ausgeglichenheit	Global/Good	96,28%
13	Fairness	Good	96,05%
14	Moral	Good	96,05%
15	Tatendrang	Grit	95,81%
16	Gemeinschaftliche Ausrichtung	Global/Good	95,35%
17	Tatkraft	Grit	95,12%
18	Zielstrebigkeit	Grit	93,49%
19	Offenheit	Global/Grit	93,49%
20	Innovationsbereitschaft	Global/Grit	93,02%

Aber bevor wir weitermachen, sollten Sie die Daten einmal aus einem anderen Blickwinkel betrachten. Was passiert, wenn wir jene Punkte auswählen, die Arbeitgebern am wichtigsten sind? Wenn wir das vernachlässigen, was Arbeitgeber lediglich als wünschenswert eingestuft haben? Wenn wir die Eigenschaften danach sortieren, was Arbeitgebern am meisten bedeutet, passiert etwas Interessantes: Engagement springt an die Spitze der Tabelle.

Die Arbeitgeberliste der zwanzig wichtigsten Mindset-Eigenschaften, gestaffelt nach wesentlichen Qualitäten in absteigender Reihenfolge				
Platz	Eigenschaft	3G	Wesentlich	Wünschenswert
1 (+2)	Engagement	Grit	92,09%	7,67%
2 (-1)	Ehrlichkeit	Good	91,40%	8,60%
3 (-2)	Vertrauenswürdigkeit	Good	90,93%	9,07%
4 (-)	Anpassungsfähigkeit	global	75,12%	24,65%
5 (-)	Verantwortungsbewusstsein	Grit	72,56%	26,05%
6 (+2)	Loyalität	Good	71,63%	26,28%
7 (-)	Entschlossenheit	Grit	71,40%	26,74%
8 (-2)	Flexibilität	Global	66,51%	32,09%
9 (-)	Mitwirkung	Global/Good	66,51%	30,93%
10 (+5)	Antrieb	Grit	62,09%	33,72%
11 (+2)	Moral	Good	61,40%	34,65%
12 (+2)	Fairness	Good	59,30%	36,74%
13 (-3)	Beziehungsfähigkeit	Global/Good	59,07%	38,37%
14 (-3)	Aufrichtigkeit	Good	56,28%	40,70%
15 (+2)	Tatendrang	Grit	53,72%	41,40%
16 (-)	Gemeinschaftliche Ausrichtung	Global/Good	52,79%	42,56%
17 (-5)	Ausgeglichenheit	Global/Good	46,98%	49,30%
18 (-)	Offenheit	Global/Good	44,19%	49,30%
19 (-)	Zielstrebigkeit	Grit	37,21%	56,28%
20 (-)	Innovationsbereitschaft	Global/Grit	34,65%	58,37%

Diese Daten vermitteln Ihnen zwei wichtige Lektionen: Bei der ersten geht es um Intensität und bei der zweiten um Authentizität. Nummer eins: Achten Sie sehr genau darauf, wie wichtig Arbeitgebern das Engagement ist. Wir haben festgestellt, dass laut Aussagen der Arbeitgeber echtes Engagement zunehmend seltener und daher immer wertvoller wird. Folglich ist diese Mindset-Eigenschaft ein besonderer Pluspunkt.

> »Kinder nehmen sich Lehrer zum Vorbild, und wenn die sich nicht engagieren, tun die Kinder es auch nicht. Deshalb gehört es für mich zum Job, mich hundertprozentig zu engagieren.«
>
> Charlotte Bowater, Lehrerin, West London Academy

Nummer zwei: Denken Sie nicht einmal im Traum daran, sich um eine Chance zu bemühen, ohne Authentizität und deutliches Engagement an den Tag zu legen. Wie alle Eigenschaften des 3G-Mindsets kann auch das Engagement nicht vorgetäuscht werden. Wo es fehlt, ist ein Vorankommen nahezu unmöglich. Doch mit echtem Engagement können Sie auch unter erschwerten Bedingungen ans Ziel gelangen.

Engagement hat eine ungemein starke Wirkung. Es berührt das Herz, es weckt Vertrauen, Respekt und Bewunderung. Ihnen werden zweifellos Beispiele dazu einfallen. Wir steuern auch welche bei:

Die wahre Geschichte – Engagement/Ehrlichkeit/Vertrauenswürdigkeit

James erinnert sich an eine Geschichte aus dem wahren Leben. »Dass Dave einen bewaffneten Raubüberfall begangen hatte, wusste ich von Kollegen. Nun wurde er nach zwanzig Jahren aus dem Gefängnis entlassen und schrieb sich für ein staatliches Beschäftigungsprogramm ein. Wie Sie sich denken können, liefen ihm die Arbeitgeber nicht gerade die Tür ein. Mit der Zeit frustrierte ihn die Jobsuche immer mehr. Einer seiner früheren Kumpel bekam das mit und bot ihm einen Job als Fluchtwagenfahrer an – eine Nacht Arbeit für 10.000 Pfund. Dave wollte schon annehmen, als ein Kunde von REED ihm eine Alternative bot. Dave konnte die Nachtschicht bei einem Wartungstrupp der Eisenbahn übernehmen.«

Dave entschied sich, die Stelle bei der Eisenbahn anzunehmen. Und er ging seine neue Arbeit mit großem Engagement an. James traf sich mit ihm, um aus erster Hand zu erfahren, warum Dave in seinem Leben bestimmte Entscheidungen getroffen hatte. Dave war eine eindrucksvolle Erscheinung, ein riesiger Kerl mit kahl geschorenem Kopf. Aber er sprach ruhig und überlegt und entpuppte sich als Führungspersönlichkeit. »Ich wollte nicht mein ganzes Leben auf der Flucht sein«, sagte er. »Ich wollte mein Geld auf ehrliche Weise verdienen und nicht jedes Mal zusammenzucken, wenn jemand an der Tür klingelt.«

James fragte ihn, wie er mit der Nachtschicht zurechtkäme. »Dave sah mich an, als wäre ich nicht ganz dicht, und sagte: ‚Ich habe immer nachts gearbeitet, nur dass das Finanzamt es nicht mitbekommen hat.'«

Kurz darauf wurde Dave zum Vorarbeiter befördert. Später ging er zurück ins Gefängnis, aber nicht als Insasse, sondern um jungen Strafgefangenen zu erzählen, warum sie denselben Weg einschlagen sollten wie er.

Dave hatte seine innere Einstellung geändert und als Folge davon auch sein Leben. Ursprünglich entsprach er sicher nicht der Idealvorstellung von Ehrlichkeit und Vertrauenswürdigkeit. Aber durch sein Engagement in einem Job, der von ihm verlangte, zu nächtlicher Stunde und bei jedem Wetter zu arbeiten, erlangte er seine Freiheit und damit auch seine Würde zurück. Dave hat sich aus freien Stücken für Good entschieden und er bewies beachtliche Charakterstärke, indem er diese Entscheidung umsetzte.

James erinnert sich an einen weiteren Arbeitsuchenden, mit dem seine Firma zusammenarbeitete und der wahre Charakterstärke und echtes Engagement zeigte, um sein Leben zu ändern.

Joseph stammte aus Ostlondon und war seit sechs Jahren arbeitslos. Sein Selbstbewusstsein hatte einen Knacks bekommen, er wurde zunehmend depressiv und zog sich zurück. Von der regierungseigenen Arbeitsvermittlung Jobcentre Plus wurde er an ein obligatorisches Programm verwiesen, das von REED für Langzeitarbeitslose durchgeführt wurde. Dort arbeitete Joseph eng mit seinem persönlichen Berater zusammen und machte zaghaft einen Schritt nach dem anderen zurück ins Arbeitsleben.

Langsam wuchs sein Selbstbewusstsein. Er ging zu Vorstellungsgesprächen und schließlich wurde ihm eine Stelle als Wachmann angeboten. Joseph nahm sie an. Sobald er wieder arbeitete, veränderte er sich schlagartig. Es war ein Unterschied wie Tag und Nacht. Tatsächlich veränderte er sich so sehr, dass er sich meldete, als REED einen Freiwilligen suchte, der vor achthundert Leuten auf einer staatlichen Konferenz über seine Erfahrungen mit diesem Programm sprechen sollte.

Als der Tag gekommen war und Joseph aufstand, um im Queen Elizabeth Conference Centre im Schatten des britischen Parlamentsgebäudes zu sprechen, wurde es ganz still im Saal. Nicht einmal ein Hüsteln war zu hören, als Joseph seine Geschichte erzählte. Er sagte, dass er einmal zur Hölle und wie der zurück gereist sei und diese Erfahrung niemandem wünsche. Er erzählte, wie schwer es ihm gefallen war, sich aufzuraffen, und dass er kurz vor dem Aufgeben gestanden hatte. Nachdem er jetzt wieder Arbeit habe, wüsste er wieder, wie es sich anfühlt, ein Mann zu sein.

Joseph beendete seine Geschichte mit den Worten, er habe seinen Kindern zum ersten Mal seit sechs Jahren Weihnachtsgeschenke kaufen können. Die Zuhörer, von denen viele zu Tränen gerührt waren, verabschiedeten ihn mit Standing Ovations.

Joseph hat diese Rede vor vielen Jahren gehalten, aber die Leute sprechen immer noch davon. Dieser Mann hatte seine innere Einstellung so gravierend verändert, dass er von jemandem, der sich kaum noch vor die Tür wagte, zu einem Menschen wurde, der etwas tat, wovor sich die meisten fürchten: vor vielen fremden Menschen eine Rede zu halten. Und es war keine gewöhnliche Rede, die er hielt. Es war eine überwältigende, inspirierende Rede, auf die unsere Kollegen, die Menschen bei der Rückkehr ins Berufsleben helfen, immer noch verweisen. Josephs Reise war ein Beleg für seine Charakterstärke und sein Engagement.

Wir erzählen Ihnen diese Geschichten nicht nur, weil für Arbeitgeber Engagement so wichtig ist, sondern weil Sie genau diese Eigenschaft an den Tag legen müssen, damit Ihr Mindset zum Tragen kommt.

Aber was ist mit den anderen beiden Eigenschaften auf der Top-6-Liste der Arbeitgeber, Anpassungsfähigkeit und Verantwortungsbewusstsein? Es scheint, als wären diese Eigenschaften mit dem Auftauchen der Gen G für alle drei Phasen noch wichtiger geworden.

Während unserer jahrzehntelangen Forschungen und der Arbeit mit Top-Unternehmen auf der ganzen Welt konnten wir die Intensivierung dieser beiden Qualitäten unmittelbar beobachten. Auf die Frage: »Wenn Ihre Mitarbeiter von einer Eigenschaft mehr haben könnten, welche sollte das sein?«, schwoll die Antwort »verantwortungsbewusst« und/ oder »anpassungsfähig« (gegenüber Veränderungen und Unsicherheiten) von einem leisen Murmeln zu einem donnernden Chor an. Diese Eigenschaften stehen in der Regel ganz oben auf der Liste.

Die Antworten bekamen wir von großen Unternehmen, die zusammengenommen jedes Jahr Millionen von Menschen beschäftigen. Wir haben die Frage auch andersherum formuliert: »Welche Auswirkungen hätte es auf Ihr Unternehmen, wenn die Mitarbeiter messbar verantwortungsbewusster oder anpassungsfähiger wären?« Die Antworten reichten von begeisterten Ausrufen wie »Gewaltige Veränderung!«, »Gigantisch!«, »Toll!« bis zu analytischeren Kommentaren wie »Das würde uns effizienter machen«, »Wir würden mehr schaffen« und »Nur so können wir uns zukünftig im Wettbewerb behaupten«.

James stellte fest, dass Anpassungsfähigkeit für die Generation G eine Selbstverständlichkeit ist. Es war eine Lektion, die er von einem seiner jungen Hochschulabsolventen-Trainees lernte. Und es erwies sich als eine sehr wertvolle Lektion.

Die wahre Geschichte – Anpassungsfähigkeit

In den frühen Jahren des Internets, kurz vor der Jahrtausendwende, kam Paul Rapacioli, der junge Mann, der die REED-Website betreute, mit einer Idee in James' Büro.

Rapacioli war der Meinung, dass REED seine Website allen Nutzern – einschließlich der Konkurrenz – kostenlos zugänglich machen sollte. In einem intelligenten Wortspiel hatte er seiner Idee den Namen »Freecruitment« gegeben. Er argumentierte, dass mehr Stellen auf dieser Site angeboten würden, wenn man den Nutzern freien Zutritt ermögliche. Das würde wiederum mehr Leute zum Besuch der Website animieren.

James war entsetzt und konnte kaum glauben, was er da hörte. Rapaciolis Vorschlag setzte sich über seine sämtlichen kaufmännischen Instinkte hinweg. James war mit dem Bewusstsein herangewachsen, dass man in dieser wettbewerbsorientierten Welt stets vorn liegen muss, um sein tägliches Brot zu verdienen, und er war darauf trainiert, ein erbitterter Wettkämpfer zu sein.

Ihm missfiel die Vorstellung, Wettbewerber seine kostbare Website nutzen zu lassen. Aber je länger er darüber nachdachte, desto klarer wurde ihm, dass Paul Rapacioli gar nicht so falschlag. Die Idee basierte auf einer einfachen und überzeugenden Voraussetzung: dass Massen weitere Massen anziehen.

»Freecruitment« bot REED die Chance, online einen Arbeitsmarkt zu schaffen, und die damit verbundenen Risiken schienen nicht sonderlich groß zu sein. Falls es nicht funktionierte, konnte man das Projekt wieder einstellen. James gelangte zu der Überzeugung, dass es an der Zeit war, in großen Dimensionen – global – zu denken.

Im Frühling 2000 wurde »Freecruitment« eingeführt. Es wuchs schnell und im Nachhinein ist es nur fair, zu sagen, dass vor allem Paul Rapaciolis Idee die REED-Website zur größten und erfolgreichsten Stellenbörse in Europa machte.

Sie entpuppte sich als echtes Win-win-Szenario, weil sie sowohl für Arbeitsuchende wie auch für Recruiter hilfreich war.

Bis heute ist es Wettbewerbern möglich, kostenlos Stellenangebote auf der REED-Website zu platzieren. Mittlerweile wird sie von mehr als 80 Prozent der Top-Recruitment-Unternehmen in Großbritannien genutzt. Und was wurde aus Mr. Rapacioli? Er bekam für seine Idee einen Bonus von 100.000 Pfund und zog später nach Schweden, um dort seine eigene Internetfirma zu gründen.

Dieses Projekt hätte niemals realisiert werden können, wären zu jener Zeit nicht neue Technologien entstanden, die eine solche Zusammenarbeit konkurrierender Unternehmen für beide Seiten vorteilhaft werden ließen. Adam Brandenburger, Professor an der Harvard Business School, schuf ein neues Wort, um dieses Phänomen zu beschreiben: Er nannte es

»Coopetition«. Die Entwicklung des Network Computing hat seither zur Verbreitung von Coopetition bei zahlreichen Branchen und Wirtschaftsdienstleistern geführt.

Anpassungsfähigkeit ist ein grundlegender Aspekt des Global-Mindsets und eine grundlegende Eigenschaft der Gen G. »Pass dich an oder stirb«, wie es so schön heißt. Oder mit den Worten Charles Darwins ausgedrückt: »Es ist nicht die stärkste Spezies, die überlebt, sondern diejenige, die sich am besten an Veränderungen anpassen kann.« Wir würden den letzten Teil abwandeln in »die sich am besten an Unerwartetes anpassen kann«.

Betrachten wir nun Verantwortungsbewusstsein, die nächste Eigenschaft in der Liste der Top 6 und eine weitere Grit-bezogene Eigenschaft. Was meinen Arbeitgeber, wenn sie verantwortungsbewusste Mitarbeiter wollen? Im Job müssen wir alle jemandem Rechenschaft ablegen. Jedes Unternehmen trägt Verantwortung gegenüber seinen Kunden. Die Mitarbeiter tragen Verantwortung gegenüber ihren Kollegen. Der Vorstand muss sich gegenüber dem Aufsichtsrat verantworten und der Aufsichtsrat gegenüber den Aktionären. In guten Unternehmen trägt *jeder* Verantwortung gegenüber dem Kunden.

Wenn Sie herausragendes Verantwortungsbewusstsein zeigen, dann geht das über den Rahmen Ihrer Stellenbeschreibung hinaus und wird zu einem verinnerlichten Verantwortungsgefühl, das Sie *vortreten* und alle Situationen verbessern lässt, auf die Sie möglicherweise Einfluss haben. Wer Verantwortungsbewusstsein verinnerlicht hat, lässt sich nicht durch Titel und Funktionen davon abhalten, positive Beiträge zu leisten, wann immer das möglich ist.

Verantwortungsbewusstsein ist tief verwurzelt in unserem Arbeitsleben, aber sonderbarerweise verlieren es viele Menschen dennoch aus den Augen. Möglicherweise ist es ein Fehler, der uns schnell passiert. Wenn alles gut läuft, sind wir versucht, uns selbst das Verdienst anzurechnen. Und wenn es schlecht läuft, fällt es uns viel leichter, jemand anderem die Schuld daran zu geben. Vielleicht überwiegt auch der vermeintliche Preis für das Übernehmen von Verantwortung und Riskieren eines Fehlers den möglichen, aber nicht garantierten Nutzen.

In den Vereinigten Staaten gibt es kein Gesetz, das Ihnen vorschreibt, jemanden wiederzubeleben, der nicht mehr atmet. Sollten Sie es dennoch versuchen, können Sie für jegliche Schäden belangt werden, die daraus resultieren. Manchmal hat Verantwortungsbewusstsein seinen Preis. Aus diesem Grund schrecken viele Menschen eher zurück, statt vorzutreten, wenn eine schwierige Aufgabe erledigt werden muss. Warum sollten Sie sich vordrängen, wenn Sie dafür hinterher möglicherweise Ärger bekommen? Warum nicht auf Nummer sicher gehen?

Weil der Preis dafür, *keine* Verantwortung zu übernehmen, manchmal noch sehr viel höher ist. Wenn neben Ihnen auf dem Bürgersteig jemand mit dem Tod ringt und Sie wissen, dass Sie helfen könnten, wenden Sie sich dann ab? Oder geben Sie Ihr Bestes und helfen ihm? Wenn dieser Mensch stirbt, können Sie dann noch ruhig schlafen – in dem Bewusstsein, dass Sie hätten helfen können, es aber nicht getan haben? Und wenn Sie wissen, dass Ihr Projekt nur gelingt oder Ihr Team es nur schafft, wenn Sie vortreten, packen Sie dann mit an oder lassen Sie die Sache scheitern? Da Sie jetzt wissen, dass Verantwortungsbewusstsein wesentlich ist, um sich auszuzeichnen, beachtet und wertgeschätzt zu werden, treten Sie da vor oder lassen Sie Ihre Chancen langsam sterben?

Und vergessen Sie nicht: »Mit dem Abschieben von Verantwortung konnte man noch nie Geld verdienen.«

Es wird zunehmend deutlich, dass Arbeitgebern die innere Einstellung wichtiger ist als ein Repertoire an Fachkenntnissen. Aber nicht *irgendeine* innere Einstellung. Die Arbeitgeber sagen unmissverständlich:

Die innere Einstellung ist wichtiger: Wenn Entscheidungen bezüglich einer Neueinstellung oder Beförderung getroffen werden müssen, stellen Arbeitgeber die innere Einstellung über die Qualfikation.

Die innere Einstellung schließt eventuelle Lücken: Arbeitgeber sind davon überzeugt, dass sich Mitarbeiter mit der richtigen inneren Einstellung eher die entsprechenden Fähigkeiten aneignen können als umgekehrt.

Die innere Einstellung ist von dauerhaftem Wert: Arbeitgeber können nicht wissen, welche Qualifikationen in zehn Jahren benötigt werden, aber sie wissen genau, welche innere Einstellung sie dann bevorzugen werden.

Die innere Einstellung sichert Ihren Arbeitsplatz: Arbeitgeber entscheiden sich einstimmig für Mitarbeiter mit der richtigen inneren Einstellung – dem 3G-Mindset –, die sie behalten möchten, selbst wenn sie alle anderen entlassen müssen.

Die innere Einstellung hebt Sie hervor: Arbeitgeber sagen, dass Sie so wertvoll sind wie sieben andere Arbeitnehmer zusammengenommen, wenn Sie über das 3G-Mindset verfügen.

Innere Einstellung und Verdienst sind miteinander verbunden: Unsere Studien zeigen, dass das 3G-Mindset prognostiziert, wie viel Geld Sie verdienen werden.

Die innere Einstellung ist universal: Im Grunde genommen suchen Arbeitgeber weltweit nach derselben inneren Einstellung. Unsere Untersuchungen bei Tausenden von Einzelpersonen und Organisationen zeigten, dass die innere Einstellung, die Arbeitgeber wirklich wollen, exakt den drei Hauptelementen entspricht: Global, Good und Grit.

3G gilt für Sie in jedem Job, auf jeder Ebene und in jeder Situation. Es gilt in höchstem Maße für die Top-Führungskräfte, die wir coachen und mit denen wir bei einer großen Bandbreite von Problemen zusammenarbeiten. Deren Erfolg hängt in vielen Fällen davon ab, wie gut sie das 3G zum Einsatz bringen. Wenn wir 360-Grad-Feedbacks durchführen, um Top-Führungskräfte aus verschiedenen Perspektiven beurteilen zu können, ist das 3G-Mindset der Aspekt, der den größten Unterschied ausmacht. Nichts kommt dem auch nur annähernd gleich. Es bestimmt, wie gut diese Führungskräfte Probleme lösen, mit anderen Menschen umgehen, Strategien für die Zukunft entwickeln und den Erfolg vorantreiben. Es bestimmt, wie andere sie bewerten und ob sie in ihrem Job bestehen – beim CEO angefangen.

Mit der gleichen Stärke und Intensität gilt 3G für Ihren Erfolg, wenn Sie sich zum ersten Mal bewerben. Auch mächtige Top-Führungskräfte haben irgendwann angefangen. Und wenn wir deren Werdegang unter die Lupe nehmen, erweist sich 3G in den meisten Fällen als Erklärung dafür, dass sie es bis an die Spitze geschafft haben.

Diese drei Aspekte – Global, Good und Grit – müssen Sie besitzen und entwickeln, um sich von anderen abzuheben und in Ihrer Karriere und Ihrem Leben Erfolg zu haben. Wenn Sie über das 3G-Mindset verfügen, können Sie nicht nur Chancen nutzen, die »qualifiziertere« Menschen verspielt haben, sondern Sie werden auch zu einem besseren Menschen.

Kapitelzusammenfassung

Es gibt eine ideale erfolgreiche innere Einstellung, genannt 3G-Mindset.

Global
Die *Perspektive* des 3G-Mindsets. Wie global denken und handeln Sie, um die täglichen Herausforderungen und Probleme zu verstehen und anzugehen?

Good
Das *Fundament*, auf dem alles aufbaut. Bei dieser Facette des Mindsets geht es um einen Umgang mit der Welt, der auch anderen von Nutzen ist.

Grit
Der *Treibstoff* des 3G-Mindsets. Die Perspektive (Global) und das Fundament (Good) zu haben ist wesentlich, aber es ist der Treibstoff (Grit), der Sie voranbringt und Ihr 3G-Mindset selbst unter den schwierigsten Bedingungen aktiviert.

Die Top 20 und die Top 6 der Arbeitgeber

Die am meisten gewünschten Merkmale der inneren Einstellung entfallen alle auf eines der 3 G.

Sie können sich alle diese Eigenschaften aneignen – und noch viel mehr. Beginnen Sie damit, sich selbst und Ihre innere Einstellung besser zu verstehen.

3. Messen Sie Ihr Mindset: Das 3G-Panorama

»Andere zu kennen ist Weisheit, sich selbst zu kennen ist Erleuchtung.«
Laotse, chinesischer Philosoph, Begründer des Taoismus

Nachdem Sie nun die Grundlagen und die Bedeutung des 3G-Mindsets verstanden haben, sind Sie bereit für den nächsten Schritt: das Einschätzen Ihrer derzeitigen inneren Einstellung. Dabei verwenden Sie ein wirkungsvolles neues Tool, das 3G-Panorama, welches die Grundlage bildet, auf der Sie Ihr 3G-Mindset stärken und anwenden können. Vielleicht entscheiden Sie sich auch dafür, die kürzere, schnellere 3G-Panorama-Preview auszufüllen, die wir Ihnen auf den folgenden Seiten vorstellen werden.

Das 3G-Panorama ist wesentlich umfangreicher und detaillierter. Es wird online ausgefüllt und liefert Ihnen ein umfassendes Feedback. Ob Sie sich für die Preview oder das komplette Panorama entscheiden, die Erklärungen in diesem Kapitel gelten für beides und werden Ihnen helfen, die besten Stellen zu bekommen, zu behalten und darin erfolgreich zu sein.

Falls Sie vorhaben, das komplette 3G-Panorama auszufüllen, brauchen Sie die Preview nicht auszufüllen – Sie können sofort weitergehen zum 3G-Panorama. Andernfalls nehmen Sie sich bitte ein paar Minuten Zeit, um die folgende Selbsteinschätzung auszufüllen:

3G-Panorama-Preview

Beantworten Sie die folgenden Fragen. Seien Sie absolut ehrlich gegenüber sich selbst. Die Antworten sollten die Wahrheit über Sie widerspiegeln. Sie möchten herausfinden, wie Sie sind, und nicht, wie Sie sein möchten.

Wie würden andere und Sie sich selbst bei jeder der folgenden Dimensionen auf einer Skala von 1 bis 10 im Vergleich zu anderen einstufen, einschließlich jenen, die in jedem dieser Bereiche Ausnahmeerscheinungen sind?

Achtung: 10 ist die Höchstnote und wird vergeben, wenn Sie diese Eigenschaft in Reinform und kontinuierlich an den Tag legen. (Kleiner Hinweis: Zehner sind selten.)

Global

Verbunden – stets die Welt über den eigenen Horizont hinaus im Blick haben und mit ihr vernetzt sein.	
Grenzenlos – weit über die eigene unmittelbare Welt hinausdenken und vorstoßen, um neue Ideen und Perspektiven zu bekommen.	
Offen – aufgeschlossen gegenüber den unterschiedlichsten Ideen und Perspektiven sein.	
Flexibel – sich bereitwillig an Veränderungen und das Unerwartete anpassen.	
Global – sich des Welleneffekts – der weitreichenden, oft unsichtbaren Auswirkungen Ihrer Worte und Taten – bewusst sein.	
Gesamtsumme	

Good

Ehrlich – keine Hinterlist an den Tag legen, die volle Wahrheit sagen, selbst wenn diese unbequem ist.	
Moralisch – ständig darauf ausgerichtet sein, unter allen Umständen das Richtige zu tun.	
Zuverlässig – zu seinen Worten stehen und seine Versprechen einlösen.	

Anteilnehmend – ehrliches Interesse und Mitgefühl gegenüber anderen.

Fürsorglich – ständig auf das Wohl anderer bedacht sein.

Gesamtsumme

Grit

Entwicklungsorientiert – ständig nach Wegen suchen, um zu lernen, zu wachsen und zu verbessern.

Belastbar – in schwierigen Situationen optimal reagieren.

Intensiv – sich ganz auf die anstehende Aufgabe konzentrieren, ohne sich ablenken zu lassen.

Beharrlich – nicht aufgeben; an den gesetzten Zielen festhalten.

Charakterfest – in schwierigen Zeiten Entschiedenheit und Stärke zeigen.

Gesamtsumme

Auswertung Ihrer 3G-Preview

Beachten Sie, dass es drei Bereiche mit jeweils fünf Fragen gibt.

4. Addieren Sie die fünf Zahlen für jeden Bereich (Global, Good und Grit) und tragen Sie die jeweilige Summe in den dafür vorgesehenen Leerraum in der rechten Spalte ein.

5. Addieren Sie Ihre 3G- oder Bereichssummen, um Ihre 3G-Gesamtsumme zu erhalten, und tragen Sie diese hier ein:

3G
Preview
Total

Auswertung Ihrer 3G-Panorama-Preview-Ergebnisse

Denken Sie daran: Die Preview ist ein erster Eindruck davon, wie Ihr umfangreicheres 3G-Mindset aussehen könnte. Sie bietet einen ersten Einblick. Viele Menschen finden das sehr hilfreich. Angesichts der Kürze und Einfachheit ist es jedoch wichtig, nicht zu viel in diese Zahlen hineinzulesen. Um das zu vermeiden, werden wir über Punktzahlen und Bereiche in groben Zügen sprechen.

In der Preview ist die höchstmögliche Punktzahl für jedes G 50. Die Punkte für jedes G entsprechen einer Normalverteilung ähnlich der folgenden Grafik:

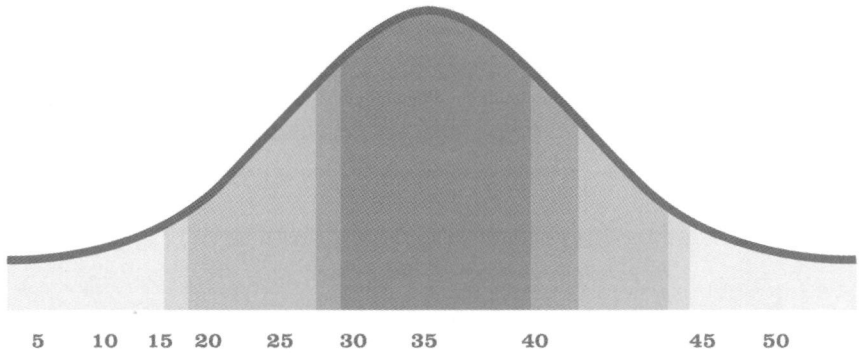

5   10   15 20   25   30   35   40   45   50

Individuelle G-Punktverteilung (Global, Good und Grit)

Ihre Gesamtpunktzahl kann theoretisch von 15 bis zu 150 Punkten reichen. Die Gesamtpunktzahl ist in der Regel ähnlich der folgenden Verteilung:

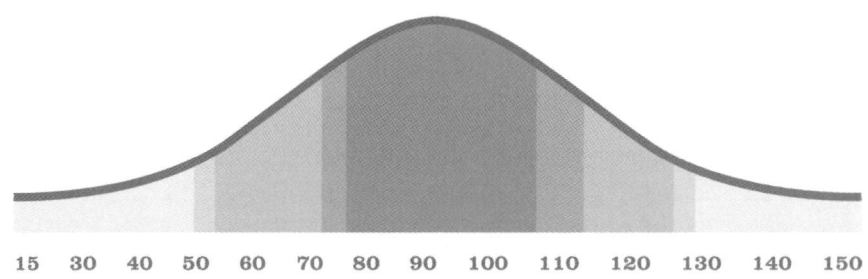

15   30   40   50   60   70   80   90   100   110   120   130   140   150

Verteilung der 3G-Gesamtpunktzahl bei der Panorama-Preview

Das vermittelt Ihnen einen Eindruck, wo Sie insgesamt stehen. Die Mehrheit der Menschen liegt mit ihren Punkten im mittleren Bereich von 80 bis 110, mit wenigen Ausnahmmen, die sehr hohe oder sehr niedrige Punktzahlen haben.

Je höher Ihre Punktzahl bei einem der 3 G und der 3G-Gesamtzahl ist, desto besser. Je niedriger Ihre Punktzahl, desto mehr Arbeit liegt vor Ihnen, um ein wirklich erfolgreiches Mindset zu erlangen, samt all der Vorteile, die es Ihnen bietet.

Panorama-Übung:

Preview

1. Bei welchem G haben Sie die höchste Punktzahl erzielt? Wodurch war Ihnen dieses G bisher hilfreich?

   Antwort: _____

   _____

   _____

2. Bei welchem G hatten Sie die niedrigste Punktzahl? Wie hat dieses G Sie möglicherweise bisher daran gehindert, Ihr volles Potenzial zu entfalten?

   Antwort: _____

   _____

   _____

3. Wie haben Sie bei der 3G-Gesamtpunktzahl abgeschnitten?

   Antwort: _____

   _____

   _____

4. Was sagt Ihnen das im Hinblick darauf, wo Sie stehen und wie sehr Sie davon profitieren können, wenn sich Ihr 3G-Mindset verbessert?

Antwort: _____

_____

_____

Ihr Mindset mit dem 3G-Panorama einschätzen

Um einen vollständigen Eindruck zu bekommen, sollten Sie das 3G-Panorama durchführen. Es bietet Ihnen wesentlich detailliertere und aussagekräftigere Einblicke. Wenn Sie sich ein Gesamtbild davon machen wollen, wo Sie stehen, ist das der richtige Gradmesser.

> Um das 3G-Panorama durchzuführen, besuchen Sie www.3GMindset.com/book und folgen Sie den Anweisungen.
> Das 3G-Panorama wird Ihnen helfen, Ihr 3G-Mindset einzuschätzen.

Diese Bewertung ist extrem aussagekräftig. Sie fußt auf gründlicher Forschung und wurde mittels intensiver weltweiter Studien während der vergangenen Jahre erstellt und überprüft. Das 3G-Panorama ist auch vorausschauend. Anders ausgedrückt können bestimmte Bereiche davon tatsächlich eine Menge Faktoren prognostizieren, einschließlich Ihrer beruflichen Leistung, Ihrer Gesundheit und Vitalität, wie sehr Ihr Chef Sie und Ihren Beitrag schätzt und wie viel Geld Sie verdienen.

Wir raten Ihnen, die Zeit, Mühe und Konzentration zu investieren, um den vollständigen Nutzen aus dem 3G-Panorama zu ziehen. Das 3G-Panorama vermittelt Ihnen einen klaren Eindruck davon, wo Sie jetzt stehen und worauf Sie sich bei der Verbesserung konzentrieren müssen. Es bietet Ihnen neue und wichtige Erkenntnisse darüber, wie Sie die Welt durch Ihr einzigartiges Objektiv sehen und inwiefern dies alles beeinflusst, was Sie tun oder sagen.

Tipps:

➤ Konzentration ist wichtig. Gestatten Sie sich zehn Minuten ohne Unterbrechungen, um das 3G-Panorama auszufüllen. Dann erhalten Sie die nützlichsten Ergebnisse. Es geht schnell.

> ➤ Sie haben zwei Versuche frei. Mit Ihrem privaten Link können Sie das 3G-Panorama zu einem späteren Zeitpunkt ein weiteres Mal ausfüllen, um zu sehen, wie sehr Sie sich verbessert haben, seit Sie die Tools zum Mindset-Aufbau anwenden, die wir in diesem Buch vorstellen.

Holen Sie das Beste aus den Ergebnissen Ihres 3G-Panoramas heraus

Bei den Erläuterungen in diesem Abschnitt des Buches geht es eher um das Grundsätzliche und nicht um konkrete Zahlen. Detaillierte Daten liefert Ihnen der Feedbackbericht mit den aktuellsten Statistiken (Bandbreiten, Mittelwerte und so weiter), basierend auf der wachsenden Gruppe von Menschen, die weltweit das 3G-Panorama ausfüllen.

3G-Gesamtpunktzahl

Der erste Wert, den Sie sich ansehen sollten, ist Ihr 3G-»Barometer«. Die Punktzahlen können zwischen 300 und 1500 liegen. Der weltweite Durchschnitt liegt bei 900. Wie sich die Punktzahlen verteilen, zeigt die folgende Grafik:

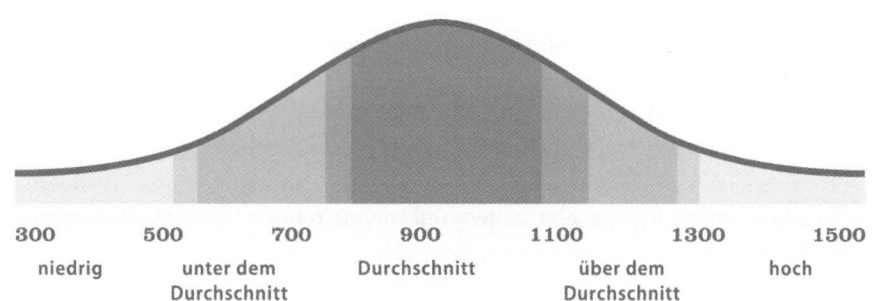

Je höher der Punktwert, desto stärker ist Ihr 3G-Mindset insgesamt. Falls Ihre Punktzahl niedriger ausgefallen ist als erhofft, nur Mut! Wir werden Ihnen in den folgenden Kapiteln eine Reihe von Tools vorstellen, die Ihr 3G-Mindset drastisch stärken können. Selbst wenn Ihre 3G-Punktzahl hoch ist, bedeutet das keineswegs, dass Sie Ihr volles Potenzial ausschöpfen. Eine hohe Punktzahl ist keine Garantie, dass Sie Ihr Mindset auch effizient *einsetzen*. Wir stellen Tools zur Verfügung, mit denen Sie auch das verbessern können.

Der nächste Schritt besteht darin, die 3 G einzeln zu betrachten. Die Punktzahlen für jedes G reichen von 100 bis 500, mit einer durchschnittlichen Punktzahl von 300.

Global-Punktzahl

Ihr Global-Mindset ist Ihre Perspektive. Es geht um die Aufgeschlossenheit gegenüber neuen Erfahrungen und neuen Ideen sowie um Ihre Fähigkeit, sich weltweit zu vernetzen.

Dieser Aspekt des Mindsets wird oft unterschätzt. Je nach Ihrem ausgeübten oder angestrebten Beruf denken Sie vielleicht: »Meine Aufgabe ist hier und nicht irgendwo da draußen.« Warum sich auf das Globale konzentrieren, wenn Good und Grit *überall* gilt? Aber tatsächlich gilt auch dieses Element überall und wurde mit der Zeit immer wichtiger.

Was früher für eine kleine, weltweit tätige Minderheit »wünschenswert, aber nicht Bedingung« war, ist zu einer Anforderung für *jeden* an jedem Ort geworden. Falls Sie das bezweifeln, stellen Sie sich einmal folgende Fragen:

➤ Wenn geografische Grenzen keine Rolle mehr spielen, wer könnte sich dann um meinen Arbeitsplatz bewerben und ihn für weniger Geld ausüben?

➤ Wer würde meinen Wunschberuf gern übernehmen und wahrscheinlich sogar härter arbeiten als ich?

➤ Wenn ich eine Aufgabe besser und schneller erledigen möchte, wer könnte mir außerhalb meiner unmittelbaren Arbeitsumgebung die größte Hilfe sein?

➤ Wie weit gehe ich über meine vermeintlichen Grenzen hinaus, um die besten Lösungen für die Probleme zu finden, mit denen ich konfrontiert werde?

➤ Auf welche Weise möchte ich mit der globalen Wirtschaft vernetzt sein oder bin es bereits und spiele darin eine Rolle?

Ihre Punktzahl in dieser Kategorie ist nicht unbedingt abhängig vom Alter. Es gibt eine Menge jüngere Leute, von denen einige zu den Aufstrebenden oder Baumeistern zählen, die gar nicht anders können, als in ihrem gesamten Handeln global zu denken, wodurch sie naturgemäß eine höhere Punktzahl erzielen. Andere haben dagegen erstaunlich niedrige Punktwerte. Genauso gibt es ältere, erfahrene Arbeitnehmer, die man eher unter den Baumeistern oder Vollendern findet und die in dieser Kategorie die höchsten Punktzahlen erreichen. Entscheidend ist, dass Global eine Rolle spielt. Und je höher die Punktzahl, desto besser.

Beginnen Sie mit Ihrer Gesamtpunktzahl im Bereich Global. Je höher Ihre Punktzahl ist, desto selbstverständlicher berücksichtigen Sie die oben gestellten Fragen bei allem, was Sie tun. Menschen mit einem hohen Punktwert im Bereich Global denken automatisch über die unmittelbaren, offensichtlichen Grenzen hinaus, strecken sich und nutzen andere Menschen, Quellen sowie Perspektiven, die weit hinter ihrer Sphäre liegen. Sie sind aufgeschlossener, anpassungsfähiger und neugieriger sowie eher bereit, verfügbare Technologien oder Hilfsmittel zu nutzen, um sich mit der Welt außerhalb der traditionellen Grenzen und Beschränkungen zu vernetzen.

Das verschafft ihnen eine erweiterte Perspektive und hilft ihnen, andere und häufig bessere Lösungen für alltägliche Probleme zu finden.

Wenn Sie einen niedrigen Punktwert im Bereich Global haben, so kann es sein, dass Sie sich Chancen, Ressourcen und Möglichkeiten entgehen lassen. Je niedriger der Punktwert, desto weniger sind Sie vernetzt, desto eingeschränkter ist möglicherweise Ihre Perspektive, desto blinder könnten Sie gegenüber echtem Wettbewerb um die besten Arbeitsplätze sein, desto weniger verdienen Sie vielleicht und desto weniger Wert stellen Sie letztlich für Ihren Arbeitgeber dar.

In welchem Punktbereich befinden Sie sich momentan? Was wäre vielleicht anders, wenn Sie ein globaleres Mindset hätten? Wie zufrieden sind Sie mit Ihrer aktuellen Punktzahl? Inwiefern würden sich Ihre Berufsperspektiven verbessern, wenn Ihr Punktwert im Bereich Global anstiege?

Lassen Sie uns noch tiefer eintauchen und die beiden Cluster innerhalb des Global-Mindsets genauer betrachten. Wir beginnen mit der Vernetzung.

Global: Vernetzung

Bei der ersten Gruppe im Bereich Global geht es um den Gesamtzusammenhang. Er bezieht sich darauf, wie gut Sie den größeren, umfassenderen Kontext berücksichtigen und welche unbeabsichtigten Auswirkungen Ihre Entscheidungen und Verhaltensweisen möglicherweise haben. Wie gut verstehen und berücksichtigen Sie den Gesamtzusammenhang? Inwiefern spielt Ihr Job, wie begrenzt er auch sein mag, eine Rolle auf dem globalen Markt und ist mit diesem vernetzt?

Wie stark beschränken Sie Ihre Perspektive auf das Unmittelbare? Greifen Sie automatisch nur auf Ideen und Ressourcen in Ihrer unmittelbaren Umgebung zurück? Denken Sie »Aus den Augen, aus dem Sinn«? Oder berücksichtigen Sie regelmäßig Ressourcen, die außerhalb Ihrer unmittelbaren Umgebung liegen, und vernetzen sich damit? Wenn das der Fall ist, können Sie jetzt Ihre Perspektive, Ihre Leistungsfähigkeit und Ihren potenziellen Wert steigern.

Inwieweit machen Sie sich Technik und das Internet zunutze, um über Ihre unmittelbare Umgebung hinauszugehen, wenn Sie Informationen, Ressourcen und Lösungen suchen? Ein niedriger Punktwert für Global könnte darauf hinweisen, dass Sie zu wenig Nutzen aus der grenzenlosen Welt der Technologie ziehen. Ein höherer Punktwert deutet darauf hin, dass Sie bereits gut vernetzt sind und vermutlich ungemein von dem profitieren, was die Welt zu bieten hat.

Global: Aufgeschlossenheit

Aufgeschlossenheit, Flexibilität und Anpassungsfähigkeit gehören zu den Mindset-Qualitäten, die Arbeitgeber am meisten wünschen. Es ist wichtig, ehrlich einzuschätzen, wie eingeschränkt oder grenzenlos Ihr Mindset möglicherweise ist. Je höher Ihr Punktwert, desto aufgeschlossener sind Sie gegenüber unterschiedlichen Sichtweisen und gänzlich neuen Ideen, die Sie vielleicht dazu bringen, anders zu denken und zu handeln. Vermutlich sind Sie von Natur aus neugierig und stellen viele Fragen, um sicherzustellen, dass Sie alle Positionen berücksichtigt haben. Ihre Offenheit gegenüber Innovationen, anderen Standpunkten sowie Veränderungen kann Ihre Leistungsfähigkeit erhöhen.

Je niedriger Ihr Punktwert im Bereich Global ausfällt, desto engstirniger wirken Sie möglicherweise. Vielleicht neigen Sie dazu, die erste Lösung zu wählen, die Ihnen einfällt, oder Sie scheuen Veränderungen, weil diese mit zusätzlichem Aufwand verbunden sind. Ihren Punktwert im Bereich Global zu verbessern ist eine gute Möglichkeit, Ihre Möglichkeiten und Erfolge zu vermehren. Sie kennen einen Menschen, der voller Ideen steckt und sich mit nahezu jedem und überall vernetzen kann? Aller Wahrscheinlichkeit nach hat er im Bereich Global eine sehr hohe Punktzahl. Und wenn es um die besten Arbeitsplätze geht, zählt Global mehr denn je.

Übung:

Global

1. Drucken Sie sich Ihren kompletten Online-3G-Panorama-Bericht aus und kreisen Sie die Werte im Bereich Global der 3G-Mindset-Übersicht ein, die Ihnen am wichtigsten sind und die Ihnen am meisten nützen.

2. Markieren Sie die drei Begriffe oder Aussagen mit einem Stern, die Ihnen am meisten Sorgen machen und die Sie am dringendsten verbessern möchten.

3. Und jetzt stellen Sie sich vor, inwiefern Sie davon profitieren würden, Ihre Schwachpunkte zu verkleinern und Ihre Stärken im Bereich Global weiter auszubauen.

Good-Punktwert

Good ist das Fundament, auf dem das übrige 3G-Mindset aufbaut. Es beinhaltet einen Umgang mit der Welt, der Ihnen und Ihren Mitmenschen echten Nutzen bringt.

Beim Mindset geht es darum, wie Sie die Dinge sehen, und nicht darum, wer Sie sind. Anders ausgedrückt sind Ihre guten Punktwerte nicht zwangsläufig ein Maßstab dafür, ob Sie ein guter Mensch sind. Sie sind ein Maßstab dafür, wie gut Ihr Mindset möglicherweise ist. Aber je stärker Ihr Punktwert im Bereich Good ist, desto natürlicher ist es für Sie, in den unterschiedlichsten Situationen ein guter Mensch zu sein.

Charakter ist zeitlos und zudem eine übergeordnete Priorität. Es wird zunehmend deutlich, dass jemand absolut kompetent und sogar hochintelligent sein kann, es ihm jedoch an dem Good-Mindset mangelt, das nötig ist, um unser Vertrauen, unseren Respekt und unsere Loyalität zu erwerben. Das ist einer der Gründe, warum es Arbeitgebern so wichtig ist, Menschen mit einem Good-Mindset einzustellen, zu halten und zu befördern. Good wird hoch geschätzt.

Sehen Sie sich Ihre Gesamtpunktzahl an. Je höher sie ist, desto mehr wünschenswerte Good-Eigenschaften werden Sie vermutlich an den Tag legen. Je niedriger der Punktwert, desto weniger besitzen Sie davon.

Der durchschnittliche Punktwert in diesem Bereich liegt bei 300. Sollte Ihr Punktwert unterhalb des Durchschnitts liegen, haben Sie gute Verbesserungsmöglichkeiten. Es bedeutet, dass Sie Ihre bisherigen Erfolge nicht wegen, sondern trotz dieses Elements Ihres 3G-Mindsets erlangt haben. Sie haben die Riesenchance, einen gewaltigen Schritt nach vorn zu tun, wenn Sie diesen Bereich verbessern.

In welchen Punktbereich auch immer Sie fallen, überlegen Sie einmal, wie Sie und Ihr Leben sich verändern werden, wenn Sie sich im Bereich Good deutlich steigern. Inwiefern wird es die Art und Weise beeinflussen, wie Menschen Beziehungen mit Ihnen eingehen, an Sie herantreten und den Wunsch haben, Sie in ihr Tun mit einzubeziehen? Wie wird es Ihre Wirkung in einem Bewerbungsgespräch, einer Leistungsbeurteilung oder den täglichen Interaktionen, die im Berufs- und Privatleben zu Erfolg führen, beeinflussen? Der Nutzen kann immens sein.

Lassen Sie uns diesen Bereich genauer ansehen und zwei grundsätzliche Cluster betrachten, die Ihr Good-Mindset bilden. Dann werden Sie die Bedeutung Ihres Punktwertes noch besser verstehen.

Good: Integrität

Diese Gruppe beschreibt Ihre moralische Grundlage, Ihre ethische Sichtweise. Sie vermittelt einen Eindruck davon, wie sehr Sie in dem verankert sind, was man als Charakter bezeichnet – die zeitlosen Tugenden, die große Denker seit mehr als zweitausend Jahren preisen.

Während der Menschheitsgeschichte basierten Gesellschaften oft auf strengen Verhaltenskodizes, moralischen Lehren, die durch die Religion oder das Gesetz oder durch beides bestimmt wurden. In den letzten Jahrzehnten machten diese in vielen Gesellschaften Platz für etwas, das als moralischer Relativismus bezeichnet wird, also eine elegante Art zu sagen »Kommt darauf an«, wenn es um Fragen von richtig oder falsch geht.

Diese Art von Mindset bietet mehr Freiheiten, schafft jedoch gleichzeitig dort Probleme, wo Menschen denken: »Ich bin nicht sicher, also mache ich, was ich will.« In einzelnen Situationen mag das sogar funktionieren, aber je größer ein Unternehmen ist, desto klarer definiert und verbindlicher ist sein Moralkodex und desto mehr müssen sich die Mitarbeiter daran halten.

Um das noch einmal zu betonen: Arbeitgeber suchen Leute mit Integrität, die fest verankert sind. Wir haben nie einen Arbeitgeber sagen hören: »Ich wünschte, ich könnte mehr moralisch schwache Mitarbeiter finden« (obwohl wir ein paar Ausnahmen fanden, habgierige Menschen, die Bereicherung über alles andere stellen und von ihren Mitarbeitern verlangen, alles zu tun, was dafür nötig ist).

Mindset-Qualitäten wie Ehrlichkeit, Vertrauenswürdigkeit, Loyalität, Authentizität, Zuverlässigkeit und echte Hilfsbereitschaft tragen zu Ihrem Gesamtwert im Bereich Good bei.

Good: Freundlichkeit

Dieses Cluster ist enorm wichtig. Es umfasst Liebenswürdigkeit, Respekt, Fairness, Mitgefühl, Einfühlungsvermögen, Großzügigkeit, Bescheidenheit und noch viel mehr. Ein Mangel an diesen Eigenschaften kann sich äußerst schädlich auf Karriere und Lebensqualität auswirken. Je höher Ihre Punktzahl in diesem Bereich ist, desto mehr dieser bereichernden Eigenschaften werden Sie vermutlich aufweisen.

Dieses Cluster beschreibt jene Ihrer Facetten, an die sich viele Arbeitgeber erinnern. Für manche sind es sogar die wichtigsten. Hat jemand diese Eigenschaften nicht, lässt sich möglicherweise nur schwer begründen, warum er seinen Arbeitsplatz behalten oder gar befördert werden sollte. Wer sich hier im oberen Punktebereich bewegt, kann sich davon abheben.

Übung:

Good

1. Kreisen Sie die Werte im Bereich Good der 3G-Mindset-Übersicht ein, die Ihnen am wichtigsten sind und Ihnen am meisten nützen. Sie werden ein wichtiges Kapital für Ihr bisheriges Leben dargestellt haben. Sie werden diese »Freunde« behalten, hervorheben und im Berufs- und Privatleben zum Einsatz bringen wollen, während Sie Ihr 3G-Mindset weiter ausbauen.

2. Markieren Sie die drei Begriffe oder Aussagen mit einem Stern, die Ihnen am meisten Sorgen bereiten und die Sie am dringendsten verbessern möchten. Welche davon überraschen oder stören Sie am meisten?

3. Und jetzt stellen Sie sich vor, inwiefern Sie davon profitieren würden, Ihre Schwachpunkte zu verringern und Ihre Stärken im Bereich Global weiter auszubauen.

Punktwert Grit

Grit ist der Treibstoff Ihres 3G-Mindsets. Es geht um die Hartnäckigkeit, Belastbarkeit und Härte, die nötig sind, um an die Spitze zu kommen, unabhängig davon, welche Vor- oder Nachteile das Leben Ihnen mit auf den Weg gegeben hat.

Grit ist dasjenige Element Ihres 3G-Mindsets, das Ihre Hartnäckigkeit definiert, Ihre Beharrlichkeit, Gewandtheit, Leistungsfähigkeit, Energie und die Fähigkeit, sich durchzukämpfen, um das Unmögliche möglich zu machen. Es ist die innere Entschlossenheit und Stärke, auch Widrigkeiten zu besiegen.

Grit prognostiziert und steuert eine große Bandbreite jener Eigenschaften, die Arbeitgeber als extrem wünschenswerte Faktoren bei jedem neuen Mitarbeiter nennen. Dazu zählen Engagement, Verantwortungsgefühl und Entschlossenheit. Abgesehen von den Eigenschaften, die uns die befragten Arbeitgeber nannten, steuert Grit zudem Optimismus, Zufriedenheit, Gesundheit, Innovationsbereitschaft, Leistungsfähigkeit, Produktivität, Durchhaltevermögen, Problemlösungsorientierung, Gelassenheit, unternehmerisches Denken. Es beeinflusst, wie schnell Sie befördert werden, Ihren potenziellen Wohlstand oder wie viel Geld Sie verdienen. Betrachten Sie es zusammen mit der Tatsache, dass Arbeitgeber häufig mit Unsicherheit, Komplexität, Druck und Veränderungen konfrontiert sind, und Sie verstehen, warum sie Grit als unerlässlich ansehen.

Schon das Aufbauen von mehr Grit hat das Potenzial, Sie zu einem leistungsfähigeren und erfolgreicheren Menschen zu machen. Häufig ist es genau das, was den Unterschied zwischen den Erfolgreichen und den Erfolglosen ausmacht. Aber in Kombination mit Global und Good entwickelt Grit sein ganzes Potenzial. Grit entscheidet zudem darüber, wie effizient Sie die anderen beiden G einsetzen, wenn es am meisten darauf ankommt.

Betrachten Sie Ihre Gesamtpunktzahl im Bereich Grit. Auch hier liegt der Durchschnitt bei 300. Wenn Ihre Gesamtpunktzahl für Grit niedriger ausgefallen ist, so mussten Sie für jeden bisherigen Erfolg unnötig leiden. Diese Ziele zu erreichen war härter und zermürbender als nötig. Es geht auch einfacher.

Falls Ihr Punktwert, wie der vieler Menschen, im mittleren Bereich liegt, dann war Ihr Grit Ihnen bisher schon von Nutzen, ist aber noch steigerungsfähig.

Sollte Ihre Punktzahl im oberen Bereich liegen, dann hat Ihnen Ihr Grit vermutlich stets gute Dienste erwiesen. Wahrscheinlich hat es eine große Rolle bei dem gespielt, was Sie bisher erreicht haben. Und wie alle Facetten des 3G-Mindsets kann es bestimmt noch viel stärker werden.

In welchem Bereich Ihre Punktzahl jetzt auch immer liegen mag, stellen Sie sich vor, wie sehr Sie davon profitieren werden, wenn Ihr Grit stärker wird. Welchen Einfluss wird es auf Ihre Belastbarkeit, Ihre Energie, Entschlossenheit, Leistungsfähigkeit, Beharrlichkeit und Hartnäckigkeit haben? Können Sie sich vorstellen, dass mehr Grit Sie womöglich noch erfolgreicher darin macht, jetzt und in Zukunft die besten Arbeitsplätze zu bekommen und auch zu behalten?

Global und Good bilden jeweils zwei Cluster von Eigenschaften, die gemeinsam ein stärkeres Konstrukt ergeben. Grit ist ein wenig komplexer: Es setzt sich aus Entwicklungsfähigkeit, Belastbarkeit, Intensität und Beharrlichkeit zusammen. Jede dieser Facetten ist auf eigene Weise wichtig. Und wenn Sie in der Lage sind, alle vier zusammenzufügen, ist Ihr Grit allen Prüfungen gewachsen.

Werfen wir einen genaueren Blick auf die vier Komponenten von Grit.

Grit: Entwicklungsfähigkeit

Diese Facette des Mindsets wurde am überzeugendsten von Carol Dweck an der Universität von Stanford nachgewiesen. Durch ihre Pionierarbeit mit Kindern bewies sie, dass sogar extrem talentierte Kinder mit einem »unbeweglichen« Mindset schlechter abschneiden als Kinder mit einem entwicklungsfähigen Mindset, das auf der Annahme fußt, dass man sich durch Lernen und Bemühen verbessert. Das trifft auch auf Erwachsene zu. Menschen, die mit starren Etiketten wie »Ich bin clever« oder »Ich bin kreativ« herumlaufen, sind in der Regel weniger erfolgreich und verbessern sich weniger als jene, deren Mindset von der Überzeugung geprägt ist: »Ich kann es noch besser, wenn ich mich einsetze.«

Je höher Ihr Punktwert im Bereich Grit ausfällt, desto entwicklungsorientierter ist vermutlich Ihre innere Einstellung und desto eher sehen Sie Rückschläge und Misserfolge als vorübergehende, korrigierbare und lehrreiche Momente an. Je niedriger Ihr Punktwert ist, desto eher betrachten Sie Rückschläge vermutlich als Bedrohung für Ihr Selbstwertgefühl, was diese ernster, demoralisierender und dauerhafter erscheinen lässt. Aus diesem Grund stärkt ein entwicklungsfähiges Mindset Ihr Grit. Ein starres Mindset dagegen macht Sie angreifbar für die Herausforderungen des Lebens. Die gute Nachricht ist, dass Sie sich unabhängig von Ihrer Punktzahl verbessern können, und der Nutzen wird spürbar und signifikant sein!

Grit: Belastbarkeit

Zu sagen, dass Belastbarkeit ein wichtiger Faktor geworden ist, wäre untertrieben. Je komplexer, chaotischer, fordernder, schnelllebiger und schwieriger die Welt geworden ist, desto deutlicher ist die Belastbarkeit in den Vordergrund des menschlichen Bewusstseins und an die Spitze der Mindset-Prioritätenliste vieler Arbeitgeber getreten. Ein stark ausgeprägtes Grit ohne eine solide Dosis an Good und Global kann jedoch zum Problem werden.

Ihre Fähigkeit, effizient auf Widrigkeiten zu reagieren – davon stärker und besser zu werden –, ist wohl das zentrale Element menschlicher Bemühungen. Paul hat Jahrzehnte damit verbracht, über die AQ(Adversity-Quotient)-Theorie und -Methode zu forschen und zu unterrichten, die weltweit am häufigsten angewandte Vorgehensweise zum Einschätzen und Stärken der menschlichen Belastbarkeit. Unternehmen aller Branchen und Hunderttausende von Menschen haben mithilfe von AQ spürbare Verbesserungen am Arbeitsplatz und darüber hinaus geschaffen. Der Beweis liegt auf der Hand. Belastbarkeit ist sowohl grundlegend wie auch wesentlich.

Wir sind jedoch davon überzeugt, und diesen Schluss ziehen intuitiv auch viele Arbeitgeber, dass Belastbarkeit – und selbst Grit – allein nicht genügt oder sogar gefährlich ist ohne den Ausgleich durch die beiden anderen G.

Wenn Sie einen hohen Punktwert im Bereich Grit erzielt haben und von Natur aus belastbar sind, so ist das wunderbar. Vermutlich genießen Sie eine Menge Vorteile, einschließlich dem, dass sich die Menschen an Sie wenden, wenn es schwierig wird. Und falls Sie nur wenige Punkte erzielt haben, sollten Sie Mut fassen. Sie können sich schnell und wesentlich verbessern – es wird sich reichlich auszahlen. In dem Maß, in dem sich Grit und Belastbarkeit verbessern, sinkt Ihr Stressniveau und steigt Ihre Lebensqualität.

Grit: Intensität

Diese Komponente zielt auf die Konzentration, Disziplin und Energie. Es ist das Gegenteil von Apathie und einem Aufmerksamkeitsdefizit. Bei der Intensität geht es darum, sich ganz einzubringen, einzutauchen, wenn nicht gar völlig gepackt zu werden von Ihren Aufgaben, welche verlockenden Ablenkungen auch immer auf Sie einströmen. Während die Welt zunehmend geräuschvoller wird und sich die Zahl der Ablenkungen vervielfacht, wächst der

Vorteil, den Arbeitgeber in den wenigen Menschen sehen, die echte Konzentrationsfähigkeit beweisen. Als fänden sie in einer Welt mit künstlichem Licht die letzten Sonnenstrahlen.

Nicholas Carr schrieb in seinem Buch *Wer bin ich, wenn ich online bin, und was macht mein Gehirn solange? – Wie das Internet unser Denken verändert* über die vielen Ablenkungen, denen wir heute ausgesetzt sind. Er gibt dem Internet für viele dieser Ablenkungen die Schuld und sagt: »Das Netz scheint meine Fähigkeit zur Konzentration und zum Nachdenken zu verringern. Ob ich online bin oder nicht, mein Gehirn erwartet plötzlich, sämtliche Informationen so zu bekommen, wie das Internet sie liefert: als reißenden Strom winziger Partikel. Früher war ich ein Tiefseetaucher im Meer der Wörter. Heute jage ich über die Wasseroberfläche hinweg wie auf einem Jetski.«

Er zitiert David Meyer, einen Neurowissenschaftler an der Universität von Michigan und führenden Experten im Bereich Multitasking, der sagt, möglicherweise könnten wir »einige der Unzulänglichkeiten überwinden, die mit dem Multitasking verbunden sind. Außer in sehr seltenen Fällen kann man jedoch üben, bis man schwarz wird, und wird trotzdem nie so gut, als wenn man sich jeweils nur auf eine einzige Aufgabe konzentriert.«

Je höher Ihr Punktwert im Bereich Grit, desto selbstverständlicher und umfassender können Sie sich auf das konzentrieren, was auch immer Sie gerade tun. Anderen fällt das möglicherweise schwer oder es ist ihnen gar nicht möglich. Es bedeutet auch, dass Sie wahrscheinlich über mehr Selbstdisziplin verfügen als die meisten Menschen, dass Sie engagiert bleiben und Projekte bis zum Ende durchziehen, selbst wenn diese mit der Zeit langweilig werden. Besser als den meisten gelingt es Ihnen, sich gegen äußere Ablenkungen abzuschotten. Das hilft Ihnen dabei, wesentlich produktiver als andere zu sein und bei allem, was Sie tun, qualitativ höhere Ergebnisse zu erzielen.

Je niedriger Ihr Punktwert bei Grit, desto stärker trifft das Gegenteil zu und desto mehr fallen Sie Ablenkungen zum Opfer und lassen Ihre Gedanken abschweifen. Das verringert Ihre Produktivität und Leistungsfähigkeit, da die wenigsten Aufgaben ohne eine gewisse Portion Intensität anständig gemeistert werden können. Und selbst wenn, so können sie mit zusätzlicher Intensität noch besser erledigt werden.

Grit: Beharrlichkeit

Stellen Sie sich vor, wie hart Sie arbeiten, wie weit Sie gehen und welche Opfer Sie bringen würden, um die eine Sache im Leben zu erreichen, die Ihnen am meisten bedeutet. Diese innere Spannung, diese eiserne Entschlossenheit, das ist Beharrlichkeit. Beharrlichkeit umfasst zum einen Durchhaltevermögen und zum anderen Anstrengung. Die Einstellung »Gib niemals auf« wird dringend benötigt, weil die Aufgaben, Veränderungen und Herausforderungen, mit denen sich Arbeitgeber konfrontiert sehen, stetig komplexer werden.

Wie alle Facetten des 3G-Mindsets nimmt Beharrlichkeit an Bedeutung zu, ist immer gefragter und anscheinend immer schwerer zu finden.

Je höher Ihre Punktzahl im Bereich Grit, desto größer ist die Wahrscheinlichkeit, dass Sie übernommene Verpflichtungen einhalten, auch wenn es schwierig wird. Und Schwierigkeiten sind die Feuerprobe für Ihre Beharrlichkeit und Ihr Grit – wie für viele Facetten Ihres Mindsets. Wenn Sie in den Augen und in der Erinnerung eines Arbeitgebers wirklich herausragen wollen, dann gibt es nur wenige noch einprägsamere Möglichkeiten, als weiterzumachen, wenn alle anderen aufgeben. Der Farmer, der den Pflug fest im Griff behält und sich die längste Strecke durch den Schlamm kämpft, fährt die reichste Ernte ein.

Menschen mit einem niedrigeren Punktwert im Bereich Grit bemühen sich so lange, bis es zu schwierig wird. Dann geben sie auf oder finden Entschuldigungen dafür, dass sie etwas nicht zu Ende bringen, statt zu beweisen, dass sie es schaffen können. Diese Art und Weise, auf Schwierigkeiten zu reagieren, ist weit verbreitet, aber für Arbeitgeber weder besonders effizient noch sonderlich attraktiv. Wenn Sie aufgeben, fühlen Sie sich umso schlechter, weil sich zudem die Vermutung aufdrängt, dass Sie andere enttäuscht haben. Deshalb werden Ihnen die im nächsten Kapitel vorgestellten Tools einen echten Vorteil verschaffen, während Sie Ihre Beharrlichkeit, Produktivität, Leistungsfähigkeit und Ihren Wert in den Augen jedes Arbeitgebers steigern.

Übung:

Grit

1. Kreisen Sie die Werte im Bereich Grit der 3G-Mindset-Übersicht ein, die Ihnen am wichtigsten sind und die Ihnen am meisten nützen.

2. Markieren Sie die drei Begriffe oder Aussagen mit einem Stern, die Ihnen am meisten Sorgen bereiten und die Sie am dringendsten verbessern möchten.

3. Und jetzt stellen Sie sich vor, wie Sie davon profitieren würden, Ihre Schwachpunkte zu verringern und Ihre Stärken im Bereich Grit weiter auszubauen.

Es ist wichtig, dass Sie nicht nur Ihre Punktzahl betrachten, sondern darüber hinaus überlegen, wie 3G Ihre Karriere oder sogar Ihr gesamtes Leben gestalten kann. Aha-Erlebnisse hat man nämlich immer dann, wenn man am wenigsten damit rechnet. Und sie können Ihr ganzes Leben verändern. Manchmal drohen sie alles zu zerstören, wofür wir arbeiten – oder sie werfen schlichtweg unsere Pläne über den Haufen. Aber wenn die 3 G zusammenwirken, können Sie bei null anfangen und sich dennoch hervortun.

Die wahre Geschichte – das 3G-Mindset in Aktion

Mike Crosby war einundzwanzig Jahre alt und im Grundstudium, als seine Verlobte Laura schwanger wurde. Plötzlich stand nicht mehr die Frage im Vordergrund: »Wo steigt heute eine Party?«, sondern: »Wie zum Teufel sollen wir diesen Monat die Rechnungen bezahlen?« Wir wählten Mikes Geschichte aus vielen anderen aus, weil sie sämtliche Cluster und Eigenschaften berührt, die zusammen das 3G bilden und zeigen, was passieren kann, wenn Sie Ihr Mindset wirklich zum Einsatz bringen.

»Ich glaube, ich wusste nicht einmal, was ein Lebenslauf ist, aber mir war klar, dass ich einen richtigen Job finden musste, und zwar schnell!«, erinnert sich Mike, als er diesen Augenblick der Wahrheit beschreibt. »Zu allem Überfluss war die Wirtschaft im Keller und sämtliche Stellen, auf die ich mich bewarb, wurden von Bewerbern belagert, die wesentlich qualifizierter waren als ich. Es war zum Heulen!«

Aber Mike besaß Grit. Er intensivierte seine Bemühungen, blieb beharrlich und bewarb sich unerschütterlich um immer schlechtere Arbeitsplätze, immer weiter von zu Hause weg. Und das, obwohl seine Liste der Absagen immer länger wurde. Aber er weigerte sich aufzugeben. Statt gar keinen Job zu haben, nahm er lieber den einzigen an, den er bekommen konnte und von dem er nie gedacht hätte, dass er ihn haben wollte. Er wurde Gefängnisaufseher. Laut Mike »gibt es in dem Beruf anscheinend immer freie Stellen. Es war nicht gerade ein toller Karriereschritt, aber auch nicht so übel … Zumindest lernte ich ein paar interessante Menschen aus einem Teil der Gesellschaft kennen, der mir bisher fremd war. Außerdem ist es von Vorteil, wenn man zwei Meter groß ist.«

Gleichermaßen gilt 3G, wenn es darum geht, Ihren ersten Arbeitsplatz zu finden. Auch Top-Führungskräfte müssen irgendwo anfangen.

Gefängniswärter gehört in den Vereinigten Staaten zu den fünfzig unbeliebtesten Berufen. Das überrascht nicht. Einer der Gründe? Er gilt als Sackgasse. Und was wurde nun aus dem mittellosen Vollzeit-Gefängniswärter mit dem Sackgassenjob und einer schwangeren Frau? Wie wäre es mit CEO eines Unternehmes, das den Kundendienst für eine der größten Branchen der Welt komplett neu erfand? Mike gelangte dorthin, indem er bei jeder neuen Stelle sein 3G-Mindset nutzte, während er sich die Karriereleiter nach oben arbeitete. In einem ungewöhnlichen Tempo übernahm er dabei zunehmend mehr Verantwortung. Mindset ist das, was Mike von anderen unterscheidet.

Ein Grund, warum sich Mike hervorhebt, ist sein enormes Grit. Tatsächlich erlangte er in diesem Bereich eine Punktzahl innerhalb der oberen 3 Prozent. Er verfügt über ein ausgeprägtes Geschick, das Unmögliche möglich zu machen. Mike läuft zur Höchstform auf bei Aufgaben, von denen glaubwürdige »Ratgeber« ihm versichern, dass sie schlichtweg unmöglich zu schaffen seien. Dann geht er hin und tut es. Zum Beispiel sein neuestes Unternehmen, Irving Oil, zu mehr Kundenloyalität, Marktanteilen und Rentabilität zu führen, und das unmittelbar nach dem Hurrikan Katrina, als seine gesamte Konkurrenz durchhing und die Medien die Ölmultis beschuldigten, ihre Kunden über den Tisch zu ziehen. »Warum Schwierigkeiten einfach nur durchstehen, wenn man sie sich *zunutze machen* kann?«, ist einer seiner Lieblingssprüche.

Mike wird häufig gefragt: »Wie hast du es geschafft, dich so weit hochzuarbeiten?« Aber das ist die falsche Frage. Die richtige Frage wäre*: »Welche innere Einstellung muss jemand [wie du und ich] haben, um ganz unten anzufangen, es entgegen aller Wahrscheinlichkeit nach oben zu schaffen und wirklich etwas zu bewirken?«*

Auf den ersten Blick mag man Mike Crosby einfach nur für einen netten, durchschnittlichen Burschen halten, auch wenn er einen schicken Anzug trägt. Genauso sieht er sich übrigens selbst. Als nichts Besonderes. Vermutlich würden Sie ihn mögen, so wie es die meisten tun. Sie würden ihm vertrauen. Sie würden feststellen, dass Sie sich auf ihn verlassen können. Er ist der Typ, den Sie zum Grillabend einladen, neben dem Sie gern im Flugzeug sitzen oder den Sie gern in Ihrem Team hätten. Er ist ein Mensch, dem Sie vertrauen, an den Sie glauben, den Sie schätzen.

Aber nach dem, was Sie jetzt wissen, geht all das weit darüber hinaus, einfach nur ein netter oder toller Kerl zu sein. Wenn Sie Mike Crosby im Bereich Good Punkte gäben, würde er sicher auch hier bei den oberen 3 Prozent landen. Nach Auskunft von Kollegen, die mit ihm oder unter seiner Führung arbeiten, sowie der Menschen aus seinem privaten Umfeld steht Mike für alle Eigenschaften, die Integrität und Freundlichkeit mit einschließen. Wiederholt hat er harte Schläge eingesteckt, wenn er sich kompromisslos dafür einsetzte, Leute richtig zu behandeln, selbst unter immensem Gegendruck. Wenn man ihn zum Lügen zwingen will, weigert er sich schlichtweg. Sich mit Mike zu treffen ist aber auch nicht so, als würde man den Papst einladen. Mit ihm zusammen zu sein ist locker und entspannt.

Okay, was Grit und Good angeht, ist er also ein leuchtendes Vorbild. Aber was ist mit Global? Eine berechtigte Frage. Sein jüngstes Unternehmen hat Mike von der idyllischen Provinzstadt Concord, New Hampshire, aus geleitet. Es ist ein Ort, in den die Leute ziehen, wenn sie ein beschauliches Leben führen wollen. Und Mike ist ein New-England-Kind. Er ist dort aufgewachsen, zur Schule gegangen, hat dort gearbeitet und Sport getrieben, seine eigene Familie gegründet. New England ist seine Welt. Es wäre für ihn ein Leichtes gewesen, ein typischer Kleinstädter zu werden.

Bei einem Interview im Rahmen seiner aktuellen Tätigkeit in der Energiebranche erklärte Mike jedoch, dass er auf Makrofaktoren basierende Mikroentscheidungen fällen und umsetzen würde, um das Geschäft auszubauen und für seine Mitarbeiter die Zukunft zu sichern. »Wenn die Araber die Produktion herunterfahren oder ein ausländischer Gewaltherrscher eine Drohung ausspricht, muss ich unverzüglich einkalkulieren, inwiefern das Auswirkungen auf das Heizöl für meine Gegend hat und welche Schritte wir unternehmen müssen.« Tatsächlich rangiert Mike auch im Bereich Global bei den oberen 3 Prozent.

Diese Art seltener globaler Perspektive hat Mike dabei geholfen, Arbeit zu finden und bei jeder Anstellung befördert zu werden (in der Regel sogar bevorzugt gegenüber älteren oder erfahreneren Kollegen). Er sieht den Gesamtzusammenhang. Die Menschen merken, dass sie sich diesbezüglich auf ihn verlassen können. Seine Haltung hat ihm auch dabei geholfen, Milliarden an Wert für seinen Arbeitgeber zu erwirtschaften. Nicht schlecht für einen Gefängniswärter.

Es geht bei dieser Geschichte nicht darum, Ihnen ein perfektes Beispiel vor die Nase zu halten. Tatsächlich mussten wir Mike sogar versprechen, genau das nicht zu tun. Andernfalls hätte er es nicht gutgeheißen, dass wir seine Geschichte als Beispiel aufnehmen. Es geht vielmehr darum, Ihnen die Geschichte eines bodenständigen, netten Menschen zu erzählen, der inmitten vieler anderer mit mehr Lebenserfahrung und mehr Qualifikationen sein 3G-Mindset eingesetzt hat, um sich eine bemerkenswerte Karriere und ein erfolgreiches Leben aufzubauen. Und wir sind fest davon überzeugt, dass dies mithilfe des Mindsets auch vielen anderen Menschen möglich ist, einschließlich Ihnen.

Wir haben bereits darauf hingewiesen, dass 3G jeden betrifft – vom CEO bis zum einfachen Arbeiter, in jeder Phase der Karriere und in jedem Beruf. Viele der unbesungenen Helden der Arbeitswelt, wie Mike Crosby, haben bescheiden versucht, Fuß zu fassen, ohne Vitamin B oder Ähnliches, und ihr 3G-Mindset eingesetzt, um sich auf bewundernswerte Weise eine außergewöhnliche Karriere aufzubauen. An welcher Stelle Ihrer Karriere Sie auch gerade stehen, von »noch nicht angefangen« bis zu »so weit wie möglich gekommen« – 3G bestimmt, wie hoch hinaus Sie gelangen und wie gut Sie sich während dieses Weges fühlen.

3G und Gen G

Vielleicht haben Sie schon angefangen, sich vorzustellen, wie sich Ihr 3G-Mindset (und die Ergebnisse) abhängig von Ihrer derzeitigen Karrierephase unterschiedlich ausgestalten. Für **Aufstrebende** kann im Bereich Global ein höherer Wert vermutet werden, doch muss er keineswegs optimal sein. Wenn Sie am Anfang Ihrer Karriere stehen, bestimmt Ihr Global-Mindset vermutlich die Möglichkeiten, die Sie in Betracht ziehen und die Ihnen gefallen. Wer seinen Horizont begrenzt, wird geringere Möglichkeiten und eingeschränkte Karrierechancen vorfinden. Haben Sie jedoch einen weiteren Horizont und blicken aktiv darüber hinaus, genießen Sie eine sehr viel größere Auswahl an Ideen, Verbindungen, Beziehungen, Möglichkeiten und Erfahrungen.

Good bestimmt, wie Sie von anderen gesehen und behandelt werden, was wiederum entscheidet, ob die Zahl Ihrer Möglichkeiten wächst oder schrumpft. Grit ist nötig, um unermüdlich jene Chancen zu verfolgen oder zu ergreifen, die andere nicht erkennen.

Wenn Sie ein **Baumeister** sind, spielt Global eine Rolle, aber Grit und Good verflechten sich auf besonders tief gehende Weise. Die Qualitäten von Good zu zeigen, vor allem in entscheidenden Momenten, hebt Sie von anderen ab. Ihr Grit einzusetzen, um Ihr Good erstrahlen zu lassen, ist ein Zeichen von Größe und eröffnet Ihnen neue Möglichkeiten.

Als **Vollender,** der sich dem Ende seiner Karriere nähert, ist es leicht, den Bereich Global hintanzustellen. Doch das wäre ein Fehler. Eine umfassende, weitreichende Perspektive Ihrer Rolle, Ihres Einflusses und Ihres Vermächtnisses – beides mit Grit und Good kombiniert – wird Sie die richtigen Entscheidungen treffen lassen, um Ihrer Karriere ein krönendes Ende zu geben. Die besten und perfektesten Vollender sind jene, die in ihrem gesamten Handeln die 3 G miteinander verweben.

Ihr 3G abbilden

Werfen Sie nun mit Mikes Beispiel im Hinterkopf einen Blick auf Ihr 3G-Profil. Ist es im Gleichgewicht oder unausgewogen? Je unausgewogener es ist, desto eindeutiger ist die Botschaft, dass Sie sich stärker auf einen bestimmten Bereich Ihres 3G-Mindsets konzentrieren müssen – entweder auf Global oder auf Good oder auf Grit. Ist Ihr Mindset ziemlich ausgewogen, erzielen Sie den größten Gewinn, wenn Sie sich auf bestimmte Facetten innerhalb eines oder mehrerer G konzentrieren.

3G-Profile

Bei den meisten Menschen liegt eine Unausgewogenheit vor. Manchmal ist sie so stark ausgeprägt, dass ein Bereich des Profils wesentlich größer ist als die anderen beiden. Seien Sie nicht beunruhigt, falls Ihr Profil ein Ungleichgewicht aufweist. Verschaffen Sie sich Klarheit, an welchen Stellen Sie für mehr Ausgewogenheit sorgen müssen, damit Ihr komplettes Mindset zu Ihrem Vorteil wirkt.

Ihr kurzfristiges Ziel sind ein paar entscheidende Schritte, eine deutliche erste Verbesserung in den von Ihnen ausgewählten spezifischen Bereichen. Ihr langfristiges Ziel besteht darin, in den individuellen und vernetzten Elementen des 3G-Panoramas eine überdurchschnittlich gute Punktzahl zu erlangen, um die Art Mindset zu bekommen, das Sie von anderen abhebt und das sich Arbeitgeber am meisten wünschen.

Wo sollen Sie anfangen? Unser Vorschlag lautet: Vergessen Sie für einen Augenblick die Zahlen. Gehen Sie nach Ihrem Bauchgefühl vor. Welche Aussage oder Facette bezüglich Global, Good und Grit hat Sie gegebenenfalls am meisten verärgert? Welche beunruhigt Sie? Vermutlich geht es dabei um eine zentrale Priorität oder einen wichtigen persönlichen Wert. Folglich benötigt diese Aussage als Erste Ihre Aufmerksamkeit und Mühe. Sie können auch überlegen, welche zu überarbeiten Sie am spannendsten fänden. Wenn Sie zwei oder drei verbessern könnten, welche Bereiche würde Sie dann auswählen, um den größtmöglichen Nutzen daraus zu ziehen? Vermutlich ist das ein guter Ansatzpunkt.

Auf gewisse Weise ist dieses Kapitel das anstrengendste. Es steckt voller Informationen und neuer Erkenntnisse. Sie können so viel oder so wenig Zeit mit Ihrem 3G-Panorama-Feedback-Bericht verbringen, wie Sie wollen. Wir empfehlen Ihnen jedoch, ihn nicht einfach nur durchzulesen und dann zu vergessen. Sehen Sie sich die Ergebnisse immer wieder mal an. Verwenden Sie sie als Richtlinie, Inspiration und Weg, um ein ertragreicheres 3G-Mindset zu entwickeln, das Sie sowohl im Beruf als auch im Privatleben einsetzen können. Je häufiger Sie das tun, desto mehr werden Sie lernen. Jedes Mal, wenn Sie Ihre Ergebnisse betrachten, werden Sie etwas Neues entdecken und können es anwenden, wenn Sie Ihr Mindset einsetzen.

Kapitelzusammenfassung

Die 3G-Panorama-Preview liefert einen ersten Eindruck davon, wie Ihr 3G-Mindset aussehen könnte.

Das 3G-Panorama (www.3GMindset.com/book) ist die verlässlichste und vollständigste Vorgehensweise, um Ihr 3G-Mindset einzuschätzen.

Die 3G-Skala reicht von 300 bis zu 1500 Punkten, mit einem durchschnittlichen Wert von 900.

Jedes G (Global, Good, Grit) hat Punktwerte von 100 bis 500, mit einem durchschnittlichen Wert von 300.

Sie können unverzüglich beginnen, sämtliche Facetten Ihres 3G-Mindsets zu stärken, indem Sie die Tools verwenden, die in den folgenden Kapiteln dargestellt werden.

Global
Hat zwei Cluster: Vernetzungsfähigkeit und Aufgeschlossenheit.

Good

Hat zwei Cluster: Integrität und Freundlichkeit.

Grit

Hat vier Komponenten: Entwicklungsfähigkeit, Belastbarkeit, Konzentrationsfähigkeit und Beharrlichkeit.

Da Sie nun Ihr aktuelles 3G-Mindset kennen, sind Sie bereit, in das nächste Kapitel einzutauchen und zu lernen, wie Sie jede Facette Ihres 3G-Mindsets verstärken und diese Stärke dann nutzen können, um die besten Arbeitsplätze zu bekommen und zu behalten. Jedes der folgenden Kapitel enthält zahlreiche Tools und Tipps sowie erprobte Vorgehensweisen zur steten Verbesserung Ihres 3G-Mindsets. Als Erstes erklären wir in Grundzügen den wissenschaftlichen Hintergrund des Mindsets und warum Sie die Macht haben, Ihr Mindset zu verändern.

4. Beherrschen Sie Ihr Mindset: Wie alles funktioniert

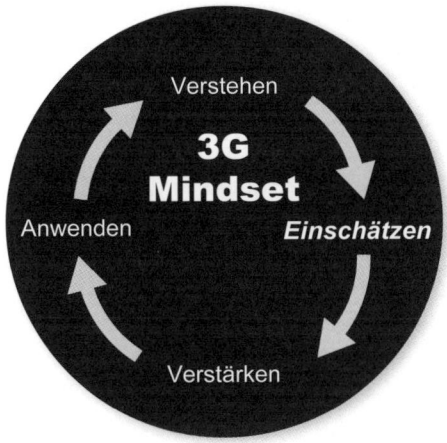

»Wenn eine innere Stimme dir sagt: ›Du kannst nicht malen‹, dann male um jeden Preis und die Stimme wird verstummen.«

Vincent van Gogh

Lassen Sie uns mit der guten Nachricht beginnen. Sie *können* sich verbessern. Dank einiger der bemerkenswertesten und vergleichsweise unbekannten wissenschaftlichen Entdeckungen der letzten Jahrzehnte wissen wir nun ohne jeden Zweifel, dass man *messbar und dauerhaft alle Facetten des 3G-Mindsets stärken kann*. Aber Sie müssen es *wollen* und Sie müssen daran arbeiten, damit es anhält.

Dieses Kapitel erklärt, wie alles funktioniert, damit Sie Ihr Mindset schneller und besser meistern können. Einiges von dem, was Sie nun lesen werden, überrascht Sie vielleicht. Und ganz sicher wird Ihre Überraschung und Aufgeregtheit steigen, je mehr Zusammenhänge Sie erkennen. Sie müssen kein Wissenschaftler sein, um all das zu verstehen. Unsere Grundprämisse lautet: Je mehr Sie darüber wissen und je lebhafter Sie sich vorstellen können, was in Ihrem Kopf vorgeht, desto schneller und besser können Sie Ihr Mindset neu einstellen (oder einfach nur neu stimmen).

Wenn Sie sofort mit den Tools zur Verbesserung Ihres 3G-Mindsets beginnen wollen, können Sie natürlich direkt zum nächsten Kapitel weiterblättern. Es ist jedoch von großem Vorteil, erst einmal zu verstehen, wie alles funktioniert. Dann ziehen Sie aus den folgenden Kapiteln den größten Nutzen.

Ihr Mindset neu einstellen

Es würde ganze Bände brauchen, um die komplexen wissenschaftlichen Details des Mindsets zu erklären. Wir bieten Ihnen deshalb eine starke Vereinfachung, wodurch wegweisende wissenschaftliche Erkenntnisse zweifellos trivialisiert werden.

Lassen Sie uns den Tatsachen ins Auge sehen. Niemand weiß genau, wie das Mindset eigentlich funktioniert. Mit jeder neuen Studie lernen wir mehr darüber. Aber was bereits herausgefunden wurde, liefert überzeugende Beweise und Erklärungen dafür, wie Sie Ihr Mindset *dauerhaft* stärken können. Zumindest das steht fest. Und wir sind sicher, dass Sie die Schlagzeilen genauso faszinierend finden werden wie wir.

Wir werden Ihnen beschreiben, wie es im Wesentlichen funktioniert, sodass Sie sich vorstellen können, was Sie vor sich haben. Einiges davon klingt ziemlich wissenschaftlich (und das ist es auch). Lassen Sie uns damit beginnen.

Der wissenschaftliche Hintergrund

Um zu erklären, wie das Mindset funktioniert, erklären wir ein paar ziemlich technische Begriffe wie Myelin, Verdrahtung, Neuroplastizität, genetische Schalter und Spiegelneuronen. Keine Sorge – das Ganze wird relativ schmerzfrei ablaufen und ist definitiv die Mühe wert.

Myelin

Sie wissen vermutlich aus Erfahrung, dass die Ummantelung eines Kabels Sie vor Feuer und einem elektrischen Schlag schützt. Aber wussten Sie, dass die Dicke des Kabels die Stärke und Entfernung der Verbindung bestimmen kann? Etwas Ähnliches passiert innerhalb dieser drei kostbaren Pfund Materie zwischen Ihren Ohren. Ihr Gehirn besteht aus hundert Milliarden Zellen (Dendriten) mit vier Trillionen möglichen Verbindungen (Synapsen). Das sind große Zahlen.

Vor Kurzem erklärte Tim Berners-Lee, der Begründer des World Wide Web, dass es mehr Seiten im Internet als Zellen in einem Gehirn gibt. Dies war jedoch erst am Ende des ersten Jahrzehnts dieses Jahrtausends der Fall. Vorher hat die Menge Ihrer Gehirnzellen die Gesamtzahl der Internetseiten weltweit bei Weitem überschritten. Das ist schwer vorstellbar, aber wahr.

Wie stellen Sie die besten und stärksten Verbindungen zwischen Ihren hundert Milliarden Gehirnzellen mit vier Trillionen möglichen Bindegliedern her? Wie bilden Sie die Verknüpfungen, die Ihnen in diesem Leben am meisten nützen? Wie können Sie wenig hilfreiche vermeiden oder wieder trennen?

Formulieren wir die Frage mal anders: Wie stellen Sie die besten und stärksten Beziehungen zu anderen Menschen her? Auf diesem Planeten leben über 7 Milliarden Menschen. Das sind über 7 Milliarden potenzielle Freunde. Beim Eingehen von Freundschaften spielen für Sie verschiedene Faktoren eine Rolle, einschließlich dem, was der andere zu bieten hat (Nutzen und Anziehungskraft), ob er in Ihrer Nähe arbeitet oder lebt (Nähe), wen Sie am häufigsten sehen (Frequenz) sowie der Stärke und Energie, die Sie in die Interaktionen investieren (Konzentrationsfähigkeit).

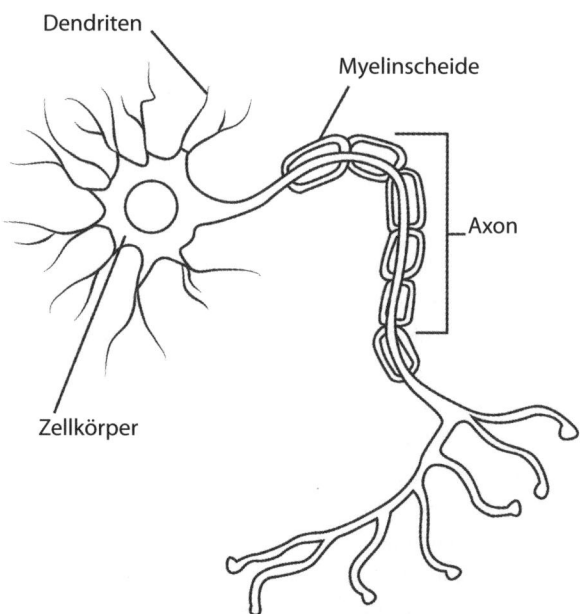

Die grafische Darstellung eines Neurons zeigt die Myelinscheide um das Axon. *Abdruck mit freundlicher Genehmigung des National Institute of Health.*

Diese Faktoren sind wie die Ummantelung. Wenn Sie wirklich von jemandem angezogen werden, den Sie häufig sehen und der in der Nähe ist, und wenn Sie viel Energie in jede Interaktion mit diesem Menschen stecken, dann können Sie eine tiefe Freundschaft oder Verbindung aufbauen. Wenn Sie weniger stark von ihm angezogen werden, der andere weit weg ist, Sie einander nur selten sehen und Sie bei den Treffen nicht viel Energie investieren, dann wird diese Freundschaft oder Verbindung vermutlich oberflächlich sein.

In Ihrem Gehirn werden Verbindungen größtenteils aus den gleichen Gründen hergestellt und die Stärke, Geschwindigkeit und Intensität dieser Verbindungen wird beeinflusst durch die Ummantelung des Kabels, die als Myelin bezeichnet wird. Je stärker und intensiver Sie sich auf eine bestimmte Tätigkeit, einen Gedanken oder eine Überzeugung konzentrieren, desto mehr Myelin oder Ummantelung entwickeln Sie.

Gezieltes Lernen

Immer wenn Sie eine neue Sportart, ein Instrument, den Text eines Liedes oder mathematische Gleichungen für eine Klassenarbeit lernen mussten, haben Sie Erfahrung mit dem gesammelt, was die Wissenschaftler als *deliberate practice* bezeichnen, zu deutsch etwa »gezieltes Lernen«. Unser Verständnis des gezielten Lernens stammt aus eingehenden psychologischen Untersuchungen sowie intensiven Forschungen darüber, wie die weltweit besten Trainer Ausnahmetalente im Sport, in der Musik und auf anderen Gebieten entwickeln.

Gezieltes Lernen erfolgt, wenn Sie sich intensiv auf eine Handlung konzentrieren, sich hindurchkämpfen, sie wiederholen und ein bestimmtes Verhalten verbessern. Durch das Üben entstehen Myelinschichten. Je intensiver und häufiger geübt wird, desto schneller wächst die Myelinschicht und desto schneller und stärker wird die Verbindung. Mehr ist in diesem Fall besser. Und das mühselige Üben – der frustrierende Teil, bei dem Sie am liebsten alles hinwerfen würden – ist unerlässlich, wenn Sie eine starke, solide Myelinschicht haben wollen. Ohne Mühe kommen Sie nicht in den vollen Genuss der Vorzüge des Lernens.

Überlegen Sie einmal, wie ein Kleinkind lernt, aufrecht zu stehen. Zuerst sucht es Halt an einem Stuhl oder Tisch. Nach einer ganzen Weile und möglicherweise etlichen Versuchen nervenaufreibender, körperlich anstrengender Bemühungen zwingt es seinen untrainierten Körper, stehen zu bleiben. Vermutlich plumpst es dann auf den Po, aber es kämpft sich wieder hoch.

So wie ein Kind das Stehen lernt, müssen Sie beim gezielten Lernen über Ihre bisherigen Grenzen hinausgehen. Immer wieder hinzufallen ist ein wichtiger Bestandteil Ihres Vorankommens. »Niemand wird mit den Zellen eines Genies geboren«, sagt der schwedischstämmige Psychologieprofessor Anders Ericsson von der Florida State University. Es ist vielmehr dieses Üben, das »Wachstum und Transformation von Zellen anregt« und dadurch »im Gehirn biochemische Veränderungen bewirkt, die uns weiterbringen«.

Am meisten profitieren Sie von den Fähigkeiten und Tools, die wir Ihnen vorstellen werden, indem Sie sie beharrlich anwenden. Sie können die Effizienz von Verbindungen um 3000 Prozent steigern, einfach nur durch Üben. Das bedeutet, dass Ihr neues und besseres Mindset ganz natürlich und beinahe automatisch entsteht.

Verdrahtung

So wie das Bild eines Feindes oder Verbündeten in Science-Fiction-Filmen als Hologramm in das Cockpit eines Raumschiffes projiziert wird, können Sie sich die holografische Projektion innerhalb Ihres Gehirns vorstellen, die Ihr Mindset bildet. Wie winzige Projektoren beleuchten die unterschiedlich starken Verbindungen Bildpunkte Ihres Mindsets, beleben es und lassen eine einzigartige Sichtweise entstehen, mit der Sie das Leben sowie sämtliche Facetten Ihrer Karriere sehen und steuern.

Sie verfügen bereits über Facetten Ihres 3G-Mindsets. Einige Bildpunkte sind klar und tragen zu dessen leuchtender Stärke bei. Andere sind trüb oder beeinträchtigt, vielleicht sogar so sehr, dass die besten Stellen kaum zu erkennen sind. Sie wollen die schlechten ausblenden und die nützlichen vergrößern, damit Ihr Mindset hell erstrahlt.

Stellen Sie sich vor, dass jeder Bildpunkt von seiner Verbindung zu benachbarten Neuronen betrieben wird. Wie gut diese auch sein mögen, Sie wollen noch bessere. Der Prozess des Anlegens neuer, verbesserter Bahnen wird oft als »Verdrahtung« bezeichnet. Das bezieht sich auf das, was buchstäblich in Ihrem Gehirn passiert.

Bestimmt haben Sie schon einmal einen Trampelpfad gesehen, den die Leute als Abkürzung zwischen zwei befestigten Wegen oder als Abkürzung quer über eine Wiese benutzen. Dabei wird Ihnen aufgefallen sein, dass dieser Pfad umso ausgetretener und leichter begehbar wird, je häufiger man ihn benutzt. Das ist Verdrahtung. Gezielte Abkürzungen bilden, die zu höherer Leistung führen – dazu wollen wir Ihnen mit diesem Buch verhelfen.

Als Pauls Schwester Sabina mitten in ihrer Facharztausbildung steckte, wurde sie Opfer eines Verkehrsunfalls. Ein Lieferwagen überfuhr an einer Kreuzung die rote Ampel und stieß mit ihrem Kleinwagen zusammen. Sabina erlitt eine Gehirnverletzung, die sie beinahe zur Invalidin machte. Sie reagierte weder auf Licht noch auf Geräusche und konnte kaum noch sprechen. Ihren Wunsch, Ärztin zu werden, musste sie aufgeben. Oder doch nicht?

Durch ein von Neurologen durchgeführtes Lerntraining sowie immensen Kraftaufwand gelang es Sabina, ein Wunder zu vollbringen, das mittlerweile als medizinische Therapie akzeptiert ist. Sie bewies, dass sie den beschädigten Bereich im Gehirn umgehen, neue Bahnen myelisieren und verdrahten und dadurch ihre verlorenen Fähigkeiten wiedererlangen konnte. Sie setzte ihre medizinische Ausbildung fort und entschlüsselt nun als angesehene Psychiaterin weitere Mysterien der Psyche.

Neuroplastizität

Die wundersame Fähigkeit des Gehirns, sich als Folge einer Erfahrung neu zu formen, zu regenerieren und neue Bahnen anzulegen, wird als »Neuroplastizität« bezeichnet. Beim Umformen und Regenerieren Ihres Mindsets kommen dieselben Mechanismen zum Tragen, die alten Menschen dabei helfen, ihre Erinnerungen zu festigen, die es versehrten Menschen ermöglichen, neue Fähigkeiten zu entwickeln, und die blinde Menschen durch ein mit ihrer Zunge verbundenes Gerät Bilder »sehen« lassen.

Mittels Neuroplastizität können Sie die Leistungsfähigkeit Ihres Gehirns physisch steigern. Die Londoner Taxifahrer liefern ein Beispiel dafür, wie Erfahrungen Ihr Gehirn verändern können. London ist eine alte Stadt, deren Straßensystem nie auf dem Reißbrett geplant wurde. Die noch aus dem Mittelalter stammenden Straßen bilden ein verschachteltes Netz, das für Fremde sehr verwirrend sein kann. Wenn Sie sich jedoch eines der berühmten schwarzen Taxis rufen, wird der Fahrer stets wissen, wie er ans Ziel gelangt, ohne auch nur einen Blick auf einen Stadtplan zu werfen und das Navi zu benutzen.

Wer Taxifahrer werden will, muss sich nämlich »das Wissen« zulegen. Bis jemand erfolgreich demonstrieren kann, dass er sich in dem Innenstadtwirrwarr von über 25.000 Straßen zurechtfindet, braucht es im Schnitt vierunddreißig Monate harter Arbeit sowie zwölf »Auftritte« vor den strengen Prüfern. James erhascht oft einen Blick auf einen der Schüler, der auf einem Moped um seinen Büroblock kurvt und ein Klemmbrett vor sich befestigt hat, um eine Route zu lernen. Prüfer stellen die Fahrer gerne auf die Probe, indem sie diese nach Strecken zwischen zwei Plätzen fragen, die durch ein Wortspiel oder einen Scherz verknüpft sind. Beispielsweise liebt einer der Prüfer die Aufgabe: »Bringen Sie mich von der Warren Street zur Rabbit Row« (*warren* bedeutet Kaninchengehege und *rabbit* heißt Kaninchen).

Es waren jedoch die Neurologin Eleanor Maguire und ihre Kollegen vom Londoner University College, welche die Auswirkung des Lernens all dieser Fakten auf das Gehirn der Taxifahrer entdeckte. Mithilfe von MRI-Scannern wurde festgestellt, dass der mit räumlicher Erinnerung und Lernen verbundene Hirnbereich (der Hippocampus) bei Londoner Taxifahrern tatsächlich größer ist als der einer Kontrollgruppe von Nichtfahrern. Noch wichtiger ist, dass dieser Gehirnbereich immer größer wird, je länger die Karriere des Taxifahrers andauert. Er wächst durch gezieltes Lernen.

Je mehr Erfahrungen die Taxifahrer sammeln, desto größer wird ihre Gehirnkapazität. Dieser Zusammenhang wurde mittlerweile in Bezug auf die unterschiedlichsten Arten von Kompetenz festgestellt – von Musikern bis zu Athleten. Sogar das Erlangen einer rein mentalen Fähigkeit wie der Meditation verändert die internen Funktionen und Strukturen des Gehirns.

Auch Sie können Ihr Gehirn und Ihr Mindset entwickeln. Ihr Gehirn ist äußerst flexibel und gewandt, weit über das hinaus, was sich jeder von uns erträumt. Und Sie haben die Macht, alles zu regenerieren und neu zu formen.

Genetische Schalter

Aber wo liegt die Grenze? Sind nicht einige Facetten des Mindsets zumindest teilweise genetisch bedingt? Die Antwort lautet schlicht und ergreifend: Ja. Optimismus und Zufriedenheit scheinen zumindest partiell, wenn nicht gar signifikant genetisch zu sein. Das bedeutet, wenn Sie von Natur aus ein Miesepeter sind, werden Sie vermutlich nie vor Freude aus dem Häuschen geraten. Damit ist aber nicht gesagt, dass Sie nicht innerhalb Ihrer potenziellen Möglichkeiten erheblich glücklicher werden können.

Gene wurden immer als starr angesehen, wie zum Beispiel im Hinblick auf die Körpergröße. Aber selbst die Größe ist – innerhalb eines genetisch festgelegten Rahmens – davon abhängig, wie Sie aufgewachsen sind, wie Sie sich ernähren und wie gesund Sie sind. Das ist zum Beispiel der Grund dafür, dass heutzutage in China die junge Generation in vielen Fällen einen Kopf größer ist als die ihrer Eltern.

Eine Reihe wissenschaftlicher Fortschritte hat unser Verständnis vom Einfluss der Gene verändert. In den 1920er-Jahren war Lewis Terman, der Erfinder der IQ-Tests, davon überzeugt, dass die Fähigkeiten eines Menschen von Geburt an festgelegt seien. Ende des letzten Jahrhunderts schienen Wissenschaftler davon überzeugt zu sein, dass zwei Drittel unserer Intelligenz Vererbungssache sind. Im 21. Jahrhundert wissen wir, wie es der Autor David Shenk erklärt, dass das schlichtweg nicht stimmt. Der Mensch hat wesentlich mehr Macht, sogar seinen IQ zu entwickeln und zu verändern, als noch vor wenigen Jahren angenommen wurde.

Stellen Sie sich Gene wie Schalter vor, mit denen man das Licht dimmen kann. Welche Lichtschalter Sie haben, ist durch Ihre Eltern vorgegeben. Welche Schalter höher- oder runtergedreht, an- oder ausgeschaltet werden, liegt jedoch größtenteils bei Ihnen. Nur weil Sie einen Schalter für Altersdiabetes haben, heißt das noch lange nicht, dass die Krankheit auch ausbrechen muss.

Wie die junge Wissenschaft der Epigenetik – also des Einflusses von Genen auf Verhaltensweisen – uns sagt, können Sie die Wahrscheinlichkeit des Erkrankens drastisch reduzieren, indem Sie einfach nur Ihre Umgebung ändern und auf Ihre Gesundheit achten. Dasselbe kann über negative Aspekte Ihres Mindsets gesagt werden. Selbst wenn Sie die Neigung zu einigen davon geerbt haben, können Sie die meisten verhindern oder abschwächen. Sie können aber auch bewusst die guten Schalter einschalten und sich auf jene Teile Ihres genetischen Cocktails stützen, die sich als nützlich erweisen.

Die jüngste Forschung geht noch einen Schritt weiter. Es stellt sich heraus, dass unsere Gene wesentlich stärker durch unsere Umgebung beeinflusst werden, als uns bisher bewusst war. Das setzt die jahrhundertealte Debatte über den Einfluss von Anlage versus Umwelt wieder in Gang.

Früher ging man davon aus, dass unsere Identität durch das Zusammenspiel von »Genen plus Umwelt« entsteht. Mittlerweile wissen wir, dass wesentlich dynamischere Entwicklungen am Werke sind, »Gene multipliziert mit Umgebung«, was bedeutet, dass Ihre Umgebung eine wesentlich größere Bandbreite möglicher Ergebnisse bewirken kann. Als Erstes bestimmt Ihre Umgebung vom Moment Ihrer Zeugung an, welche Schalter umgelegt werden und welche nicht. Erstaunlicherweise weisen die jüngsten Forschungen darauf hin, dass die Umgebung uns sogar noch früher beeinflusst. Was vor dem Augenblick passiert, in dem Sie gezeugt werden, hat enormen Einfluss darauf, wie Sie einmal werden.

Wie kann das sein? Auch darauf gibt die neue Wissenschaft der Epigenetik eine Antwort. Der proteinreiche Chemikalienmix, der Ihre Gene (die Epigenome) umgibt und schützt, verändert sich als Reaktion auf unsere vielfältige Umgebung. Und es sind diese Veränderungen, die über die Macht verfügen, Ihre Gene an- oder auszuschalten. Wissenschaftler haben den Einfluss der ganzen Bandbreite verschiedener Umgebungen zurückverfolgt, von schädlich bis anregend. Im 21. Jahrhundert haben zahlreiche Experimente schlüssig bewiesen, dass solche umweltbedingten Veränderungen tatsächlich vererbt werden können. Was Ihren Eltern und in ihrem Umfeld passiert ist, beeinflusste also nicht nur ihre eigene Persönlichkeit, sondern auch das, was sie an Sie weitergegeben haben. Das kann alles sein, von Herzerkrankungen über Glaukome bis zu Zufriedenheit und der Art, wie Sie lachen.

James war gesagt worden, dass seine Neigung zu Keuchhusten während seiner Kindheit möglicherweise ein »genetischer Schatten« der Tuberkulose sei, unter der frühere Generationen seiner Familie gelitten hatten. Heutzutage wissen wir, dass Ihre emotionale Haltung ebenso wie Ihre körperlichen Merkmale unmittelbar von dem beeinflusst sein können, was Ihren Vorfahren in der Vergangenheit passierte, und das nicht nur durch einen vorgegebenen genetischen Code, der Ihnen mit der Geburt beschert wurde. Deren Erfahrungen können buchstäblich die Ihren formen.

Man unterschätzt nur allzu schnell, wie wichtig all diese Informationen für unsere Fähigkeit sind, unsere eigene Zukunft zu bestimmen – und die unserer Kinder.

Carol Dweck, Psychologieprofessorin an der Stanford-Universität, arbeitet seit vier Jahrzehnten mit Kindern und Jugendlichen. Sie hat herausgefunden, dass sich die Menschen von Natur aus in zwei Gruppen unterscheiden lassen: die einen betrachten ihre Intelligenz als festgelegt, die anderen sind davon überzeugt, dass Intelligenz durch entsprechenden Einsatz vergrößert werden kann. Sie erinnern sich vielleicht, dass Dwecks Dimension der Entwicklungsfähigkeit eine wesentliche Komponente sowohl von Grit als auch von Ihrem gesamten 3G-Mindset ist.

Es stellt sich jedoch heraus, dass Mindset und Talente keineswegs festgelegt sind. Ihre Gene verändern sich zwar nicht, deren Auswirkungen aber schon. Mit den entsprechenden

Anstrengungen können Sie Ihre Intelligenz entwickeln und sogar die Zusammensetzung Ihres Gehirns verändern. Das »entwicklungsfähige Mindset« ist der richtige Weg nach vorn und auch der wirksamste für Sie persönlich. Sie *können* Ihr Mindset entwickeln, und wie Dwecks Forschungen bestätigen, sind Menschen, die dieser Überzeugung und diesem Weg folgen, tatsächlich wesentlich erfolgreicher.

Westliche Regierungen bemühen sich, den Berechtigungsmythos zu überwinden, der Schule gemacht und ihre Volkswirtschaften verdorben hat. 2010 hat das US-Gesundheits- und Bildungsministerium als ersten Schritt mehr als 800.000 Dollar bewilligt, um Professor Dwecks Theorien bei Lehrkräften umzusetzen, dem Herzen des amerikanischen Schulsystems. Das ist die längst überfällige Korrekturmaßnahme der verheerenden »Bewegung zur Entwicklung eines stärkeren Selbstwertgefühls«, die in den 1980er- und 1990er-Jahren im kalifornischen Schulsystem vorherrschte und zu einer beträchtlichen Prozentzahl von Kindern führte, die zwar schwache Leistungen erbrachten, aber über ein so starkes Selbstwertgefühl verfügten, dass sie gar keinen Grund sahen, sich anzustrengen. Letztlich versuchten Dweck und das Ministerium, ein fest verwurzeltes Mindset im amerikanischen Schulsystem zu verändern.

Das sind gute Nachrichten. Ihre Gene und Ihre Erziehung müssen nicht Ihr Schicksal sein. Der Großteil Ihres 3G-Mindsets liegt innerhalb Ihres Einflussbereichs. Sie können sich buchstäblich selbst verdrahten, um das von Ihnen gewollte Mindset anzuwenden, damit Sie die besten Arbeitsplätze und das beste Leben bekommen und behalten.

Der Mensch macht den Unterschied

Sie können die Reise sofort beginnen. Aber Sie müssen es nicht allein tun. Tatsächlich zeigen die neuesten Forschungen, dass Sie andere brauchen, insbesondere wenn Sie spezifische Facetten Ihres Mindsets formen. Diese Forschungen zeigen auch, dass Sie weitaus stärker von den Menschen in Ihrem Umfeld beeinflusst werden, als Ihnen vielleicht bewusst ist.

Ob Sie es wissen oder nicht, Ihre Mitmenschen haben die größte Macht, Ihr Denken, Fühlen und Handeln zu verändern.

Ihre biologische Zusammensetzung programmiert Sie, andere Menschen automatisch nachzuahmen. Sie sind nicht nur biologisch so verdrahtet, das Äußere anderer Menschen nachzuahmen – das zu kopieren, was Experten als »äußeres Erscheinungsbild« bezeichnen –, sondern Sie übernehmen auch deren Gefühle auf eine Weise, die als »Affective Afference« oder Facial-Feedback-Theorie bekannt ist.

Wir werden dies hier kurz erklären, damit Sie sich vorstellen können, wie dieser erstaunliche Mechanismus zum Tragen kommt, besonders wenn es darum geht, die zu Good gehörenden Eigenschaften Ihres Mindsets zu stärken, denn die betreffen Ihr Verhalten im

Umgang mit anderen. Diese Erkenntnisse gelten jedoch für alle drei G. Wir laden Sie ein, im restlichen Teil dieses Buches und auch darüber hinaus zu überlegen, inwiefern diese natürliche Fähigkeit Ihre Beziehungen und Ihr Leben bereichern kann.

Gehirnscans zeigten bei Menschen, die gebeten wurden, einen wütenden Gesichtsausdruck anzunehmen, eine Aktivierung jenes Bereiches, der für das Registrieren von Gefühlen zuständig ist. Die Bewegungen Ihrer Haut und Gesichtsmuskulatur spielen eine wichtige Rolle bei der Übermittlung dieser Gefühle. Das bewies der Neurologe Andreas Hennenlotter bei Versuchen mit Freiwilligen, deren Gesichtsmuskeln durch Botoxinjektionen gelähmt wurden. Ohne die physische Fähigkeit, bei Wut zum Beispiel die Augenbrauen zusammenzuziehen oder die Stirn zu runzeln, war die Auswirkung auf das Gehirn beim Imitieren wütender Gesichtsausdrücke drastisch reduziert. In Anbetracht Ihrer natürlichen Neigung, die Gefühlsausdrücke zu imitieren, die Sie bei den Menschen um sich herum wahrnehmen, können Sie gar nicht anders, als deren Gefühle »aufzufangen«. Mindset ist gewissermaßen ansteckend!

Darüber hinaus haben Neurologen nun bestätigt, dass es im Gehirn Spiegelneuronen gibt, die automatisch aktiviert werden, wenn Sie andere bei einer Handlung beobachten. Sehen Sie sich zum Beispiel im Fernsehen ein Fußballspiel an, so aktiviert das die Bereiche Ihres Gehirns, die mit den physischen Aktionen des Tretens und Rennens verbunden sind.

Laut Professor Giacomo Rizzolatti und seinen Kollegen an der italienischen Universität von Padua helfen Spiegelneuronen zu erklären, wie Mitgefühl funktioniert. Wir verstehen die Gefühle von anderen unmittelbar, das heißt, ohne Dinge erst bewusst zu durchdenken.

Diese Reaktionen sind fein abgestimmt, um selbst die subtilsten Bedeutungsunterschiede unmittelbar zu erkennen, bevor Ihr Bewusstsein die Folgen reflektieren kann.

Wenn Sie jemanden lächeln sehen, so aktiviert das jenen Teil Ihres Gehirns, der für glückliche Gesichtsausdrücke zuständig ist. Stellt jedoch ein ähnlicher Gesichtsausdruck eine Reaktion auf einen Schock dar, erkennt Ihr Gehirn sofort den Unterschied. Ein neuer Satz Spiegelneuronen wird als Reaktion aktiviert, während Sie den Schmerz des anderen buchstäblich erleben.

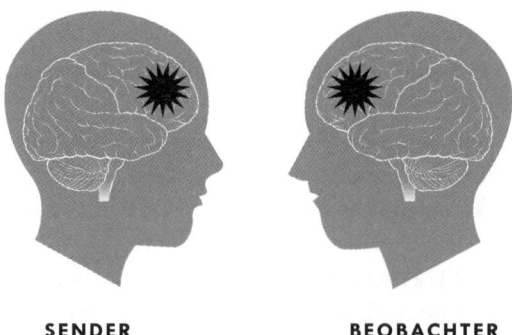

SENDER **BEOBACHTER**

Vereinfachte Darstellung von Spiegelneuronen

Situationsbezogene Kräfte

Der Einfluss des Verhaltens anderer Menschen sollte nie unterschätzt werden. Die sogenannten situationsbedingten Kräfte sind stark genug, ein normales menschliches Wesen in etwas unfassbar Böses zu verwandeln. Das fand der Sozialpsychologe Philip Zimbardo 1971 mit seinem berühmten Stanforder Gefängnisexperiment heraus. Professor Zimbardo erforschte, wie situationsbedingte Kräfte familienbezogene Europäer in mordende Nazis verwandeln konnten sowie in jüngerer Zeit idealistische, junge amerikanische Soldaten in demütigende Folterer im irakischen Abu-Ghraib-Gefängnis.

Glücklicherweise können situationsbedingte Kräfte auch extrem positiv sein und Ihnen helfen, weitaus mehr zu erreichen, als es Ihnen sonst möglich wäre. Einflussreiche »Ansammlungen« oder »Knotenpunkte« fördern überdurchschnittliches Talent. Die außergewöhnlichen technischen Fortschritte gegen Ende des 20. Jahrhunderts wurden aus dem kreativen Ferment des kalifornischen Silicon Valley geboren, ebenso wie die fantastische Kunst von Leonardo, Michelangelo und vielen anderen aus dem kreativen Kessel der italienischen Renaissance im 16. Jahrhundert entstand. Ausgeprägter Wettbewerb, Gesellschaften mit leidenschaftlichem Interesse und die lebhafte gegenseitige Befruchtung mit Ideen können Sie weiter bringen, als Sie allein je kämen.

Aber was bedeutet das nun für Sie und Ihr 3G-Mindset? Die Worte von John Donne, dem britischen Poeten und Prediger aus dem 17. Jahrhundert: »Niemand ist eine Insel, in sich selbst vollständig«, erweisen sich als buchstäblich wahr. Was Sie fühlen und was Sie tun, Ihre physische Zusammensetzung bis hin zur Chemie in Ihrem Gehirn sind darauf programmiert, unmittelbar von anderen beeinflusst zu werden.

Das hat für Sie gewaltige Auswirkungen. Forschungen zeigen: Worin auch immer Ihr Ziel besteht – ob Sie abnehmen wollen oder einen Traumberuf anstreben –, Sie werden es mit mehr Erfolg erreichen, wenn Sie umgeben sind von Menschen, die auf demselben Weg sind und Sie unterstützen.

Laden Sie Ihre Freunde also dazu ein, Ihnen zu helfen, etablieren Sie neue Netzwerke, umgeben Sie sich bewusst mit Menschen, deren Mindsets Sie respektieren und nachahmen möchten. Finden Sie dann Wege, wie Sie einander unterstützen können, und begeben Sie sich gemeinsam auf die 3G-Reise. Oder treten Sie zu diesen Menschen in Wettbewerb, um Ihr gezieltes Lernen zu intensivieren. Bauen Sie aber auch Beziehungen zu ihnen auf, die Ihrem Körper und Ihrem Gehirn helfen, ihre Vorgehensweise automatisch zu übernehmen.

Die verschiedensten Wissenschaften – von der Neurowissenschaft über die Biologie und die Soziologie bis zur Entwicklungspsychologie – sind sich einig in der Erkenntnis, wie groß Ihr Vermögen ist, Ihr eigenes Mindset umzugestalten. Es gibt aber noch eine weitere wichtige Wissenschaft, die Sie Ihrer erstrebten Zukunft näher bringen kann.

Die Wissenschaft der Motivation

Mittlerweile haben die Wissenschaftler drei Hauptantriebe für Motivation entdeckt. Die ersten beiden sind bereits seit Jahrhunderten bekannt. **Verhaltensmotivation** kommt von innen und entspringt unseren biologischen Bedürfnissen, zum Beispiel nach Nahrung, Schutz oder dem Finden eines Partners. Ihre grundlegenden Überlebensbedürfnisse müssen als Erstes erfüllt werden, bevor andere Arten von Motivation einen Einfluss haben können.

Die zweite Antriebskraft, die **externe Motivation,** kommt von außen über externe Belohnungen. Externe Antriebe zu verstehen kann sehr hilfreich sein, um Ihre Mindset-Reise in Richtung Erfolg zu steuern. Der Psychologe und Verhaltenswissenschaftler Dan Ariely erzählt seine sehr persönliche Geschichte.

Acht Jahre nach einem schrecklichen Unfall an der Highschool, bei dem 70 Prozent seines Körpers Verbrennungen dritten Grades erlitten, wurde die Lebererkrankung, die er sich damals bei einer Bluttransfusion zugezogen hatte, als Hepatitis C diagnostiziert. Die gute Nachricht war, dass sich eine neue Behandlungsmethode in der Erprobung befand. Die schlechte Nachricht dagegen lautete, dass dies dreimal wöchentlich die Selbstinjektion eines Präparates namens Interferon erforderte, das entsetzliche Nebenwirkungen hatte. Dazu gehörten Fieberanfälle, die bis zu sechzehn Stunden dauerten, Übelkeit, Kopfschmerzen und Erbrechen.

Diese Injektionen mussten anderthalb Jahre lang verabreicht werden. Nach achtzehn Monaten erfuhr Dan, dass die Behandlung erfolgreich war, dass jedoch – verständlicherweise – kein anderer Patient der Versuchsreihe so lange durchgehalten hatte.

Wodurch unterschied sich Dan von den anderen? So jung wie er war, erkannte Dan, dass Willenskraft und Selbstdisziplin allein ihn niemals durch diese achtzehn Monate bringen würden. Deshalb entschied er, sich mit etwas zu motivieren, das er sehr liebte: Filme.

Jeden Montag-, Mittwoch- und Freitagvormittag, also an den Tagen, da die Injektionen fällig waren, suchte er sich einen ganzen Berg neuer Filme aus und freute sich den ganzen Tag darauf, sie anzuschauen. Gleich nach der abendlichen Injektion, umgeben von Decken und Eimern, die er brauchte, um mit den schlimmen Nebenwirkungen umgehen zu können, startete er seine private Filmvorführung. Er überlistete sein Gehirn, indem er den Vorgang der Injektion mit der belohnenden Erfahrung verknüpfte, sich tolle Filme anzuschauen, und das lieferte ihm die nötige Motivation, um die Behandlung durchzustehen.

Auch Sie können aus externer Motivation das Beste herausholen. Wenn Sie sich auf Ihre 3G-Mindset-Reise einlassen, sollten Sie Ihre Bemühungen unterwegs mit etwas belohnen, das Sie lieben – ob es das Ansehen eines schönen Films, das Ballspielen mit Ihrem Kind oder Ihrem Hund oder der Genuss eines Stücks Ihrer Lieblingsschokolade ist.

Sie haben jedoch noch eine dritte Motivationskraft, die Ihnen hilft, Ihr 3G-Mindset aufzubauen. Obwohl viel zu oft ignoriert, kann die **intrinsische Motivation** zu Ihrer wichtigsten Unterstützung werden.

Es klingt so einfach. Intrinsische Motivation beeinflusst Sie, etwas um seiner selbst willen zu tun, statt etwas dafür bekommen zu wollen.

Erstaunlicherweise zeigt sich, dass intrinsische Motivation ein wirksamerer Motivator sein kann als der höchste finanzielle Gewinn.

Obwohl sich einige Banker immer noch schwertun, das zu akzeptieren, zeigen jüngste Forschungen, dass es die Menschen nicht zu besserer Leistung motiviert, wenn man ihnen mit enormen finanziellen Belohnungen vor der Nase herumwedelt. Falls überhaupt, so mindert es ihre Leistung eher.

In einer neueren wichtigen Studie wurde den Probanden das Gehalt für einen Tag, eine Woche oder fünf Monate versprochen, wenn sie bei einer Reihe von Aufgaben gute Leistungen zeigten. (Bevor Sie fragen, wie Sie daran teilnehmen können, möchten wir darauf hinweisen, dass dieses Experiment in Indien durchgeführt wurde, wo die Lebenshaltungskosten wesentlich niedriger sind.) Was geschah? Laut Professor Dan Ariely »wiesen die Gruppen mit dem niedrigen und mittelhohen Bonus gleiche Leistungen auf. Die Gruppe mit dem höchsten Bonus schnitt am schlechtesten ab.«

Derselbe Effekt wurde weltweit immer wieder belegt. 2009 untersuchte Professor Sam Bowles vom Santa Fe Institute einundfünfzig einzelne Studien zu finanziellen Anreizsystemen bei Arbeitsverhältnissen. Die renommierte London School of Economics (welche die Studien gemeinsam mit zwei anderen britischen Universitäten durchführte) sagte, die Studie liefere »einen überwältigenden Beweis, dass diese Anreize die natürliche Bestrebung des Arbeitnehmers reduzieren können, eine Aufgabe zu vollenden und daraus Zufriedenheit zu gewinnen«.

Und genau das ist der Punkt. Während externe Zuckerbrot-und-Peitsche-Strategien den Menschen unzweifelhaft kurzfristig höhere Leistungen abverlangen, ist langfristig die intrinsische Motivation die stärkste Kraft.

Bei Hunderten von Experimenten wurde eine große Bandbreite von Situationen untersucht – von Kindern beim Spielen bis zu kreativen Künstlern bei der Arbeit – und stets wurden dieselben wissenschaftlichen Schlussfolgerungen gezogen. Wann immer Menschen etwas aus intrinsischen Gründen und nicht wegen einer äußeren Belohnung tun, sind sie im Ergebnis kreativer, effizienter und erfolgreicher.

Für Sie hat das eine immense Bedeutung. Im alten Griechenland stellte Aristoteles fest, dass alle Menschen letztlich ein Ziel haben: glücklich zu sein. Wissenschaftler behaupten, das Erforschen der Auswirkungen intrinsischer Motivation liefere die Lösung auf diese ewige Frage.

Haben Sie sich je in einer Tätigkeit völlig verloren und sind ganz darin aufgegangen, sei es beim Spielen eines Instruments, beim Dekorieren einer Torte, beim Entwickeln von Fotos in der Dunkelkammer oder beim Auseinandernehmen und Wiederzusammenbauen eines Automotors?

Vor über 2000 Jahren identifizierte der chinesische Philosoph Tschuang-tse diese freudige Versunkenheit als den mystischen Zustand *yu*. Der zeitgenössische Psychologe Mihaly

Csikszentmihalyi erläutert: »Yu bezieht sich darauf, den richtigen Weg oder Tao zu verfolgen ... Yu ist die Art und Weise, auf die Menschen nach Tschuang-tses Überzeugung leben sollten – ohne Rücksicht auf externe Belohnungen, spontan und mit voller Überzeugung.«

Die mystischen Höhepunkte des *yu* sind nicht den Reichen oder Mächtigen vorbehalten. Jeder kann seine täglichen Aufgaben meistern und seine Erfahrungen perfekt umsetzen. Csikszentmihalyi hat herausgefunden, dass die besten Momente für gewöhnlich dann entstehen, wenn ein Mensch mit Herz und Verstand ganz bei der Sache ist, um freiwillig etwas Schweres und Erstrebenswertes zu erreichen – intrinsische Motivation pur. Das nennt er die »optimale Erfahrung«.

Der Zustand des *yu* kann erreicht werden, wenn Menschen ganz in ihrem Tun aufgehen und sich an ihrer Fähigkeit berauschen, Hindernisse zu überwinden und eins mit der jeweiligen Aufgabe zu werden.

Ein langfristiges Ziel vor Augen zu haben kann Ihre Erfolgsaussichten verändern. 1997 untersuchte Gary McPherson (inzwischen Professor und Leiter für Musik an der Melbourne University) die musikalische Entwicklung von 157 zufällig ausgewählten Kindern. Er war fasziniert von dem Unterschied zwischen denjenigen, deren musikalische Entwicklung in den ersten neun Monaten starke Fortschritte machte, und jenen, die rasch zurückfielen. Nach und nach überprüfte er eine ganze Reihe von Variablen, vom IQ über das Gehör bis zum Einkommensniveau, nur um alle auszuschließen. Als tatsächlicher Unterschied stellte sich die Antwort auf eine einfache Frage heraus, die am Beginn der Untersuchung gestellt wurde: »Wie lange willst du dieses Instrument spielen?«

Gary ordnete die Antworten in die drei Kategorien kurzfristige, mittelfristige und langfristige Verpflichtung ein. Diese stellte er grafisch im Vergleich zur Entwicklung jedes Kindes dar. Zu seiner Überraschung hatte die Leistungsbereitschaft des Kindes, bevor der Unterricht überhaupt begonnen hatte, wesentlich mehr Einfluss auf dessen Fortschritt als längeres Üben (denken Sie daran: Entscheidend ist nicht, wie viele Stunden Sie investieren, sondern wie intensiv Sie sich engagieren). Tatsächlich übertraf die Leistung derjenigen, die freiwillig beabsichtigten, dieses Instrument längere Zeit zu spielen, die der anderen um erstaunliche 400 Prozent.

Im Folgenden finden Sie einige entscheidende Triebkräfte der intrinsischen Motivation, von denen jede Sie inspirieren und unterstützen kann, während Sie Ihr 3G-Mindset entwickeln. Denken Sie beim Lesen der Beschreibungen darüber nach, wie sich jeder dieser einzelnen Motivatoren in den Situationen und bei jenen Tätigkeiten gezeigt hat, in denen Sie am selbstverständlichsten ganz aufgegangen sind.

Autonomie

Sie fühlen sich am motiviertesten, wenn Ihre Handlungen selbstbestimmt sind und Sie das Ruder in der Hand haben. Das Anbieten einer Belohnung kann tatsächlich zu einer Verringerung des Engagements führen. Kinder, die völlig in ein Spiel vertieft sind, verlieren das Interesse daran, wenn man Ihnen sagt, dass es Teil ihrer Hausaufgabe sei. Künstler verbringen mehr Zeit mit ihrer Arbeit, wenn sie sich selbst etwas ausdenken, als wenn sie einen Auftrag haben, wie lukrativ dieser auch sein mag. Wann und wo immer möglich sollten Sie sich also Ihre eigenen langfristigen Ziele setzen, Ihr Tempo selbst bestimmen und das Gefühl genießen, über sich selbst und Ihre Zukunft zu bestimmen, während Sie dem richtigen Mindset folgen.

Herausforderung

Die Begeisterung und Spannung, mit der Sie Ihre eigenen Fähigkeiten zum Einsatz bringen, sich Schwierigkeiten stellen und Hindernisse überwinden, um ein tiefes Verständnis von dem zu erlangen, was Sie tun, ist eine der motivierendsten Kräfte überhaupt. Beharrlichkeit ist hierbei zum Beispiel sehr belohnend. Dagegen begrenzen Belohnungen wie Noten, Punkte oder große Bargeldsummen Ihre Ambitionen und Bemühungen eher. Laut dem Experten für intrinsische Motivation Daniel Pink und führenden Wissenschaftlern einschließlich den Professoren Edward Deci und Richard Ryan von der University of Rochester in New York kann die »Zuckerbrot-und-Peitsche«-Motivation zwar kurzfristig funktionieren, aber erstaunlicherweise gehen viele der klassischen Motivationen nach hinten los. Streben Sie nach der Herausforderung, um Ihre Träume zu verwirklichen, und maximieren Sie Ihren Spaß an der Reise. Wir müssen mit der Herausforderung ringen. Wenn Sie nicht mehr ringen müssen, dann sinkt möglicherweise Ihre Motivation.

Verbindungen zu anderen

Menschliche Wesen sind soziale Geschöpfe. Wir besitzen einen inneren Trieb, uns an andere und unsere Umwelt anzuschließen. Denken Sie daran: Mindset nährt Mindset. Statt sich mit Menschen zu umgeben, die sich mit »gut genug« begnügen, während Sie diese wichtige Arbeit durchführen, sollten Sie nach Möglichkeiten suchen, so viel Feedback wie möglich zu bekommen. Suchen Sie nach verbesserungsorientierten Menschen, die Ihre Leistungen anerkennen und Ihnen hoffentlich wohlverdiente Aufmunterungen zukommen lassen wie: »Sie sind auf dem richtigen Weg, weiter so.«

»Liebe und Arbeit« sind es, was die Menschen zum Glücklichsein brauchen, sagte Freud. Beides ist zentral für das Nähren Ihrer intrinsischen Motivation, da es bei beiden um das Vernetzen mit anderen geht. Liebe verbindet Sie mit geschätzten Individuen, während Sie sich durch die Arbeit mit anderen und der Welt darüber hinaus verbinden. Und wenn Sie das 3G-Mindset einsetzen, um Ihre Arbeit zu lieben, so wäre das ein toller Gewinn, den Sie aus diesem Buch ziehen.

Zielsetzung

Setzen Sie sich ein langfristiges Ziel mit einem zwingenden »Warum« – Ihrem wichtigsten persönlichen Grund, sich ehrlich für die Verbesserung Ihres Mindsets zu engagieren. Beginnen Sie mit einer inspirierenden Vision davon, wo Sie am Ende sein und zu wem Sie werden möchten. Stellen Sie sich vor, wie Ihr Leben sich verändert, wenn Sie zu diesem Menschen werden. Wie werden andere reagieren? Welche Möglichkeiten entstehen dadurch?

Dieses zwingende Warum ist wie eine langfristige Verpflichtung gegenüber sich selbst. Denken Sie daran: Das Eingehen einer langfristigen Verpflichtung vor dem Beginn kann Ihnen helfen, die Leistung bei einem kurzfristigen Ziel um 400 Prozent zu steigern.

Noch wichtiger ist, dass Ihre Handlungen und Ihre Gefühle miteinander in Einklang sind, wenn Sie Ihre Energie in die Entwicklung Ihrer Fähigkeiten stecken, um Ihre Ziele zu erreichen.

Statt eines sprunghaften, zusammenhanglosen Ansturms von Aufgaben eignen sich kurzfristige Projekte als Teil des größeren Kontextes besser, um Ihr inneres *yu* zu entwickeln. Selbst die chaotischsten Tage oder Wochen können Sie dann mit innerer Heiterkeit und Gelassenheit bewältigen.

Verlassen Sie sich auf Ihren inneren Antrieb, zu lernen und Neues zu schaffen, damit es Ihnen und allen anderen besser geht. Und schieben Sie keine banalen Verpflichtungen vor, um das hinauszuzögern, was Sie wirklich motiviert. Es geht nicht darum, Zeit außerhalb der Arbeit zu finden, sondern darum, innerhalb der Arbeit kreativ zu sein und – unabhängig vom Beruf – Neues zu lernen.

Die wahre Geschichte – intrinsische Motivation

Bo Hampsted ist selbstständiger LKW-Fernfahrer und fährt regelmäßig dreitausend Meilen und mehr von Küste zu Küste quer durch die Vereinigten Staaten. Auf die Frage, wie er mit der Eintönigkeit seiner Arbeit zurechtkomme, lacht Bo: »Langeweile? Wer, ich? Niemals! Sie sollten mal meinen Truck sehen! Ich habe eine Wahnsinnsanlage in meinem Cockpit, und bevor ich losfahre, suche ich mir ein Thema aus, von dem ich keine Ahnung habe. Dann lade ich mir die besten Vorlesungen und Lektionen herunter und höre mir alles an, und wenn ich an der anderen Küste ankomme, könnte ich jede Prüfung bestehen!«

Aus diesem Grund spricht Bo ganz passabel vier Sprachen und weiß mehr über die Naturkunde der USA als die meisten Menschen.

Wie Sie sehen, kann Ihre intrinsische Motivation Ihnen eine aufregende, herausfordernde und fesselnde Aufgabe stellen. Das bereitet Sie darauf vor, mit der nun folgenden Optimierung Ihres 3G-Mindsets anzufangen.

Die »Warum«-Herausforderung

Bedeutende Selbstverbesserung beginnt mit einem Wort: »Warum?« Warum wollen Sie sich verbessern? Warum wollen Sie sich ändern? Warum sollten Sie all die Mühe auf sich nehmen, neue Wege des Denkens und Handelns zu lernen? Ihr »Warum« ist der Treibstoff für Ihren Willen.

Und ohne den Willen werden Sie es nicht tun. Aber mit einem starken »Warum« können Sie alles schaffen!

»Wer ein Warum zum Leben hat, erträgt fast jedes Wie.«

Friedrich Nietzsche

Wenn Sie eine alleinerziehende Mutter beobachten, die in zwei undankbaren Jobs schwer arbeitet, um ihren Kindern Essen und ein Dach über dem Kopf zu verschaffen, dann sehen Sie die Intensität des Warum. Wenn Sie jemals etwas Großes für etwas noch Größeres geopfert haben, dann kennen Sie die Intensität des Warum. Und wenn Sie bereit sind, während Ihres kurzen Aufenthalts auf diesem Planeten in dem von Ihnen gewählten Beruf wirklich etwas zu bewegen, dann *empfinden* Sie die Intensität des Warum.

Ihr Gehirn, ja sogar Ihr ganzer Körper reagiert auf Intensität. Intensität versorgt Ihren Körper mit Sauerstoff, Blut und einer Menge leistungsfähiger Chemikalien (Mikroproteine namens Neuropeptide, Hormone und so weiter), die Sie zum Handeln bewegen. Und Ihr Gehirn reflektiert die Intensität, indem es als Reaktion darauf förmlich aufleuchtet. Deshalb ist Intensität eines der vier Cluster von Grit. Aber Intensität, vor allem die Intensität Ihres Warum, kann *alle* Facetten Ihres 3G-Mindsets vorantreiben. Es wirkt sich außerdem darauf aus, wie schnell Sie Ihr Mindset verbessern.

Intensität ist entscheidend

Die Antriebskraft für Ihre Intensität sind Ihre Bemühungen um bestimmte Facetten Ihres Mindsets und wie Sie deren potenzielle Rolle für Ihre zukünftige Perspektive innerhalb und außerhalb der Arbeit wahrnehmen.

Um Ihnen dabei zu helfen, Ihr Warum zu intensivieren, haben wir einige der Faktoren aufgelistet, die durch Ihr 3G-Mindset prognostiziert und angetrieben werden. In diesen Bereichen sollten Sie eine Verbesserung erfahren, wenn Ihr Mindset stärker wird.

Dies ist Ihre Aufgabe: Wählen Sie aus der Liste jene drei Punkte aus, die Ihnen am wichtigsten sind. Oder Sie überlegen sich drei Dinge, von denen Sie am meisten zu profitieren hoffen, wenn sich Ihr 3G-Mindset messbar verbessert. Kreisen Sie die drei Punkte Ihrer Wahl nun ein.

3G-Mindset – Prädikatoren und Antriebe			
Verantwortungsbewusstsein	Geschicklichkeit	Fähigkeit	Beitrag
Entschiedenheit	Nahrung	Energie	Engagement im Beruf
Übung	Fokus	Standhaftigkeit	Erbanlagen
Zufriedenheit	Gesundheit	Verbesserung	Einkommen
Innovationsbereitschaft	Führungsstärke	Wissen	Lebensdauer
Optimismus	Tempo	Elternschaft	Seelenfrieden
Leistung	Durchhaltevermögen	Hartnäckigkeit	Problemlösungsfähigkeit
Produktivität	Beförderung	Lebensqualität	Beziehungen
Zuverlässigkeit	Respekt	Stress	Vertrauen

Betrachten Sie Ihre persönlichen 3G-Antriebskräfte. Diese sorgen dafür, dass Sie sich kümmern, sich engagieren und sich verbessern.

Kapitelzusammenfassung

Richten Sie Ihr Mindset mit diesen wissenschaftlichen Durchbrüchen neu aus.

Myelin
Je konzentrierter und intensiver Sie sich in eine bestimmte Aufgabe, einen Gedanken oder eine Überzeugung vertiefen, desto mehr Myelin oder Ummantelung entwickeln Sie.

Gezieltes Lernen

Tritt ein, wenn Sie sich auf ein bestimmtes Verhalten oder eine bestimmte Denkweise oder Tätigkeit *intensiv* konzentrieren, hindurchkämpfen, es wiederholen und verbessern.

Verdrahtung

Eine neue verbesserte Bahn anlegen durch das Bilden bewusster Abkürzungen, die zu höherer Leistung führen.

Neuroplastizität

Die Fähigkeit des Gehirns, sich als Ergebnis von Erfahrungen umzuformen, neue Bahnen anzulegen und sich zu regenerieren. Die Fähigkeit, Ihre Hirnkapazität physisch zu steigern.

Genetische Schalter

Über welche Schalter Sie verfügen, wird von Ihren Eltern bestimmt. Welche davon Sie umlegen, höher oder tiefer einstellen, wird größtenteils von Ihnen beeinflusst.

Epigenetik – Erforschung, wie Gene das Verhalten verändern.

G x U – Gene multipliziert mit Umgebung.

Der Mensch bewirkt den Unterschied

Sie brauchen andere Menschen zum Formen bestimmter Facetten eines 3G-Mindsets. Und Sie sind stärker von den Menschen in Ihrem Umfeld beeinflusst, als Ihnen vielleicht bewusst ist.

Situationsbedingte Kräfte

Ihre Emotionen, Ihre Handlungen und Ihre physische Zusammensetzung bis hin zur Chemie Ihres Gehirns unterliegen dem direkten Einfluss durch andere.

Wissenschaft von der Motivation

Drei Hauptantriebe der Motivation: (1) verhaltensmäßig, (2) extern und (3) intrinsisch.

Wenn wir die drei zentralen Ideen dieses Kapitels miteinander verbinden, könnten wir sagen: »Nun fühlen Sie sich vermutlich intrinsisch motiviert, um das satte Gefühl von *yu* zu genießen, das durch gezieltes Lernen entsteht, und um Ihre epigenetischen Kräfte zu nutzen und ein noch besseres Mindset zu verdrahten (myelinieren), ein G nach dem anderen.« Zugegeben – das ist schwer verdaulich.

Lassen Sie uns so vorgehen: In den nächsten drei Kapiteln werden wir Sie mit den Tools ausstatten, die Sie brauchen, um Ihr Mindset zu meistern, damit Sie es im Berufs- und Privatleben einsetzen können.

5.   Entwickeln Sie Ihr Mindset: Global

»Neugier ist eine der festen und ständigen Eigenschaften eines energetischen Geistes.«

Dr. Samuel Johnson

Global: Die Perspektive Ihres 3G-Mindsets. Es geht um die Aufgeschlossenheit gegenüber neuen Erfahrungen und Ideen sowie um die Fähigkeit, neue Verbindungen herzustellen und neue Kombinationen zu schaffen.

Die Global-Cluster

Vernetzung
vernetzt großzügig
grenzenlos **Gesamtzu-
sammenhang** Beziehungs-
bilder behilflich **Mitwir-
kender** klug **verflochten**
umweltbewusst weiter-
denkend pfiffig

Offenheit
offen flexibel anpas-
sungsfähig **aufgeschlos-
sen** vielfältig **neugierig**
innovativ multikulturell
kreativ ganzheitlich
andersdenkend
agil

Die meisten Menschen denken, »global« bedeute, ein multikulturelles Bewusstsein zu haben. Das kann durchaus nützlich sein, wenn es den Tatsachen entspricht. Aber offen gesagt genügt diese Version von Global einfach nicht. Wenn es darum geht, die besten Jobs zu bekommen und zu behalten, ist Global aus der 3G-Sicht wesentlich mehr.

Die wahre Geschichte – nicht jede Form von »Global« genügt

Vijay arbeitete sich in seinem Unternehmen hoch bis zum Leiter des Callcenters in Bangalore mit mehr als zweitausend Mitarbeitern. Er war stolz auf sein »globales Mindset«, hatte eine Schule in London besucht, arbeitete für ein multinationales Unternehmen mit Hauptsitz in den Vereinigten Staaten und stellte sogar Leute aus verschiedenen Regionen und unterschiedlicher Herkunft innerhalb Indiens ein. Er fühlte sich wohl dabei, mit Menschen überall auf der Welt zu tun zu haben, sah sich Kricketspiele gegen Mannschaften von anderen Kontinenten an, aß fremdländische Gerichte, wenn »die großen Chefs« in die Stadt kamen, und war wirklich stolz darauf, ein Weltbürger zu sein.

Seine Aufmerksamkeit für Details, das (sprichwörtliche) Verfolgen, wie jeder Callcenter-Mitarbeiter jede Sekunde am Tag zubrachte, half ihm, neue Methoden zu entwickeln, um die Produktivität zu verbessern. Aber mit der Zeit, als die Bearbeitungszeit (die Zeit, die es braucht, um einen Anruf zu erledigen) sich verringerte und die Produktivität (die Zahl von beantworteten Anrufen in einer gegebenen Zeitperiode) sich erhöhte, begannen die Kundendienst-Bewertungen abzustürzen. Also trieb er seine Leute mehr an, hielt ihnen motivierende Reden und bot kleine Geldanreize für bessere Ergebnisse. Das verschlechterte alles nur noch mehr. Sein regionaler Vice President bot ihm Unterstützung an und schlug sogar vor, Vijay an seine Kollegen in andere Callcenter rund um die Welt zu vermitteln, um zu prüfen, ob sie irgendwelche Ideen hatten. Stattdessen hielt sich Vijay störrisch immer hartnäckiger an die Formel, die er in der Business School gelernt hatte. Innerhalb von wenigen Monaten verlor er seinen Arbeitsplatz und verstand überhaupt nicht, wie er, der aufsteigende Stern, so plötzlich abstürzen konnte.

Vijay mag vielleicht ein multikulturelles Mindset gehabt haben, aber ihm fehlte ein wahres *Global*-Mindset. Hätte er die globale Sichtweise des 3G besessen und die Eigenschaften gezeigt, die am Anfang dieses Kapitels aufgezählt wurden – und hätte er seine Geschäftsziele gesamtheitlicher betrachtet, wäre flexibel und anpassungsfähig genug gewesen, um über seine unmittelbare Umgebung hinauszudenken, hätte über das Gesamtbild und die Zusammenarbeit mit anderen nachgedacht und offen sowie neugierig Ideen gesucht –, dann hätte sein Stern hell gestrahlt. Es kommt auf die richtige Art von Global-Mindset an.

Insbesondere hätte Vijay das tun können, was Sie in jedem Job tun können, um Ihr Global-Mindset zu demonstrieren und zu stärken: Fragen stellen, statt zu mutmaßen.

Gute Fragen bei einem Global-Mindset sind:

➤ »Welches sind meine ›blinden Flecke‹?«

➤ »Was mutmaße ich möglicherweise, statt dieses Problem auf eine geschicktere Weise zu lösen?«

➤ »Wen kann ich außerhalb meiner unmittelbaren Umgebung finden, um neue Ideen und Perspektiven aufzutun?«

➤ »Wenn ich über unser Unternehmen oder sogar unsere Branche hinausdenke, wer kann mir den besten Rat geben und mir für meine Tätigkeit globale Best Practices nennen?«

➤ »Wenn ich zwei oder drei verschiedene Perspektiven für diese Situation bekommen wollte, wer ist außerhalb unseres Dunstkreises am besten qualifiziert, um mir Einblicke und Ratschläge zu geben?«

➤ »Wenn wir dieses Problem auf den Kopf stellen oder das Innere nach außen kehren, was könnten wir anders sehen?«

> »Was denken diejenigen, einschließlich unserer Kunden, die von dem Problem am meisten betroffen sind, wo die zentralen Schwierigkeiten liegen?«

Sie haben jetzt Ihr 3G-Mindset verstanden und eingeschätzt und Sie kennen den wissenschaftlichen Hintergrund, wie 3G funktioniert. Nun sind Sie bereit, sich zu stärken und die Früchte Ihrer Anstrengungen zu ernten. Da es bei Global um die Perspektive geht, von der aus Ihr Good und Ihr Grit wirken, ist es sinnvoll, damit anzufangen.

Es gibt unzählige Möglichkeiten, ein Global-Mindset aufzubauen. Die beiden Hauptwerkzeuge, die wir Ihnen in diesem Kapitel anbieten – Supervernetzung und persönliches 3G-GPS –, sind konzipiert, um (a) über herkömmliche Meinungen hinauszugehen und diese sogar infrage zu stellen, um Neues zu entdecken, und (b) Sie auszurüsten, um in jeder Phase Ihrer Karriere zu brillieren. Wieder beruhen unsere Tools und die damit zusammenhängenden Tipps auf der Kombination dessen, was die Top-Arbeitgeber am meisten schätzen und was wissenschaftlich als am wirksamsten nachgewiesen ist.

Das Entwickeln eines Global-Mindsets kann unmittelbare, andauernde und tief greifende Ergebnisse unabhängig von Ihrer beruflichen Position, Ihrem Alter oder Ihrer Lebensphase schaffen. Es kann die Art und Weise ändern und bereichern, wie Sie die Dinge sehen und anpacken.

Sie können sofort beginnen, indem Sie die Liste der Global-Mindset-Eigenschaften am Anfang dieses Kapitels intensiv durchgehen. Verinnerlichen Sie jede dieser Eigenschaften. Machen Sie dazwischen jeweils eine Pause. Ein Global-Mindset bekommen Sie nicht, indem Sie sich sagen: »Okay, ich habe es kapiert. Ich muss mich stärker vernetzen und aufgeschlossener agieren.« Es wird auch nicht erreicht durch ein paar oberflächliche Schönheitskorrekturen, mit denen Sie auf den ersten Blick globaler wirken. Sie wollen, dass diese Eigenschaften zu einem authentischen Teil Ihrer Sichtweise werden, der entsprechend Sie in jeder Situation agieren. Mindset betrifft als Erstes Ihre Wahrnehmung, die daraufhin Ihr Handeln beeinflusst.

Sie können Global überall anwenden. Es wird Sie freuen, zu hören, dass Sie keine Abenteuerreise in ein fremdes Land unternehmen müssen, um Ihre Perspektive radikal zu verändern. Sie können eine ebenso aufrüttelnde Reise in Ihr Inneres machen. Mit einfachsten Mitteln können Sie »Global werden«.

Die wahre Geschichte – Global werden

Als wir beide an einem weltweiten Treffen von Unternehmenschefs der Young Presidents' Organization in Argentinien teilnahmen, gehörten Ausflüge in ländliche Gebiete von Patagonien bis zum Meer zum Programm. Paul reiste mit einer Gruppe in einem kleinen Bus durch eine der abgelegenen Städte, als der Reiseführer plötzlich schrie: »Alto! Stop, por favor. Bitte! Hier!«

Die Gruppe stieg aus und der Reiseführer lotste sie zu etwas, das auf den ersten Blick aussah wie eine Autowerkstatt. »Hier werden die besten Poloschläger der Welt hergestellt!«, erklärte er. Dann führte er uns herum und erläuterte uns die Materialien, wie die Schläger hergestellt werden und warum sie die absolut besten waren.

Jeff, ein Teilnehmer der Gruppe, ging auf den Hof, setzte sich auf eine der Kisten und machte sich Notizen. Zwischendurch schoss er ein paar Fotos – das Ganze hoch konzentriert. Zurück im Bus fragte Paul ihn, ob er erzählen wolle, was er aufgeschrieben hatte. Jeff sagte: »Wissen Sie, was an diesem Ort erstaunlich ist? Es ist nicht das, was die Leute hier tun. Es ist, was sie wegwerfen! Haben Sie den Hinterhof gesehen? Dort stapelt sich der Ausschuss. Dort liegen haufenweise aussortierte Schläger. Ich wette, dass sie die mit einem Preisnachlass an ihre Mitbewerber oder unter einer anderen Marke verkaufen. Ihr Etikett kleben sie nur auf die besten Produkte.

Ich bin Bauunternehmer und habe plötzlich begriffen, dass wir das Gegenteil tun. Wir nehmen alles, was uns über den Weg läuft. Einige der Projekte sind furchtbar hässlich. Man versucht, sie schönzureden, aber sie bleiben trotzdem hässlich. Und doch setzen wir unseren Namen auf alles, ob gut oder schlecht. Um als der Beste anerkannt zu werden, dürfen Sie Ihren Namen nur auf das Beste setzen! Das verändert die Art und Weise, wie wir Geschäfte machen! Ich kann es kaum erwarten, zurückzukehren und das meiner Mannschaft zu erzählen.«

Wie Jeff können auch Sie lernen, Ihr Global-Mindset anzuwenden. Dieselbe Wissbegierde, Vernetzung, Offenheit und Grenzenlosigkeit, die Jeff zeigte, als er Ideen außerhalb seines unmittelbaren Horizontes suchte, wären auch ein riesiger Vorteil, wenn er sich heute um eine Stelle bewärbe. Jeff könnte genauso gut Vorarbeiter sein, dem etwas auffiel, das er hinterfragte. Im Gegensatz zu anderen suchte er nach einer Antwort darauf. Denken Sie an den Wert, den seine Erkenntnis seinem Arbeitgeber bringen wird. Das ist genau das, was die von uns befragten Arbeitgeber meinten, als sie sagen, dass im Durchschnitt eine Person mit dem richtigen Mindset so viel wert ist wie sieben »normale« Mitarbeiter. Wir sehen keinen Grund, warum nicht Sie diese Person sein können.

Wie der gefeierte Führungsstratege Dr. Stephen Cohen es ausdrückt, müssen Sie über den alten Spruch »Global denken und lokal handeln« hinausgehen. Jetzt gilt: »Denken und handeln Sie sowohl global als auch lokal – gleichzeitig.«

Jeff musste nicht unbedingt reisen, um dieses Beispiel oder diese Lösung zu finden. Er hätte (a) online recherchieren oder (b) sein Netzwerk von Freunden und Kollegen nach Beispielen fragen können. Es geht um die Entfernung, die Sie mit Ihrem Verstand zurücklegen, nicht mit einem Flugzeug. Um in der heutigen komplexen Welt erfolgreich zu sein, ist Ihr Global-Mindset wesentlich für alles, was Sie tun.

Übung:

Global-Mindset

Um Ihr Global-Mindset zu stärken, können Sie das tun, was Jeff gemacht hat, indem Sie:

1. Ihre Neugier ankurbeln und nach neuen Wegen suchen, um Ihre Arbeit noch besser zu machen.

2. Jeder Situation aufgeschlossen begegnen, empfänglich sind für neue Vorgehensweisen und geschickt darin, diese anzupassen. Sagen Sie »Warum nicht?« statt »Warum sollten wir?«.

3. Über Ihren unmittelbaren Horizont hinausgehen, um auf neue Ideen zu kommen und neue Vernetzungen zwischen Menschen und Situationen herzustellen, die andere nicht entdecken.

4. Sich in den verschiedensten Situationen (in einem Restaurant, in einem Geschäft, beim Spaziergang durch die Stadt und so weiter) auffordern, ein Beispiel für etwas zu finden, das in keiner Beziehung zu Ihrer Arbeit steht, aber eine Anregung oder Idee bietet, die zu einer kleinen oder großen Verbesserung bei der Arbeit führen könnte.

Und das ist erst der Anfang. Wie stark Ihr Global-Mindset auch sein mag, es kann noch stärker werden. Und je stärker es ist, desto mehr Vorteile werden Sie bei der Arbeit und im Privatleben haben.

Übung:

Global

Nehmen Sie sich einen Moment Zeit und beantworten Sie diese Fragen schnell, ehrlich und aus dem Bauch heraus.

1. Wie vernetzt und verbunden sind Sie mit der Welt über Ihr unmittelbares Umfeld hinaus (auf einer Skala von 1 bis 10)?

Antwort: _____

_____

_____

2. Wie neugierig und offen sind Sie für Neues und anderes (auf einer Skala von 1 bis 10)?

Antwort: _____

_____

_____

3. Wie weit reicht Ihr Horizont? Oder neigen Sie dazu, sich auf Ihre unmittelbare Welt zu fokussieren? (Auf einer Skala von 1 bis 10 bedeutet 10 ausgesprochen global in Perspektive und Kontext.)

Antwort: _____

_____

_____

4. Wie oft stellen Sie Menschen außerhalb Ihrer unmittelbaren Realität Fragen und gewinnen neue Ideen (auf einer Skala von 1 bis 10)?

Antwort: _____

_____

_____

5. Inwieweit verstehen, schätzen und reflektieren Sie, wie und wodurch Sie in den Gesamtzusammenhang der Welt und der Weltwirtschaft passen (auf einer Skala von 1 bis 10)?

Antwort: _____

_____

_____

Mit dem Wissen, dass Global eine immer wichtigere Rolle für Ihren Erfolg spielen wird, wie zufrieden sind Sie mit Ihren Punkten bei dieser Übung? Betrachten Sie diesen Punktwert sowie Ihre 3G-Panorama-Ergebnisse als Ausgangspunkt. Die Tools, die Sie in diesem Kapitel kennenlernen, werden Ihnen helfen, jede der Eigenschaften Ihres Global-Mindsets deutlich zu steigern, und vergrößern dadurch Ihre Chancen auf den von Ihnen angestrebten Arbeitsplatz.

Global: Aufstrebende, Baumeister, Vollender

Abhängig von Ihrer Phase in der Generation G wirken sich diese Tools unterschiedlich aus, obwohl es innerhalb jeder der drei Stufen Menschen mit hohen und niedrigen globalen Punktwerten gibt.

Viele **Aufstrebende** verfügen von Natur aus über ein Global-Mindset und weisen deshalb einen höheren Punktwert für Global auf als die Baumeister und Vollender.

Als Aufstrebender oder Baumeister sind Sie möglicherweise von Menschen umgeben, die über ihre Mobilgeräte rund um die Uhr das World Wide Web nutzen, um ständig mit anderen in Verbindung zu stehen. Wenn Sie einer dieser Menschen sind, ist es nichts Besonderes für Sie, ein Video aus Indien anzusehen, Fotos eines Freundes aus Kroatien zu betrachten oder mit einer Wohlfahrtseinrichtung in Afrika in Verbindung zu stehen, während Sie im Café um die Ecke sitzen, das drahtlos kostenlose Musikdownloads aus Brasilien anbietet. Die Welt ist grenzenlos. Sie kennen es nicht anders.

Aber das bedeutet nicht, dass Sie den vollen Vorteil aus dem ziehen, was Ihnen jederzeit zur Verfügung steht. Unserer Erfahrung nach schöpfen sogar die privilegiertesten und am stärksten vernetzten Universitätsstudenten Global häufig nicht aus. Bei dieser Dimension des 3G-Mindsets könnten wir fast alle noch hinzugewinnen.

Bei **Baumeistern** sind die Punktwerte verteilt von niedrig bis hoch. Einige punkten sehr hoch bei Global und demonstrieren außergewöhnliches Bewusstsein und Sensibilität sowohl für die Grenzenlosigkeit des erweiterten Netzwerkes als auch für die möglichen Auswirkungen der eigenen Worte und Handlungen auf andere. Einige Baumeister punkten andererseits erschreckend niedrig und zeigen kein echtes Gespür für irgendetwas oder irgendjemanden außerhalb ihres unmittelbaren Umfelds.

Als Baumeister waren Sie wahrscheinlich sowohl Beobachter wie auch Beteiligter, als die Welt global wurde. Sie wissen, dass sich das Spiel geändert hat, und Sie mögen es genießen, nach den neuen Regeln zu handeln. Unser Ziel ist, Ihnen zu helfen, bei dem neuen Spiel zu gewinnen, sodass Sie durchweg als Bester abschneiden. Global zu verstehen und wirklich zu *denken* sind zwei Paar Schuhe.

Vollender punkten häufig niedriger bei Global als ihre Kollegen aus den anderen beiden Gruppen. Aber das trifft nicht auf alle zu. Einige sind Pioniere in ihrem Segment der Generation G und führen allen anderen vor, worum es bei globalem Denken *wirklich* geht. Sie sind vielleicht nicht so besessen von mobilen Kommunikationsgeräten wie Aufstrebende, aber sie können Global auf andere Weisen zum Leben erwecken.

Und weil sie weniger durch Mode und Trends beeinflusst werden, können viele Vollender einfach effizienter mit Geräten umgehen, denn sie verwenden eins oder zwei, um die wesentlichen Aufgaben zu erledigen, statt den vier oder fünf, die viele jüngere Menschen zur Schau tragen, wohin auch immer sie gehen. Einige Vollender sind globale Agnostiker. Sie punkten niedrig und kümmern sich einfach nicht darum, weil sie nicht begreifen, mit wie viel mehr Schwung und Kraft sie ihr Arbeitsleben abschließen könnten, wenn sie dieses G zu ihrem Mindset hinzufügen würden.

Vernetzung

Die meisten Menschen in allen drei Untergruppen der Generation G haben eines gemeinsam: Sie können wesentlich davon profitieren, ihr Global-Mindset zu verbessern. Und Sie können das auch. Vernetzung – das erste Cluster, das Ihr Global-Mindset bildet – ist mehr als das bloße Einsetzen der Macht Ihrer Netzwerke. Es muss verbunden werden mit dem Blick für Gesamtzusammenhänge, mit einem Gespür für Wechselbeziehungen und das Zusammenwirken, mit Beziehungsorientiertheit sowie mit der Fähigkeit, sichtbare und unsichtbare Gelegenheiten zu nutzen. Ihre Mindset-*Qualität* ermöglicht es Ihnen, die volle Macht der *Quantität* von Vernetzungen zu begreifen, über die Sie verfügen. Und gäbe es einen besseren Einstieg für einen Supernetzwerker, als die Ideen, Mittel und potenzielle Unterstützung von achttausend Menschen zu nutzen?

Werden Sie ein Supervernetzer

»Networking« ist einer jener überstrapazierten Begriffe, die jeden außer den extrovertiertesten Händeschüttlern zusammenzucken lassen. Da wir oft erleben, wie Netzwerkversuche nach hinten losgehen, stellen wir Karriereratschläge nach dem Motto »Netzwerken Sie Ihren Weg zum Erfolg« infrage. Ist Ihr Erfolg wirklich von der Größe oder der Aufgeblähtheit Ihrer Kontaktliste bestimmt? Oder zählt mehr die Qualität Ihres Netzwerkes und wie Sie es einsetzen? Sie müssen kein Hypernetzwerker sein, um ein *Meister des Netzwerks* zu werden.

Je härter der Arbeitsmarkt, desto wichtiger wird die Qualität Ihres Netzwerks – die Menschen, mit denen Sie verbunden sind. Trotz der überaus hilfreichen Welle von Online-Stellenbörsen haben Arbeitgeber uns berichtet, dass in schwierigen Zeiten immer mehr Menschen die *besten* Jobs über persönliche Kontakte bekommen und nicht durch Anzeigen oder Stellenausschreibungen, auf die sie antworten. Lesen Sie das zweimal, weil es Ihren gesamten Ansatz der Chancenerschließung verändern kann.

Ja, Qualität *zählt*. Es ist nicht dasselbe, einen Job zu haben, um seine Rechnungen zahlen zu können, oder *den* Arbeitsplatz an Land zu ziehen, den man wirklich will. Wer findet in den schlechtesten Zeiten die besten Stellen? Auch hier kann Ihr Netzwerk den Unterschied ausmachen. Die gute Nachricht ist, dass es eine Vielzahl neuer hervorragender, sogar bahnbrechender Forschungen über menschliche Netzwerke und deren Funktionsweise gibt. Die schlechte Nachricht ist, dass die meisten von uns sich sehr schwertun, ihre Netzwerke vernünftig zu nutzen.

Die Zahl der Menschen, die aktiv irgendeine Form von Social Media über das Internet nutzt, wächst explosionsartig. Social Media werden für persönliche und berufliche Zwecke verwendet – aber mit unterschiedlichem Erfolg. Sie können sowohl die beste als auch schlechteste Verwendung unserer kostbaren Zeit sein. Manche Menschen investieren (verschwenden?) unglaubliche Mengen an Zeit mit ihren Online-»Freunden«, aber mit geringem tatsächlichem Nutzen. Andere haben eine Reihe ergiebiger Vernetzungen und entwickeln ihre größten Möglichkeiten über diese Kanäle. Wir sind große Befürworter von sozialem Networking auf die *richtige* Weise.

Die Forschung besagt, dass selbst Menschen mit großen, ausgedehnten Netzwerken dazu neigen, immer mit der gleichen kleinen Gruppe regelmäßig zu interagieren. Diese Menschen gehören zu der kleinen Untergruppe, die Professor Robin Dunbar als unsere »Grooming-Partner« beschrieben hat und auf die wir uns verlassen, wenn ein Streit ausbricht. Das ist so, als lebten wir in einem Haus mit zweihundert Nachbarn, würden aber nur mit den gleichen zwei bis fünf Personen im Erdgeschoss Kontakt pflegen. Die Abbildung auf der folgenden Seite veranschaulicht das.

Supervernetzer bauen ein außergewöhnlich hochwertiges Netz auf, das sich weit über die wahrgenommenen Grenzen hinaus erstreckt und auf ungewöhnlich wirksame Weise von ihnen verwendet wird. Sie müssen Ihre Mindset-Eigenschaften nutzen, um vom Netzwerker zum Supervernetzer zu werden.

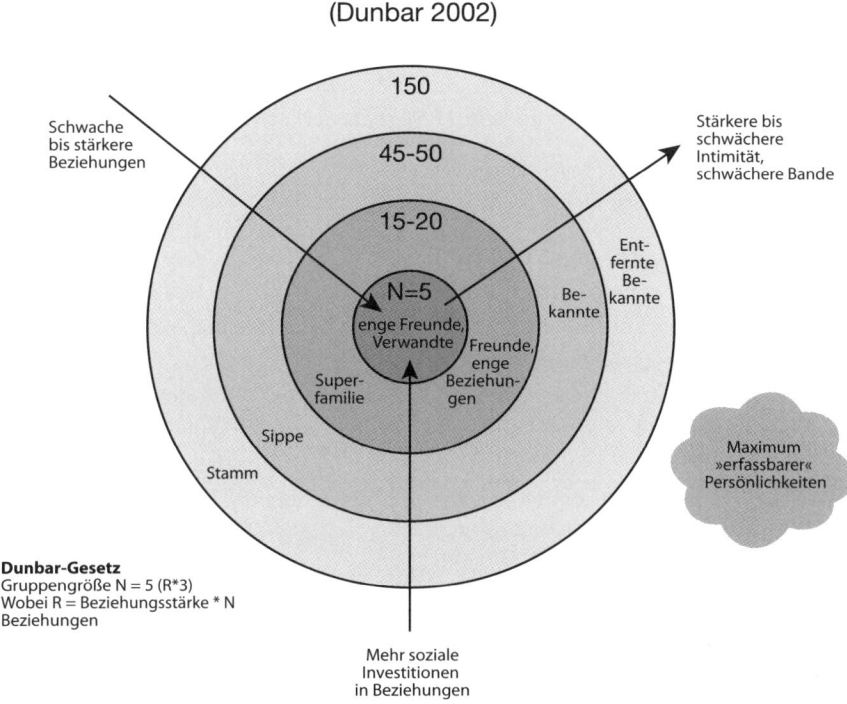

Motivation: Social-Brain-Theorie
(Dunbar 2002)

Schwache bis stärkere Beziehungen

150

45-50

15-20

N=5

enge Freunde, Verwandte

Super-familie

Freunde, enge Beziehungen

Be-kannte

Ent-fernte Be-kannte

Sippe

Stamm

Stärkere bis schwächere Intimität, schwächere Bande

Maximum »erfassbarer« Persönlichkeiten

Dunbar-Gesetz
Gruppengröße N = 5 (R*3)
Wobei R = Beziehungsstärke * N Beziehungen

Mehr soziale Investitionen in Beziehungen

Eine wahre Geschichte – Supervernetzer

Die berufliche Geschichte von Tom Schaff ist ein tolles Beispiel dafür, wie Global (gemischt mit Grit und Good) Sie zum Sieg führen kann.

Tom war gerade befördert worden und der jüngste Kundenbetreuer der bekannten Werbeagentur Carmichael Lynchen. Kurz danach verlor die Agentur Kunden und er verlor seinen Arbeitsplatz.

Tom wusste, dass in einer schwachen Wirtschaft seine beste Chance auf eine neue Stelle darin bestand, etwas zu tun, das ihm mehr Spaß machte als alles andere. Er ging seine Interessen durch und erstellte eine Liste von Produkten und Dienstleistungen, die er mochte, und von Unternehmen, die er bewunderte. Seine Suche schloss Bücher und Zeitschriften ein und war erst beendet, als er einhundert Unternehmen zusammen hatte, für die er gern arbeiten würde.

Toms nächster Schritt war noch findiger. Er druckte einhundert Kopien seiner Liste von »Unternehmen, für die ich um jeden Preis arbeiten möchte« aus und begann, sie *jedem aus seinem Bekanntenkreis zu geben*, den er zufällig traf. Ernsthaft!

Als er eine Straße in Minneapolis hinunterging, lief er an jemandem vorbei, den er seit neun Jahren nicht gesehen hatte, Brian Wilson. Im ersten Jahr an der Universität von North Dakota (UND) war Tom Studentenvertreter und hatte dafür gestimmt, das Studentenkonzertbudget von Brian zu reduzieren. Das Gesicht war ihm vertraut, aber sie waren wohl kaum als Freunde zu bezeichnen. Doch Tom brauchte einen Job und war engagiert. Er drehte sich um und war überrascht zu sehen, dass sich auch Brian umgedreht hatte.

»He, bist du nicht Brian Wilson?«

»Ja … Tom Schaff?«

»Ja, genau.«

»Wir haben uns ja seit Jahren nicht gesehen, was machst du denn so?«

»Wurde gerade entlassen. Ich suche einen Job.«

»Wonach suchst du?«

»Ich habe eine Liste von einhundert Unternehmen, für die ich liebend gerne arbeiten würde. Hast du Lust, sie dir anzusehen?«

Brian überflog die Liste, und bei Unternehmen Nummer sieben auf der Liste, Creative Learning International, begann er zu lachen.

»Woher kennst du denn Creative Learning International?«

»Ich liebe ihren Pocket Innovator und benutze ihn seit Jahren.«

»Du hast einen gekauft?«

»Ja, warum?«

»Du bist wahrscheinlich der Einzige. Sie sind ganz klein und stehen kurz davor, Bankrott zu machen.«

Tom fragte, warum Brian so viel über das Geschäft wisse, und Brian erklärte, dass das Unternehmen von Gerald Haman, einem anderen UND-Absolventen, gegründet worden war.

Brian lud Tom ein, Gerald in zwei Tagen bei sich zu Hause bei einem Abendessen kennenzulernen. Dort setzte Tom seine Eigenschaften Beziehungsfähigkeit, Zusammenarbeit, Gesamtbild ein, um Gerald zu helfen, über die naheliegenden Möglichkeiten hinauszudenken. Sie fanden schnell heraus, dass sie denselben Studienberater hatten, gemeinsame Studentenverbindungsfreunde und die Verwandten des jeweils anderen kannten. Tom nutzte seine Vernetzung, um Optionen zu schaffen, die es bis dahin nicht gegeben hatte, und ging geschäftliche Beziehungen mit Gerald ein. Er schuf eine Gelegenheit, die vorher nicht existiert hatte.

Toms Rat: »Machen Sie sich bewusst, was Sie wollen, erstellen Sie eine umfassende Liste und nutzen Sie Ihr Global-Mindset, um sie einhundert Menschen zu zeigen. Sie müssen unglaublich offen sein, um sich Möglichkeiten außerhalb Ihrer unmittelbaren Umgebung vorzustellen und sich zu vernetzen. Sie können Menschen nicht benutzen. Sie müssen zusammenarbeiten und gemeinsam auf Ideen kommen. Das ist der Punkt, an dem es die meisten Menschen vermasseln. Sie spielen nach den Standardregeln. Lassen Sie diese Liste köcheln und beobachten Sie, was im Laufe der nächsten zwanzig Jahre geschieht. Es könnte Ihre kühnsten Erwartungen übertreffen. Seien Sie nicht überrascht, wenn die Suche nach einem Job zu den Beziehungen führt, die für Sie später im Leben am wertvollsten sind.«

Wenn Sie die Liste der Global-Mindset-Eigenschaften nochmals lesen, werden Sie feststellen, dass Tom die meisten davon, wenn nicht sogar alle, an den Tag legte, um sein Ziel zu erreichen. Er handelte nicht wie ein Netzwerker, der Hände schüttelt oder Leute benutzt. Er war und ist ein Supervernetzer, denkt im Gesamtzusammenhang, erforscht neue Ideen mit Wissbegierde und Offenheit, selbst wenn er eine Straße an seinem Wohnort entlanggeht. Sie werden auch bemerken, dass sein Ansatz bewusst nicht hoch technisiert war, was beweist, dass Hightech nicht die einzige Möglichkeit für eine effektive Vernetzung ist.

Die meisten von uns nutzen ihre Netzwerke viel zu wenig. Es ist, als würden wir einen Formel-1-Rennwagen benutzen, um die Morgenzeitung zu holen. Selbst wenn Sie nicht der Netzwerktyp sind, können Sie die Vorteile nutzen, wenn Sie jede Situation mit Offenheit, Wissbegierde und Verbundenheit betrachten, um neue Gelegenheiten außerhalb Ihres unmittelbaren Umkreises zu schaffen.

Unsere folgende Geschichte zeigt, wie ein anderer Tom genau das tat.

Die wahre Geschichte – Vernetzen auf die 3G-Art

Tom war ein widerwilliger Netzwerker. Ihm fehlten nicht die Fähigkeiten; er brauchte nur das richtige Mindset. Tom war einige Jahre Einkaufsleiter bei einem großen Sportartikelhändler, aber wegen einer Verschlechterung der Geschäftsergebnisse wurde er 2008 entlassen. Diese geänderten Verhältnisse trafen Tom schwer und er suchte die Unterstützung eines Outplacement-Beraters, der ihm dabei helfen sollte, den Übergang von einem sicheren Arbeitsplatz in eine unsichere Zukunft zu bewältigen.

Tom war überrascht festzustellen, dass die Übungen zur Steigerung des Selbstbewusstseins, die sein Berater mit ihm durchführte, ihm vor Augen führten, was ihn wirklich bei der Arbeit motivierte und was seine Energie steigerte.

Er war auch überrascht, von seinem Berater zu erfahren, dass Netzwerke ihm eine Menge Möglichkeiten eröffnen könnten. Tom hatte große Schwierigkeiten, sich das vorzustellen, weil er sich fragte, was in aller Welt er irgendjemandem bieten konnte. Sein Berater forderte Toms Mindset heraus. Er drängte ihn, offener zu sein, anders zu denken und über seine gegenwärtige Realität hinauszuplanen. Am Anfang verlief es zäh.

Aber als Tom begann, seine besonderen Stärken und Talente zu erkennen und sein Selbstvertrauen wieder aufzubauen, forderte er sich selbst. Er entschied, Zielpersonen zu identifizieren, die diese Stärken schätzen könnten, und registrierte sich schließlich auf einer der größten und erfolgreichsten Webseiten für Geschäftsnetzwerke.

Tom merkte, dass er diesen überschaubaren Vorstoß in das Networking genoss. Zunächst vernetzte er sich mit Personen, mit denen er etwas gemeinsam zu haben glaubte. Er schuf ein aussagekräftiges Profil, das klar seine Begabungen, Stärken und Karriereziele abbildete, und baute sein Netzwerk schnell aus, indem er sich mehreren Gruppen anschloss, die seine Interessen widerspiegelten. Er verbrachte auch Zeit damit, an Diskussionsforen teilzunehmen, und beantwortete Fragen, die andere eingestellt hatten. Er wollte sicher sein, mindestens so viel zu geben, wie er erhielt.

Diese Aktivitäten machten auf ihn aufmerksam. Innerhalb von zwei Wochen, nachdem er sich dem Online-Netzwerk angeschlossen hatte, erhielt er eine E-Mail von einem Recruiter, der von seiner offensichtlichen Expertise bei der Beantwortung einer Frage auf der Website beeindruckt war. Weitere zwei Wochen später wurde Tom eine Position angeboten, die er annahm und die er jetzt als ideal beschreibt – und er glaubt, dazu wäre es ohne die Konnektivität des Online-Netzwerks nie gekommen. Tom musste eine globalere Sichtweise annehmen, um Gelegenheiten zu sehen und zu ergreifen, die es sonst nicht gegeben hätte.

Wer soziale Netzwerke nutzt – was ja durchaus Vorteile bringen kann –, hat häufig das frustrierende Gefühl, dass sich Menschen nur dann mit ihm in Verbindung setzen, wenn sie etwas wollen, so wie Tom es ebenfalls vermutet hatte. Selbst wenn es nur die implizite Bitte ist, sich Bilder und Videos anzusehen oder von den Problemen des Betreffenden zu lesen, verlangen diese Menschen etwas von Ihnen. Es stimmt, dass Menschen ihre Netzwerke häufig aus selbstsüchtigen Gründen nutzen. Wir begehen alle diesen Fehler. Überlegen Sie, wie oft Sie jemanden angesprochen haben, mit dem Sie seit Langem keinen Kontakt mehr hatten, nur um etwas von ihm zu bekommen, und sei es auch nur die kurze Antwort auf eine Frage oder ein Ratschlag.

Also fangen Sie an, Ihre globale Sichtweise zu stärken, indem Sie diese zwei Schwächen nehmen – Kurzsichtigkeit und Egoismus – und sie in drei einfachen Schritten zu einem praktischen Tool für Ihren unmittelbaren Vorteil umwandeln:

1. **Anmelden.** Erweitern Sie Ihre Perspektive durch Wissbegierde, Offenheit und Grenzenlosigkeit. Wenn Sie sich noch nicht bei einer oder mehreren sozialen/beruflichen Netzwerkseiten registriert haben, sollten Sie das tun. Und wählen Sie diejenigen, die am meisten empfohlen werden. Laden Sie die Menschen ein, die Sie am meisten bewundern, sich mit Ihnen zu vernetzen und sich Ihrem Netzwerk anzuschließen. Wenn möglich, senden Sie eine persönliche, spezifische Einladung an diese Personen, um die Wahrscheinlichkeit zu erhöhen, dass sie einwilligen.

2. **Mitmachen.** Geben Sie mehr, als Sie bekommen. Seien Sie ein agiler, hilfsbereiter Beziehungsbaumeister. Senden Sie eine persönliche Nachricht an jeden in Ihrem Netzwerk. Fragen Sie nach, was Sie tun können, um ihnen zu helfen. Sie werden überrascht sein, wie wertvoll andere Ihre Kontakte und Kenntnisse finden können. Senden Sie ihnen regelmäßig (nicht mehr als einmal pro Woche) *kurze*, einfache Links, Ideen, Artikel, Zitate und Gedanken, die auf ihre spezifischen Bedürfnisse und Interessen zugeschnitten sind.

3. **Ausweiten.** Reichern Sie Ihre Sicht mit Vielfalt und anderen Meinungen an. Bitten Sie Menschen in Ihrem Netzwerk, Ihnen Menschen aus anderen Netzwerken zu empfehlen, die Sie kennenlernen sollten: Personen, mit denen Sie Interessen oder Hobbys teilen, Ansprechpartner für verschiedene Arten von Wissen und Ratschlägen, Freunde, von denen Sie denken, dass Sie sich auf Anhieb mit ihnen verstehen. Bauen Sie Ihr Netzwerk aus, indem Sie bei Ihrer Kerngruppe mitmachen und sich in neue Richtungen ausdehnen.

Eine wahre Geschichte – zielgerichteter Supervernetzer

Michael Kerrigan aus Washington wurde vom Lobbyisten zum Autor und ist ein Vordenker auf dem Gebiet des menschlichen Charakters (www.characters-with-character.com). Er ist ein Meistervernetzer, der sein Netzwerk ständig durch außergewöhnliche Menschen erweitert. Wie macht er das?

Autoren recherchieren und Forscher rufen viele Menschen an, um Meinungen und Antworten zu bekommen. Jedes Mal, wenn Michael anruft, sagt er: »Es gibt etwas, das ich Sie gerne fragen würde, aber ich es lehne es ab, dies zu tun, ohne zuerst einen wichtigen Beitrag für Sie und die gute Arbeit zu leisten, die Sie tun.« Er weist dann immer auf das »Bankkonto« hin und auf seinen Wunsch, Gefälligkeiten und Wert auf

Ihrem zu deponieren, bevor er derartige Leistungen von Ihnen auf seinem Konto akzeptieren kann.

Das hat mindestens zwei positive Effekte. Erstens erlaubt es Michael, ein hochrangiges Netzwerk von Personen aufzubauen, aufrechtzuerhalten und mit ihnen in Verbindung zu bleiben. Zweitens macht es seine Kontakte bereitwilliger und erhöht die Wahrscheinlichkeit, dass sie Michael mit anderen hochrangigen Menschen in ihren Netzwerken zusammenbringen. So hat der einfache Ansatz von Michael sowohl quantitativ als auch qualitativ eine vervielfachende Wirkung und macht ihn zu einem wahren Supervernetzer.

Übung:

Supervernetzer

Ein Supervernetzer zu sein bedeutet nicht nur, neue Möglichkeiten außerhalb der Arbeit zu entwickeln. Dieselben Grundsätze gelten auch, um an Ihrem derzeitigen Arbeitsplatz besser wahrgenommen zu werden und mehr Gelegenheiten zu schaffen. Das erhöht Ihre Chancen, gehalten, geschätzt und befördert zu werden.

1. Wem können Sie heute – außerhalb der Arbeit – etwas Wertvolles auf Ihr Netzwerk- und Beziehungskonto von morgen einzahlen?

    Antwort: _____

    _____

    _____

2. Wen können Sie heute ansprechen und ihm etwas Wertvolles anbieten (Ideen, Hilfe, Zeit, Mittel und so weiter), um zu fördern, dass er oder sie wertschätzt, wer Sie sind und was Sie morgen tun?

    Antwort: _____

    _____

    _____

Erschließen Sie Ihre Achttausend

Eine der besten Methoden, Ihre globale Sicht und die Erschließung neuer Möglichkeiten zu stärken, ist der Zugriff auf die Macht der sogennanten »Theorie sozialer Netzwerke«. Sobald Sie deren Botschaft und Potenzial verstehen, werden Sie die Auswahl und Qualität Ihrer Beziehungen mit anderen Augen betrachten.

Die große Entdeckung ist, dass wir nicht nur die Menschen beeinflussen, die wir sehen und kennen. Wir können auch einen signifikanten Einfluss auf Menschen aus deren Bekanntenkreis haben und sogar auf wiederum deren Kontakte. Folgt man den Wissenschaftlern aus Harvard und der Universität von Kalifornien Nicholas Christakis und James Fowler und ihrer Regel von den »drei Einflussstufen«, beeinflussen Sie Menschen über drei Stufen und werden ebenso beeinflusst – viel intensiver, als Sie sich vorstellen können. Aber die einzige Möglichkeit, den vollen Vorteil aus dieser Kraft zu ziehen, ist die Nutzung Ihres Global-Mindsets.

Wenn Sie wie Michael Kerrigan glauben, dass Sie umso mehr bekommen, je mehr Sie geben, dann müssen Sie das volle Ausmaß dessen verstehen, was Sie jetzt absichtlich und unabsichtlich durch Ihr soziales Netz geben und bekommen. Sobald Sie das verstehen, können Sie Ihr Netzwerk wesentlich bewusster und wirksamer einsetzen, um die beruflichen Chancen zu bekommen, die Sie suchen.

Christakis und Fowler sind die Gurus der Theorie der Sozialen Netzwerke. Durch eine wegweisende Analyse der Daten von 12.067 Menschen entdeckten und bewiesen sie Folgendes:

> Eine Person wird mit ungefähr 15 Prozent größerer Wahrscheinlichkeit glücklich, wenn sie direkt mit einer anderen Person vernetzt ist (mit der sie um eine Ecke herum bekannt ist), die glücklich ist. Damit ist die Verbreitung des Glücks noch nicht beendet. Die Wirkung des Glücklichseins für Menschen mit zwei Stufen Abstand (der Freund des Freunds) beträgt 10 Prozent und bei Menschen mit drei Stufen Abstand (der Freund eines Freunds eines Freunds) sind es ungefähr 6 Prozent …

> Das Erstaunliche ist, dass selbst Menschen, die drei Stufen von Ihnen entfernt sind und die Sie vielleicht nie kennengelernt haben, einen stärkeren Einfluss auf Ihr persönliches Glück haben können als ein Bündel Hunderter in Ihrer Tasche … Wir fanden heraus, dass mit jedem glücklichen Freund, den eine Person hat, die Wahrscheinlichkeit dieser Person, glücklich zu sein, um ungefähr 9 Prozent zunimmt. Jeder unglückliche Freund vermindert die Wahrscheinlichkeit um 7 Prozent.

Mit anderen Worten: Die innere Einstellung ist ansteckend. Das bedeutet, dass Sie Ihre innere Einstellung nutzen können, um andere – deren Glück, Gesundheit und anderes – positiv zu beeinflussen, was wiederum die Chancen erhöht, dass diese Ihnen helfen werden, wenn es an der Zeit ist.

Die zwei wichtigen Lektionen aus dieser Untersuchung sind (1): Seien Sie stärker darauf bedacht, sich mit Menschen zu umgeben, die Ihre innere Einstellung verbessern, und (2) setzen Sie wie Michael Kerrigan Ihr 3G-Mindset ein, um Ihre Chancen zu verbessern.

Tipp: Wenn es so weit ist, eine Supervernetzung mit Ihrem sozialen Netzwerk einzugehen, konzentrieren Sie sich auf Qualität und lassen Sie diese die Quantität bestimmen, nicht umgekehrt.

Die grundlegende Formel, die wir auf Empfehlung der Vertreter der Theorie sozialer Netzwerke anwenden, lautet: 20 x 20 x 20 = 8000. Das bedeutet: Wenn Sie durch Beruf und Privatleben zwanzig Menschen kennen, von denen jeder im Durchschnitt zwanzig Personen kennt, von denen wiederum jeder mit zwanzig weiteren vernetzt ist, dann beeinflusst Ihr Mindset rund achttausend Menschen, achttausend *Leben*. Bei manchen geht diese Zahl sogar in die Hunderttausende. Das bedeutet aber auch, dass Sie potenziell auf achttausend Ressourcen zugreifen können, wenn Sie die Energie investieren, Ihren zwanzig zu helfen. Um das zu tun, müssen Sie anders, weiter und global denken.

Übung:

Die Achttausend

Das Prinzip der Achttausend gilt für Ihren gegenwärtigen Arbeitsplatz und darüber hinaus.

1. Nehmen Sie ein Blatt Papier und schreiben Sie Ihre zwanzig Kontakte auf. Verzeichnen Sie die zwanzig (oder mehr) Menschen, die Sie durch Arbeit, Klubs, Vereine, Mannschaften, Freizeit, Familie und so weiter kennen. Es müssen nicht Ihre besten Freunde sein, sondern einfach Menschen, die Sie kennen. Ihre Liste kann ein Dutzend umfassen oder sie kann in die Hunderte gehen.

Antwort: _____

_____

_____

2. Multiplizieren Sie diese Zahl mit 20. Dann multiplizieren Sie das Ergebnis erneut mit 20. Die Summe stellt Ihr Netzwerk von Menschen dar, die Sie beeinflussen und von denen Sie beeinflusst werden, zumindest in gewisser Weise.

Antwort: _____

_____

_____

Und so funktioniert es: Senden Sie beispielsweise jede Woche an jeden Ihrer zwanzig Kontakte eine Nachricht mit einem nützlichen, wohlüberlegten Link, einer Idee, einem Zitat oder einem Vorschlag. Machen Sie es sich zur Routine, genauso wie das Zähneputzen oder das Bearbeiten Ihrer E-Mails. Ein paar Monate später brauchen Sie vielleicht Hilfe; nehmen wir an, Sie suchen Firmen, bei denen Sie sich um eine Stelle bewerben können, oder Sie fragen sich, mit wem Sie über einige Karrierevorstellungen sprechen könnten.

Sie senden eine Nachricht mit Ihrer bescheidenen Bitte an Ihre zwanzig Kontakte, bitten sie um Ideen und fragen, ob Ihre Ansprechpartner nicht so freundlich sein könnten, Ihre Nachricht an ihr eigenes Netzwerk weiterzuleiten, sodass Sie auch deren zwanzig Kontakte und so weiter erreichen. Sie könnten es noch interessanter machen, indem Sie eine Belohnung für den Ersten anbieten, der eine tolle Idee zurückschickt. Indem Sie allen eine Chance geben, Ihnen einen kleinen Gefallen zu erweisen, haben Sie ihnen wiederum einen Gefallen erwiesen. Sie geben ihnen die Möglichkeit, sich zu revanchieren. Die meisten werden sich auf diese Chance stürzen. Wenn Sie diese Formel anwenden, gewinnt jeder.

Beachten Sie: 72 Prozent der Menschen sagen, dass wohltätige/freiwillige Arbeit mehr dazu beigetragen hat, ihr Netz an Kontakten auszuweiten, die bei ihrem zukünftigen Arbeitsleben hilfreich sind, als jede andere Freizeitaktivität. Diese Menschen können später ein wertvoller Teil Ihres Beziehungsnetzwerkes werden, auf das Sie zugreifen können, um Ihr Global-Mindset zu erweitern.

Offenheit

Sie können die ersten Tools – Supervernetzen und Ansprechen der Achttausend – sofort einsetzen, um Ihre globale Vernetzung zu stärken. Dann können Sie sich darauf konzentrieren, Ihre globale Offenheit aufzubauen, das zweite Cluster Ihres Global-Mindsets.

Das Offenheitscluster umfasst Mindset-Eigenschaften wie Flexibilität, Anpassungsfähigkeit, Kreativität, Wissbegierde und Innovationsfähigkeit, von denen einige zu den sechs für Arbeitgeber wichtigsten Eigenschaften zählen. Sie kennen bereits die natürliche Tendenz, Ihre Konzentration auf das unmittelbar Greifbare zu beschränken.

Offenheit hat mit dem Denken über das Hier und Jetzt hinaus zu tun und bedeutet, ungewöhnlich empfänglich für verschiedene Perspektiven oder Ideen zu sein, sodass Sie eine viel größere Bandbreite von Gelegenheiten in Ihrer Karriere nutzen können.

Um das zu tun, müssen Sie zuerst Ihren persönlichen globalen 3G-Navigationssatelliten oder Ihr GPS einschalten.

Schalten Sie Ihr persönliches 3G-GPS ein

Eine der erstaunlichsten Eigenschaften Ihres globalen Navigationssatelliten ist seine Fähigkeit, alles optisch zu vergrößern (heranzuzoomen) oder zu verkleinern (wegzuzoomen). Dasselbe Prinzip gilt für Sie und Ihr Global-Mindset. Wir nennen die verschiedenen Detaillierungsebenen in Ihrem persönlichen 3G-GPS »Straßenansicht« (sehr detailliert), »Luftansicht« und »Weltraumansicht« (wegzoomen).

Je beschäftigter Sie sind, desto stärker meinen Sie, mehr Straßenansicht zu brauchen, und ziehen nur Ideen oder Optionen in Betracht, die innerhalb Ihrer unmittelbaren Reichweite liegen. Das bedeutet, dass Sie in Ihren Anstrengungen viel bewusster werden müssen, zum Gesamtbild zu zoomen, um Ihre Denkweise für neue Möglichkeiten und Ideen zu öffnen. Wenn Sie sich verfahren haben oder desorientiert sind, ist es erstaunlich, wie Ihnen eine Luftansicht sofort die nötige Perspektive liefern kann, um zuversichtlich fortzufahren.

Wie die Top-Arbeitgeber dieser Welt Ihnen sagen werden, ist es äußerst wichtig, an den Gesamtzusammenhang zu denken und für die weiter reichenden Folgen unserer Handlungen offen zu sein. Gute Absichten ohne ein Global-Mindset können zu schlechten Ergebnissen führen. Wir wollen Ihnen helfen, die besten Ergebnisse zu erzielen.

Die wahre Geschichte – Straßenansicht

Als er einen Gebirgsbach entlangwanderte, der in der Nähe von Innsbruck in die Sill mündet, stieß Paul auf eine Gruppe von Teenagern aus ganz Europa, die sich auf ihren Reisen getroffen hatten und nah am Bach zelteten. Er bemerkte, dass sie ihren provisorischen Campingplatz in Ordnung brachten und eine mobile Toilette benutzten. Als Paul Pause machte, um aus seiner Wasserflasche zu trinken und mit der Gruppe zu plaudern, sah er zwei Jungen hinübergehen, um die mobile Toilette in den Bach zu leeren.

»Wartet! Stopp! Bitte, was tut ihr?«, rief Paul. Sie hielten inne, schauten ihn an und waren erschrocken über seine Besorgnis. »Wir räumen auf, damit wir einpacken und weiterwandern können«, antwortete einer der Wanderer.

»Aber das ist nicht gut. Es ist nicht hygienisch! Seht doch, ihr werdet den Bach für alle anderen verschmutzen!«, erklärte Paul und deutete stromabwärts.

Jetzt wurden andere aus der Gruppe aufmerksam. »He, wo ist das Problem?«, fragte der Junge, der einen der Griffe der mobilen Toilette festhielt. »Keine Sorge, mein Freund, wir werden keine Sauerei hinterlassen.«

Seiner Meinung nach handelte er verantwortungsbewusst, rücksichtsvoll und hygienisch. In Pauls Augen handelte die Gruppe hoch unverantwortlich, rücksichtslos und unhygienisch. Mit einem persönlichen 3G-GPS wäre der Gruppe solch ein Fehler nicht unterlaufen.

Wir haben festgestellt, dass viele Menschen insbesondere bei der Arbeit wie diese Jungen handeln, die ihre Toilette in den Bach auskippen. Sie können die besten Absichten haben, aber sie scheitern, wenn sie ihre Taten und Aussagen nicht im Gesamtzusammenhang sehen. Es ist erstaunlich, wie oft Leute etwas zum unmittelbaren »Nutzen« sagen oder tun (ein Lachen, ein Schulterklopfen, ein Problem oder eine Konfrontation vermeiden), das tatsächlich einen größeren Nachteil schafft (verletzte Gefühle, Verzögerungen, schlechte Entscheidungen, verärgerte Kunden und anderes). Wir erleben ständig, wie dieses Verhalten Menschen daran hindert, die besten Arbeitsplätze zu bekommen, zu behalten und sich darin zu entwickeln.

Das ist der Grund, warum Sie in jeder Situation Ihr persönliches 3G-GPS nutzen sollten, um die drei Sichtweisen zu verwenden: Straße, Luft und Weltraum. Wenn Sie das tun, zwingt es Sie sprichwörtlich, ein offeneres Global-Mindset anzuwenden, das Ihnen erlaubt, sowohl Einflüsse als auch Möglichkeiten zu sehen, die Sie sonst verpassen könnten.

Die Camper hatten nur eine Straßenansicht. Von ihrem Standpunkt aus nutzten sie fließendes Wasser, um einen sauberen Campingplatz zu hinterlassen. Hätten sie sich zur Luftansicht erhoben, hätten sie bemerkt, dass der Bach auf seinem Weg zur Sill, einem großen Fluss bei Innsbruck, noch mehrere Campingplätze passierte. Und bei der Weltraumansicht hätten sie begriffen, dass ihr Unrat durch eine von Hunderttausenden Menschen bewohnte Region fließen würde.

Stellen Sie sich dieselbe Wirkung an einem Arbeitsplatz vor. Was Sie in den Fluss werfen und wen es betrifft, wird größtenteils dadurch bestimmt, wie gut Sie Ihr Global-Mindset und Ihr persönliches GPS anwenden.

Eine wahre Geschichte – persönliches GPS am Arbeitsplatz

Adam Eaton ist Direktor für Führungsentwicklung bei Aviva, dem fünftgrößten Versicherungsunternehmen der Welt. Angesichts der Bestrebungen von Aviva, viele verschiedene Unternehmen mit unterschiedlichen Namen unter »One Aviva« zu vereinen, brachte Adam rund fünfzig Führungskräfte aus verschiedenen Geschäftsbereichen in einem speziellen Programm bei INSEAD in Frankreich zusammen. Es war eine beträchtliche Investition und eine echte Herausforderung.

Irgendwann im Laufe des Programms hob eine der Führungskräfte die Hand und protestierte: »Ich verstehe nicht, warum wir unsere Zeit mit diesen Aviva-Themen vergeuden, wenn in unserem Bereich Probleme anstehen, um die wir uns dringend kümmern müssen … Wäre es nicht sinnvoller, wenn jeder an seinen eigenen Problemen arbeitet?«

Diese Führungskraft hatte nicht ganz Unrecht. Aus der Straßenansicht-Perspektive gab es vor Ort brennende Probleme in den Geschäftsbereichen, die viel drückender erschienen als die globale Agenda von Aviva. Adam hörte ruhig zu, bestätigte den Punkt und brachte die Gruppe dazu, den Nutzen aus der Luft- und Weltraumansicht zu betrachten. »Sie haben Recht. In jedem Ihrer Geschäftsbereiche wird es immer drängende Probleme geben. Aber ein Grund, warum wir hier sind, ist die Betrachtung des Geschäfts auf übergeordneter Ebene. Erstens werden wir, wenn wir an Aviva denken, nie die Vorteile einer einheitlichen Marke und eines vereinten Unternehmens genießen, wenn wir unsere Führungskräfte nicht auf dieselbe Seite bekommen. Zweitens, wenn wir noch eine Ebene höher gehen, können wir sehen, dass wir nicht wettbewerbsfähig sind, wenn wir One Aviva nicht realisieren. Es geht um das langfristige Überleben unseres Unternehmens und die gemeinsame Arbeit an einer leuchtenden Zukunft.«

Zeit

Fügen Sie den Faktor »Zeit« zu der Gleichung hinzu und Ihre Perspektive wird noch klarer. Adam Eaton half den Menschen, längerfristig zu denken. Wenn sich die Camper gefragt hätten: »Welche Wirkung, falls überhaupt, hat mein Handeln in diesem Moment?«, so hätte die Antwort lauten können: »Keine große.« Aber wenn sie gefragt hätten: »Welche Wirkung hat mein Handeln gegebenenfalls mit der Zeit?«, ändert sich die Antwort drastisch, weil diese simple Handlung den Fluss nachhaltig verunreinigt.

Tipp: Wann auch immer Sie etwas entscheiden oder tun, sollten Sie lange genug innehalten, um sich zu fragen, welches die potenziellen weitreichenden und langfristigen Implikationen sind.

Global hält Sie häufig davon ab, ein lokales »Richtig« in ein viel größeres »Falsch« zu wandeln. Mehr denn je wirken sich unsere Worte und Taten auf andere aus. Der Zusammenhang oder Standpunkt, von dem aus Sie operieren, kann entscheidend dafür sein, wie sich Dinge entwickeln.

Tipp zu Global:

Schalten Sie in jeder Situation Ihr persönliches 3G-GPS ein und wählen Sie die drei Sichten: Straße, Luft und Weltraum. Achten Sie auf jeden, der von Ihrer Entscheidung, Ihren Worten und Ihren Handlungen betroffen ist, sowohl unmittelbar als auch weit weg, kurzfristig und langfristig. Machen Sie Ihre Vorgehensweise für jeden, der potenziell betroffen oder beteiligt ist, so gut wie möglich.

Setzen Sie Ihr persönliches 3G-GPS ein

Erinnern Sie sich, wie Ihnen ein Fehler im Job unterlief oder Dinge schiefgingen, weil Sie – wie die Camper mit der mobilen Toilette oder die Führungskraft in der Gruppe von Adam Eaton – in Ihrem Mindset zu beschränkt oder der »Straßenansicht« verhaftet waren? Oder denken Sie an eine aktuelle Situation im Zusammenhang mit Ihrer Arbeit, die Sie durch den Einsatz Ihres persönlichen 3G-GPS besser hätten handhaben können. Dann führen Sie die Übung weiter unten durch, indem Sie in Betracht ziehen, wer auf jeder der drei Ebenen betroffen sein wird: Straße, Luft und Weltraum. Lesen Sie zuerst das Camper-Beispiel durch, das Ihnen einige Hinweise gibt.

Beispiel: Die Camper an dem Bach in Österreich		
(Die Perspektive der Camper)		
Situation: Wir mussten unseren Campingplatz aufräumen, bevor wir weiterwanderten.		
Verhalten: Wir leerten unsere mobile Toilette in den Bach.		
Wer würde von diesem Verhalten betroffen sein?		
	Kurzfristig	**Langfristig**
Straße	Unsere Gruppe	Menschen, die vorbeikommen
		Die nächsten Camper
Luft	Eigentlich niemand	Jeder stromabwärts
		Wanderer, die ihre Wasserflaschen füllen
		Das Ökosystem des Bachs
Weltraum	Eigentlich niemand	Menschen, die das Wasser trinken
		Jeder stromabwärts
		Das gesamte Flussbecken und die Region

Beachten Sie: In diesem realen Beispiel hätten die Camper, wenn sie ihr persönliches 3G-GPS benutzt hätten, wahrscheinlich nie daran gedacht, ihren Abfall in den Bach zu kippen. Dieses Tool kann Sie vor vielen Problemen bewahren und Ihnen helfen, zweckmäßiger und effektiver zu handeln – besonders im Berufsleben, wo jede Ihrer Handlungen eine Auswirkung auf Ihre zukünftigen Aussichten hat und möglicherweise auf diejenigen, die Ihre Chancen beeinflussen.

Übung:

Persönliches 3G-GPS

Sie können Ihr persönliches 3G-GPS auf jedes Problem, jedes Thema oder jede Herausforderung in Ihrem Job anwenden.

Welchen Fehler haben Sie in der Vergangenheit im Arbeitsumfeld oder bei der Stellensuche gemacht oder welcher Situation stehen Sie gegenwärtig gegenüber?

Welches ist/war Ihre Reaktion?

Wer wurde von dieser Reaktion beeinflusst?

	Kurzfristig	Langfristig
Straße		
Luft		
Weltraum		

Was könnten/sollten Sie in Anbetracht der Klarheit Ihres persönlichen 3G-GPS tun oder haben Sie bereits getan, um ein besseres kurz- und langfristiges Ergebnis zu erzielen?

Stellen Sie sich vor, Sie bewerben sich um eine Stelle und demonstrieren mittels GPS-Perspektive, wie dieser Arbeitsplatz zu den übergeordneten Zielen des Geschäfts und der Position des Geschäfts im Markt passt. Während dieses Vorgehen eindeutig ein Vorteil, wenn nicht sogar die Voraussetzung für Positionen auf höchster Ebene ist, glauben wir, dass es bei Stellen auf der unteren Ebene noch eindrucksvoller ist, eine Luft- und Weltraumansicht auf das Geschäft zu haben, auch wenn es kaum erwartet wird. Das Einbringen Ihres persönlichen 3G-GPS in Ihre Ideen, Beiträge, Entscheidungen und Aktivitäten bei der Arbeit wird Sie von denjenigen abheben, die zu sehr mit ihren anstehenden Aufgaben beschäftigt sind, um die Implikationen des Gesamtzusammenhangs zu erkennen.

Das persönliche 3G-GPS am Arbeitsplatz

David und Rena arbeiten für dieselbe Firma – ein bekanntes Einzelhandelsunternehmen – und sitzen im selben Bürokomplex. Rena ist Regionaldirektorin und führt 742 Menschen. David hat gerade eine Einstiegsposition als Bestandsmanager im Regionallager erhalten.

Rena steht unter immensem Druck ihrer Chefs, »die Zahlen zu erreichen«, sprich die vierteljährlichen Ziele zu erfüllen. Das kann natürlich ihre globale Sicht einschränken oder trüben und sie zwingen, sich auf Kosten des Gesamtbildes auf das Hier und Jetzt zu konzentrieren. Unter Belastung passiert das nur allzu schnell. Aber um wahrgenommen und gegenüber vielen ihrer ebenso fleißigen Kollegen in ähnlicher Rolle für zukünftige Aufgaben in Betracht gezogen zu werden, kann Rena ihr persönliches 3G-GPS einschalten.

David steht vor einer vergleichbaren Herausforderung. Sein Arbeitstag wird bestimmt von der schnellen Bearbeitung der Warenbestandsänderungen und -anforderungen, sobald die Daten über Einkäufe und neue Aufträge aus der ganzen Region in Echtzeit hereinkommen. Davids Aufgabe besteht darin, sicherzustellen, dass alles perfekt zusammenspielt und dass sein Lager den richtigen Warenbestand zum richtigen Zeitpunkt aufweist. Aber wie Rena kann David, wenn er in unmittelbaren, lokalen und dringenden Anforderungen völlig untergeht, die Chance verspielen, wahrgenommen und für größere Aufgaben in Betracht gezogen zu werden.

Sowohl Rena als auch David können ihre Chancen vergrößern, bemerkt, geschätzt und gegenüber ihren Mitbewerbern gefördert zu werden, indem sie über die Straßenansicht hinausgehen und

1. die Weltraumsicht anwenden, indem sie folgende Frage stellen und beantworten: »Wie beeinflussen Verbraucher- und Branchenentwicklungen diese Entscheidung (Aufgabe, Herausforderung, Handlung)?«

2. die Luftansicht anwenden, indem sie die Frage stellen: »Wie beeinflusst diese Entscheidung den Rest des Geschäfts? Gibt es jemanden, der ähnliche Entscheidungen in unserem Geschäft trifft, mit dem ich für einen noch besseren Ansatz zusammenarbeiten oder unsere Kräfte bündeln könnte?«

Sie können (und sollten) dieselben Fragen an jedem beliebigen Arbeitsplatz stellen, den Sie in Betracht ziehen oder ausüben, oder als Methode, um bessere Entscheidungen zu treffen, weniger Fehler zu machen und die Geschwindigkeit und Wahrscheinlichkeit Ihres Aufstiegs zu erhöhen.

Das persönliche 3G-GPS ist ein Tool, das wir nutzen, um jede unserer beruflichen und privaten Entscheidungen zu beeinflussen. Es hilft uns, große Fortschritte und bedeutende Durchbrüche zu erzielen. Und wir sind überzeugt, dass es uns durchweg davon abhält, blind Fehler zu machen.

Offenheit, Innovationsfähigkeit und Neugierde

Große Lösungen entstehen aus guten Fragen. Eine Möglichkeit, Ihr Mindset sofort zu stärken und unverzüglich für jeden Arbeitgeber attraktiver zu werden, besteht darin, weniger zu sagen und mehr zu fragen.

Arbeitgeber lieben Menschen, die kluge Fragen stellen, besonders in Bewerbungsgesprächen, auf Sitzungen und bei ihrem täglichen beruflichen Handeln. Warum? Weil das der offensichtlichste Hinweis auf eine offene und neugierige Einstellung ist. Und Sie können nicht innovativ sein, ohne vorher so grundlegende Fragen zu stellen wie: »Was wäre, wenn …?« Beweisen Sie Ihrem Arbeitgeber, dass Sie keine Angst haben, gute Fragen zu stellen, zu lernen, sich Herausforderungen zu stellen und zu wachsen. Sogar Aufstrebende können diese wertvolle Fähigkeit verlieren.

James erinnert sich, wie er in London ein Seminar abhielt, an dem mehrere sehr erfahrene Arbeitgeber teilnahmen. Sie besprachen den Übergang junger Absolventen von der Hochschule in den Beruf und was getan werden könnte, um diese Erfahrung zu verbessern, als eine der Teilnehmerinnen sagte: »Das Problem ist, dass Studenten heutzutage darin unterrichtet werden, wie man Prüfungen besteht. Sie bekommen nicht beigebracht, wie man denkt.«

Ob ihr das bewusst war oder nicht, diese frustrierte Arbeitgeberin sprach damit eine Theorie an, die der Psychologe Liam Hudson 1996 vorgestellt hatte.

Seiner Meinung nach gibt es zwei Methoden des Denkens: *konvergentes* Denken und *divergentes* Denken.

Konvergentes Denken liegt vor, wenn Sie Material aus verschiedenen Quellen verwenden und eine vorgegebene Lösung erreichen. Das ist das, was Studenten tun. Sie sammeln Informationen aus Lehrbüchern, Zeitschriften und Artikeln und übertragen sie so in Prüfungsreferate, wie man es ihnen beigebracht hat. Sie tragen zusammen und liefern Routineantworten.

Das divergente Denken dagegen ist mit mehr Kreativität verbunden. Hierbei muss eine neue, unbekannte Lösung entwickelt werden. Denker dieses Typs verschieben ständig die Grenzen und erzeugen anhand ihrer Vorstellungskraft viele Optionen. Möglicherweise erhalten sie nicht das beabsichtigte Ergebnis, deshalb wird diese Denkmethode in Schulen für gewöhnlich nicht unterrichtet. Aber für Ihre Karriere kann sie äußerst wertvoll sein.

Übung:

Divergentes Denken

Menschen, die anders denken und kluge Fragen stellen, werden wahrgenommen.

Bei jedem Problem und jeder Thematik sollten Sie derjenige sein, der fragt:

1. Was wäre, wenn …?

2. Selbst wenn etwas unmöglich scheint: Was würden wir tun, wenn wir könnten?

3. Wenn es keine Einschränkungen gäbe, wie würden die klügsten Gehirne dieses Problem lösen?

4. Wenn das in der Hälfte der Zeit gelöst werden müsste, wie könnten wir das schaffen?

5. Oder stellen Sie die bevorzugte Frage eines unserer Kunden: »Was würde Steve Jobs tun?«

In Kapitel 9 werden wir genau beschreiben, wie Ideen zu Ihrem beruflichen Wert beitragen. Im richtigen Moment eine Quelle nützlicher Ideen zu sein macht sich in der Regel äußerst bezahlt.

Eine bekannte Methode, divergente Ideen zu entwickeln, wird »kaleidoskopisches Denken« genannt. Diesen Ausdruck prägte Thomas Edison, vielleicht Amerikas größter Erfinder, als er darüber sprach, wie er ein Problem wendete, um es aus einem anderen Blickwinkel zu betrachten.

Denken Sie an ein Kaleidoskop. Wenn Sie hineinschauen, sehen Sie eine Reihe bunter Bruchstücke, die ein Muster bilden. Beim Drehen des Kaleidoskops werden dieselben Bruchstücke neu geordnet und ergeben ein vollkommen anderes Muster. Genau dazu wollen wir und andere Arbeitgeber Sie ermuntern, wenn Sie über ein Problem oder einen Sachverhalt nachdenken. Drehen Sie das Problem einfach auf den Kopf, stellen Sie sicher, dass Sie für jede Möglichkeit offen sind, und lassen Sie die Ideen fließen.

Übung:

Kaleidoskopisches Denken am Arbeitsplatz

Nehmen Sie ein Problem, mit dem Sie sich gerade bei der Arbeit auseinandersetzen, vielleicht eines, mit dessen Lösung Sie oder andere sich wirklich schwertun, und stellen Sie Ihre klügsten Fragen. Versuchen Sie dabei, kaleidoskopisches und divergentes Denken anzuwenden. Nutzen Sie Ihr Global-Mindset, um das Problem aus einem anderen Blickwinkel zu betrachten, und stellen Sie folgende Fragen, die auch in Spitzenunternehmen weltweit eingesetzt werden:

1. Wie würde jemand, der überhaupt nichts über dieses Problem oder diesen Sachverhalt weiß, es angehen?

   Antwort: _____

   _____

   _____

2. Wenn wir das in den nächsten 30 Minuten gelöst haben müssten, wie könnten wir das schaffen?

   Antwort: _____

   _____

   _____

3. Wenn wir einen Teil dieses Problems oder Sachverhaltes so lösen könnten, dass wir damit einen echten Durchbruch schaffen, welcher Teil wäre das?

   Antwort: _____

   _____

   _____

Was von dem, was wir als unmöglich erachten, könnte einen Durchbruch bedeuten?

Antwort: _____

_____

_____

4. Wie würde die beste Problemlösung der Welt dieses Thema angehen?

Antwort: _____

_____

_____

5. Welches Hindernis müsste überwunden werden, um die Sache in Bewegung zu brin-
    gen?

Antwort: _____

_____

_____

6. Mal angenommen, alles wäre möglich, welches ist die ausgefallenste Lösung für die-
    ses Problem?

Antwort: _____

_____

_____

So können Sie Lösungen vorschlagen, die zuerst weit hergeholt klingen mögen, sich dann
aber doch als machbar entpuppen.

Ihr Global-Mindset kann in jenen magischen Momenten eingesetzt werden, in denen
Sie eine bekannte Lösung auf ein neues Problem anwenden und dann mit einer ganz neu-
en Idee aufwarten.

Genau das tat auch James' Vater, Sir Alec Reed, als er erkannte, wie er einige seiner Recruiting-Innovationen einsetzen konnte, um Struktur in die chaotische Welt der Wohltätigkeitsspenden zu bringen.

Die wahre Geschichte – The Big Give

Die ursprüngliche Idee hinter Big Give war, eine Website zu erstellen, auf der Spendenwillige sich alle karitativen Projekte ansehen konnten, die Unterstützung suchen, und auf der Wohlfahrtsorganisationen ihre Arbeit potenziellen Unterstützern zugänglich machen. Daraufhin wurde thebiggive.org.uk geboren.

Die Idee von Sir Alec Reed war genial einfach und wurde direkt aus dem Konzept einer Online-Stellenbörse abgeleitet, nur dass dieser Marktplatz nicht für Recruiter und Arbeitsuchende, sondern für Wohlfahrtsorganisationen und Spender zur Verfügung stand. Vier Jahre nach dem Start hatte Big Give 25 Millionen Pfund für Wohlfahrtsorganisationen gesammelt, darunter WWF, Oxfam und Ärzte ohne Grenzen. Jahr für Jahr bricht die Feiertags-Spendenkampagne von Big Give alle Rekorde.

Diese außerordentlich erfolgreiche Idee entstand aus dem Modell einer Stellenbörse (eine völlig andere Branche als der Wohltätigkeitssektor). Sir Alec stellte die Frage: Wie kann das besser (preiswerter, leichter, schneller) organisiert werden? Eine Stellenbörse bringt Arbeitgeber mit Arbeitsuchenden zusammen, während Big Give Projekte mit Spendern zusammenführt. Ohne Sir Alec Reeds offenes Global-Mindset wäre Big Give nie geboren worden.

Fördern Sie Ihre natürliche Wissbegierde, üben Sie, Ihren Verstand zu öffnen, arbeiten Sie weiter daran, andere Wege zu finden, und Sie werden feststellen, dass sich neue, unerwartete Lösungen auftun. Die erweiterte Perspektive Ihres Global-Mindsets wird Sie zu den kreativen Sprüngen führen, die in der heutigen Arbeitswelt verlangt werden.

Nutzen Sie Ihr persönliches 3G-GPS, werden Sie ein Supervernetzer und erschließen Sie Ihre Achttausend. So stärken Sie Ihr Global-Mindset jetzt und langfristig. Dann heben Sie sich von der Masse ab und erhöhen Ihre Chancen bei der zukünftigen Arbeitsuche und dem beruflichen Aufstieg.

Global:

Der Blickwinkel Ihres 3G-Mindsets. Es geht um die Offenheit für neue Erfahrungen und neue Ideen sowie um die Fähigkeit, neue Verbindungen einzugehen und neue Kombinationen zu schaffen.

Kapitelzusammenfassung

Global: Vernetzung

Tipp: Werden Sie zum Supervernetzer, wenn es darum geht, die besten Stellen zu bekommen und zu behalten. Setzen Sie Ihr Global-Mindset ein, um neugierig und aufgeschlossen Beziehungen mit Menschen weit außerhalb Ihrer unmittelbaren Grenzen zu suchen und aufzubauen, die Ihnen helfen, anders zu denken und eine frische Perspektive in Ihr Handeln bringen.

Supervernetzer

Supervernetzer konzentrieren sich darauf, hochwertige Vernetzungen herzustellen, um ihre Möglichkeiten auszuweiten.

Erschließen Sie Ihre Achttausend

Erstellen Sie eine Liste von zwanzig Menschen Ihres Bekanntenkreises und senden Sie ihnen jede Woche interessante Leckerbissen von echtem Nutzen, die sie wiederum an ihre zwanzig Kontakte weiterleiten können und so fort.

Global: Offenheit

Tipp: Um die besten Arbeitsplätze zu bekommen und zu behalten, verwenden Sie »kaleidoskopisches Denken«. Dadurch sehen Sie die Dinge aus einer anderen Perspektive. Und demonstrieren Sie Ihr persönliches 3G-GPS, indem Sie zeigen, dass Sie den Beruf und die Anforderungen aus der Straßen-, Luft- und Weltraumansicht betrachten können. Das wird Sie von anderen unterscheiden.

Persönliches 3G-GPS

Dieses Tool hilft Ihnen, bei jeder Entscheidung nicht nur die Straßen-, sondern auch die Luft- und die Weltraumansicht zu berücksichtigen. Dadurch unterlaufen Ihnen weniger Fehler und Sie liefern im Beruf mehr Wert.

Mit diesen Werkzeugen stärken Sie Ihr Global-Mindset, das Ihnen einen unmittelbaren Vorteil verschafft, um den Arbeitsplatz zu bekommen, zu behalten und darin erfolgreich zu sein, den Sie sich wünschen, unabhängig von Ihrer Position oder Lebensphase. Wenn Sie Ihr Global-Mindset mit den Tools für Good und Grit in den nächsten beiden Kapiteln verbinden, werden Sie schnell entdecken, wie stark und selbstverständlich diese bei allem, was Sie tun, aufeinander aufbauen.

6.   Entwickeln Sie Ihr Mindset: Good

»Gutes zu tun ist ein gutes Geschäft. … Wenn du die Dinge gut machst, dann mach sie noch besser. Sei wagemutig, sei der Erste, sei anders, sei genau.«

Anita Roddick, Gründerin von The Body Shop

Good: Die Grundlage Ihres 3G-Mindsets. Es geht darum, die Welt auf eine Weise zu sehen und mit ihr umzugehen, die Ihrer Umwelt wirklich nützt.

Die Cluster von Good

Integrität
ehrlich loyal
vertrauenswürdig
ethisch moralisch
zuverlässig authentisch
maßvoll **solide**
ausgewogen aufrichtig

Freundlichkeit
gutherzig fair mitfühlend **empathisch** respektvoll **demütig** großzügig
wertorientiert engagiert
ernst bedacht wertaufbau-
end unvoreingenom-
men

Arbeitgeber suchen ausdrücklich nach Menschen mit einem Good-Mindset. Die Top-6- und Top-20-Mindset-Eigenschaften, nach denen Arbeitgeber suchen, beinhalten mehr Good als alles andere. Andere Studien belegen, warum diese Eigenschaften so wichtig sind, damit Sie die besten Stellen bekommen, behalten und darin Erfolg haben. Und falls Sie eine Führungskraft sind oder diese Position anstreben, können Sie ohne eine gute Portion Good nicht brillieren.

Die Professoren Michael Brown und Linda Trevino entdeckten bei ihren bahnbrechenden Forschungen, dass das Vorhandensein oder Fehlen vieler der Good-Eigenschaften, die am Anfang dieses Kapitels aufgelistet wurden, einen starken Welleneffekt auf Ihre Umwelt sowie darauf haben, wie viel Wert Sie vermutlich zu Ihrer Arbeit beitragen. Führungskräften, die diese Eigenschaften an den Tag legen, werden mit wesentlich größerer Wahrscheinlichkeit ehrliche Leistungsbereitschaft und positive Werte (Vertrauen, Ehrlichkeit, Fairness, Moral und so weiter) sowie überragendes Engagement von ihren Mitarbeitern entgegengebracht. Gutes bringt Gutes hervor.

Basierend auf unserer Arbeit und unseren Forschungen haben wir allen Grund, zu glauben, dass diese Aussagen für jeden auf jeder Ebene gelten. Good betrifft Sie unabhängig von Ihrem Status und Ihrer Position. Good ist nicht »nice to have«. Es ist ein »must have«, wenn Sie den Arbeitsplatz, den Sie lieben, ernsthaft sichern und darin etwas bewegen wollen. Es ist eine grundlegende Sichtweise und ein Hilfsmittel, um das Berufsleben zu bekommen, das Sie sich wünschen. Wie stark Sie auch in den Bereichen Global und Grit sein mögen, ohne Good können Sie auf Dauer nicht erfolgreich sein

Warum »gut« nicht gut genug ist

Wir zucken zusammen, wenn Arbeitgeber uns sagen: »Wir suchen gute Leute«, weil wir aus Erfahrung und durch unsere Forschungen wissen, dass dies eine große Herausforderung ist. Einige der schlechtesten Arbeiter auf jeder Ebene, die wir je kennengelernt haben, waren gute Menschen, die gute Eigenschaften an den Tag legten. Einige der leistungsschwächsten und gefährdetsten Unternehmensbereiche sind voller Menschen, die vertrauenswürdig, fürsorglich, anständig und vieles mehr sind. Deshalb wird in Büchern und von Vordenkern behauptet, dass Tugend und Moral allein nicht genügen. Ein guter Mensch zu sein ist nicht genug.

Tatsache ist, dass sich viele, wenn nicht die meisten Wirtschaftskulturen auf dieselbe Weise an Good gütlich tun, wie Geier das weiche, offen daliegende Fleisch von Aas abreißen. Eine Sichtweise reiner Güte kann zerstört werden, wenn sie erstmals mit der Realität konfrontiert wird. Die Arbeitswelt ist hart, komplex und unsicher. Sobald Sie länger als einen Tag gearbeitet haben, wissen Sie das. An dieser Stelle kommt das 3G-Mindset ins Spiel. Nur wenn Sie Ihr Good-Mindset mit der Stärke von Grit und der Perspektive von Global tränken, kann es brillieren und bestehen.

Wenn wir also in diesem Kapitel und darüber hinaus »Good« erwähnen, dann meinen wir damit nicht den üblichen guten Menschen, der so leicht und tragisch erschüttert werden kann. Wir sprechen von der 3G-Version, die sich behaupten kann und durch die schwierigsten Prüfungen gestärkt wird. Diese Form von Good bringt Ihnen den Arbeitsplatz ein, der Ihnen gefällt, und verhilft Ihnen zu einer erfolgreichen Karriere.

Und Good betrifft jeden Aspekt Ihrer Karriere. Weltereignisse können die wirtschaftliche Bedeutung von Good verändern und haben es bereits getan. Fortwährende Krisen in der Politik, Finanz- und Wirtschaftswelt haben Good wieder in den Mittelpunkt gestellt. Je schlimmer die Dinge werden, desto wichtiger wird Good.

So hat zum Beispiel die weltweite Wirtschaftskrise 2007 bis 2011 in vielen wichtigen Bereichen zu einer Implosion des Verbrauchervertrauens geführt. Analysten bezeichnen das Resultat als »Flucht zur Qualität«. Das bedeutet, dass sich Verbraucher jenen Unternehmen zuwenden, die ihre Werte aufrechterhalten und nicht lügen, betrügen oder sich ihren Mitarbeitern und Kunden gegenüber rücksichtslos verhalten, wenn die Zeiten schlecht sind.

Das erklärt, warum ein Good-Mindset so hoch geschätzt wird. Keine Firma weist positive Eigenschaften in ihrer Unternehmenskultur auf, wenn diese nicht bei jedem Einzelnen vorhanden sind. Kurz gesagt müssen Sie Leute finden (und halten und befördern), die dem treu bleiben, was am wichtigsten ist – dem 3G-Weg.

Good im Geschäftsleben

Wenn das Vertrauen in eine Marke zusammenbricht, kann das betreffende Unternehmen innerhalb von Tagen Millionenverluste machen. Die besten Wirtschaftsführer haben verstanden, dass sie ohne gute Mitarbeiter keine guten Gewinne erzielen.

Toyota zum Beispiel, weltweiter Automobilhersteller und frühere Qualitätsikone, sah seine Verkäufe weltweit zurückgehen, nachdem es Probleme mit den Brems- und Gaspedalen gegeben hatte und dies Schlagzeilen in den Medien machte. Wenn wichtige Sicherheitsprobleme vom Unternehmen nicht ausreichend ernst genommen werden, verlieren die Kunden das Vertrauen in die Marke und ihr Versprechen und Tausende wechseln zu anderen Herstellern. Toyota musste nicht nur mehr als 8,5 Millionen Fahrzeuge zurückrufen, sein CEO musste auch an die Öffentlichkeit treten, sich entschuldigen und versichern, die höchsten Qualitätsstandards wiederherzustellen, bevor diese Kunden es auch nur in Erwägung zogen, wieder einen Toyota zu kaufen.

Die Tatsache, dass heutzutage mehr als 50 Prozent der Bevölkerung bei Kaufentscheidungen ethische und ökologische Aspekte mit einbeziehen, erhöht zusätzlich den Druck auf die Unternehmen und deren Mitarbeiter, jederzeit und auf jeder Ebene zu liefern. Um im heutigen Markt zu überleben, müssen Unternehmen und deren Mitarbeiter beweisen, dass sie gut sind und nach den Werten leben, die sie sich auf die Fahne schreiben. Sie können Ihr 3G-Mindset einsetzen, um Ihrem derzeitigen oder zukünftigen Arbeitgeber zu beweisen, dass Sie ein Mensch sind, der Katastrophen zu vermeiden hilft und die richtigen Dinge tut, vor allem in Momenten der Wahrheit.

Paul Milliken, Vorstandsvorsitzender bei Shell (einem der weltweit größten Erdölkonzerne mit über 100.000 Mitarbeitern in über 140 Ländern und Regionen), erklärte, warum Good-Mindset-Eigenschaften für ihn zu den allerwichtigsten gehören. »Bei Shell haben wir bestimmte Werte: Ehrlichkeit und Respekt gegenüber anderen sowie Integrität.« Für Milliken sind das keine Fantasiegebilde, sondern Notwendigkeiten, und wenn das wirtschaftliche Umfeld, in dem er arbeitet, noch so sehr unter Druck gerät. Wie er es auf die für ihn typische, direkte Weise ausdrückt: »Das hier ist ein langfristiges Geschäft. Du musst ehrlich und vertrauenswürdig sein oder es bringt dich um.« Leute mit einem Good-Mindset zu finden ist ein geschäftliches Muss.

Als Leiter des Kundenservices bei DIRECTV, dem größten Pay-TV-Anbieter der Welt, war Mike Mossman verantwortlich für Tausende von Callcenter-Mitarbeitern, die täglich die Bedürfnisse und Beschwerden von Millionen Kunden bearbeiteten. Die Konkurrenz führte einen harten Kampf und war bereit, so ziemlich alles zu versprechen, um DIRECTV die Kunden abspenstig zu machen. Das übte auf Mikes Mitarbeiter enormen Druck aus, sich genauso zu verhalten.

Um trotz des Wettbewerbsdrucks seine Ergebnisse zu erwirtschaften, wählte Mike den ehrenvollen Weg. Er sagte seinen Führungskräften und Mitarbeitern: »Wir werden unsere Kunden nicht anlügen. So sind wir nicht und dafür stehen wir nicht. Wir werden sie korrekt behandeln, unsere ehrliche Sorge zeigen und alles tun, um sie glücklich zu machen. Auf diese Weise werden wir ihr Vertrauen gewinnen und sie als Kunden behalten.« Man konnte förmlich spüren, wie die Moral im Saal stieg. Und schon bald konnte Mike erleben, wie das Engagement seiner Mitarbeiter wuchs, die Mitarbeiterfluktuation zurückging und die Bewertungen des Kundenservices Rekordhöhen erreichten. Good zahlt sich aus. Und Sie können darauf wetten, dass Mike Mossman bei jeder Neueinstellung viel Wert auf Good legte – oder wie er es ausdrückt: »Es ist das, was am meisten bewirkt. Wenn Sie sich bei mir um einen Job bewerben, müssen Sie beweisen, dass Sie ein Good-Mindset haben.«

Barry Hoffman, Personalleiter UK des Computerriesen Computacenter, erzählt, wie wichtig ein Good-Mindset ist, wenn es um die Entscheidung geht, wen er in der Firma hält.

> Dies ist ein schnelllebiges Unternehmen und wir brauchen Mitarbeiter mit dem richtigen Mindset und der richtigen Vorgehensweise. Wir sind ergebnisorientiert und Leute, die starr ablaufgesteuert sind, werden sich schwertun. Wir sind kundenorientiert, verlangen von unseren Leuten Integrität und Ehrlichkeit. Wenn Sie sich dem entgegenstellen, und sei es aus den besten Beweggründen, dann passen Sie nicht in unsere Firma.

Noch einmal: Für diejenigen, die Sie einstellen und die Einfluss auf Ihre Zukunft haben, ist ein Good-Mindset eine klare Notwendigkeit. Tom Peters, der weltberühmte Wirtschaftsguru, sagt: »Gutes Business fußt auf großartigen Menschen, Anstand, Rücksichtnahme und aufmerksamem Zuhören.« Er untersuchte zahlreiche historische Ereignisse und kam zu dem Schluss, dass es *eine nicht zu leugnende Verbindung zwischen kleinen Höflichkeiten und weltbewegenden Ereignissen gibt.*

Tom Peters schreibt: »Der Romancier Henry James sagte: ‚Auf drei Dinge kommt es im Leben an. Erstens: Freundlichkeit. Zweitens: Freundlichkeit. Und drittens: Freundlichkeit.‘ Meine Beobachtung ist: Freundlichkeit funktioniert! Und sie zahlt sich aus!«

Peters entwickelte daraufhin eine leicht verständliche Formel, von der wir alle profitieren können, wenn wir sie im Hinterkopf behalten:

Freundlichkeit (F) = Wiederholungsgeschäfte (W) = Gewinn (G)

Tom Peters und diese Top-Führungskräfte haben Recht. Wie Sie sich erinnern werden, beweisen unsere Untersuchungen mit dem 3G-Panorama, dass nette Kerle nicht als Letzte durchs Ziel kommen. Sie gewinnen mit einem Vorsprung. Denken Sie daran: das 3G-Panorama prognostiziert, wie viel Geld Sie verdienen, wie viel Wert Sie beisteuern und wie groß laut Top-Arbeitgebern die Wahrscheinlichkeit ist, dass Sie im Unternehmen bleiben.

Sollten Sie irgendwelche Zweifel an der Bedeutung von Good haben, dann überlegen Sie einmal, was passiert, wenn Good fehlt.

Paul erinnert sich an einen weltweiten Wirtschaftsführer – nennen wir ihn Frank –, einen Milliardär, der mehr als einmal ein Vermögen gemacht und es wieder verloren hat. Er setzte sein enormes Grit ein (seine Punktzahl lag bei den besten 1 Prozent), um einer völlig neuen Branche in Europa den Weg zu bahnen. Trotz gewaltiger Schwierigkeiten (Vorschriften, öffentliche und politische Opposition, finanzstarke Konkurrenz) war er erfolgreich – oder zumindest schien es so. Er hatte sein außergewöhnliches Global-Mindset benutzt, um anders zu denken, weit über seinen unmittelbaren Horizont hinauszugehen, ein internationales Team samt Vorstand zusammenzustellen und eine wegweisende Innovation in seiner Branche einzuführen. Nichts stellte sich ihm in den Weg. Er hatte alles. Alles außer – Good.

Frank war zweifellos die gemeinste, hinterhältigste, manipulativste, selbstsüchtigste und amoralischste Führungskraft, der wir je begegnet sind. Er war bereit, sich seinen Weg durch jede Situation zu brandschatzen und in seinem Fahrwasser ein emotionales Massaker zu hinterlassen. Als Folge davon kündigten unzählige seiner talentierten Mitarbeiter, trotz ihrer hohen Gehälter, weil der emotionale Tribut einfach zu hoch war. Es blieben nur diejenigen, die so waren wie Frank.

Es war nur eine Frage der Zeit, bis Franks Geschäft zusammenbrechen würde, einerseits unter dem Gewicht der Klagen, die durch Lügen und zwielichtige Geschäfte ausgelöst wurden, andererseits unter den immensen Kosten für die Anwerbung neuer Mitarbeiter, die sich mit einer Führungskraft arrangieren konnten, die inspirierende Fähigkeiten im Bereich Global und Grit aufwies, der es jedoch an jeglichen Anzeichen von Good mangelte.

Wie stark Sie bei den anderen beiden G auch sein mögen: Ohne die Basis Good haben Sie keinen festen Stand und bleiben nicht auf Dauer im Geschäft.

Die Wahrheit ist – für Frank und für Sie –, dass Mindset nicht angeboren, sondern eine Entscheidung ist. Ein Good-Mindset kann jeder auf jeder Ebene der Gen G erreichen. Sie müssen es nur wollen. Und auf die Gefahr hin, wie eine Sportschuhmarke zu klingen: Wenn es um Ihr Good-Mindset geht, tun Sie's einfach.

Good: Aufstrebende, Baumeister und Vollender

Unabhängig davon, ob Sie ein Aufstrebender, ein Baumeister oder ein Vollender sind, gilt Good mit derselben Intensität und Bedeutung. Wie Sie jedoch über Good denken und es einsetzen, kann variieren.

Als **Aufstrebender** sollten Sie die Good-Mindset-Eigenschaften tief in Ihrer Sichtweise verwurzeln. Je mehr Sie die Eigenschaften der entsprechenden beiden Cluster von Good verinnerlichen und zeigen, desto stärker werden sie zu Ihrer zweiten Natur und erfordern keinerlei Mühe mehr. Wenn Sie Good nicht frühzeitig verwurzeln, sind Ihre Fortschritte und Perspektiven zwangsläufig begrenzt. Tun Sie es jedoch, so wird man auf Sie aufmerksam. Es ist tragisch, wie viele Baumeister Jahre damit verbringen, sich die Antriebskraft und die Chancen zurückzuholen, die sie verloren haben, als sie, aus welchen Gründen auch immer, Good in ihrer Anfangszeit vernachlässigten.

Ein Good-Mindset ist besonders ansteckend. Sie erinnern sich vielleicht an Michael Browns Forschungen, wonach Good Ihr Umfeld zu mehr Engagement und Tugend animiert. Und es funktioniert in beide Richtungen. Sie können Ihr eigenes Good bewusst stärken, indem Sie sich mit Menschen umgeben, die diese Sichtweise teilen. Am besten suchen Sie sich als Aufstrebender eine Umgebung, in der Good geschätzt und gefördert wird, in der es für selbstverständlich und nicht als untypisches Verhalten gilt.

Wenn Sie am Anfang Ihrer Karriere stehen und sich um eine Stelle bewerben, sollten Sie sich bemühen, die Werte Ihres zukünftigen Arbeitgebers zu kennen - noch vor Ihrem ersten Gespräch mit ihm. Stärken Sie Ihr Good-Mindset, indem Sie sich Möglichkeiten, Führungskräfte und Mentoren suchen, die Good einsetzen, um Ergebnisse zu erzielen, sodass diese Eigenschaften in Ihnen gepflegt und gestärkt werden. Suchen Sie nach Gelegenheiten, in denen Sie über sich hinauswachsen können, indem Sie in schwierigen Situationen ein Good-Mindset zeigen.

Wenn Sie ein **Baumeister** sind, haben Sie vermutlich schon jene schmerzhaften Momente erlebt, wenn Good in einer Unternehmensumgebung ins Auge geht und Sie einen hohen Preis dafür zahlen müssen, dass Sie das Richtige tun. Möglicherweise hat Sie das erschöpft oder so weit angeschlagen, dass Sie Ihre Good-Instinkte zu wenig nutzen. Vielleicht hat es auch Ihren Willen wachgerüttelt. Entscheidend ist, genügend Grit zu haben, um Good aufrechtzuerhalten.

Als Baumeister werden Sie auch wissen, wie herausfordernd es in unserer chaotischen Arbeitswelt manchmal sein kann, Good zu denken und zu handeln. Sie haben erlebt, wie Ihnen das Erzählen einer kleinen harmlosen Lüge oder das Verdrehen der Wahrheit kurzfristig aus einer schwierigen Situation herausgeholfen hat. Aber Bestandteil eines Global- und Good-Mindsets ist, langfristig zu denken und Ihr Good-Mindset zu stärken, indem Sie nicht unbedingt den leichten, sondern den gefährlichen Weg einschlagen. Sie können sich zweifellos vorstellen und haben vermutlich schon erlebt, welche positiven langfristigen Konsequenzen daraus resultieren, dauerhaft zuverlässig, respektvoll, fair und anständig zu handeln. Ihre Stärke entsteht nicht dadurch, dass Sie Good anwenden, wenn es Ihnen leichtfällt, sondern wenn es schwierig ist oder viel auf dem Spiel steht.

Falls Sie im **Vollenderstadium** der Gen G sind, spielt Good eine potenziell wichtige Rolle für Ihr Vermächtnis, das letzte Kapitel Ihres Berufslebens. Und jetzt ist es an der Zeit, Good zurück in die erste Reihe Ihrer täglichen Bemühungen zu bringen.

Als Vollender denken Sie vielleicht, Sie sind so gut, wie Sie es nur sein können, was auch immer geschieht. Sie mögen ziemlich gut sein und sich gut genug fühlen. Oder Sie haben – wie die meisten – im Laufe der Jahre schlechte Gewohnheiten angenommen, weil Sie gesehen haben, wie andere agieren, und entschieden, sich ihnen anzuschließen, wenn Sie sie schon nicht besiegen können.

Vielleicht sind Sie standhaft geblieben, was Good anbelangt. Jeder große Held in jeder großartigen Geschichte findet einen Weg, in schwierigen Situationen Good zu demonstrieren. Wenn Sie das tun, wird Good Ihnen helfen, stark daraus hervorzugehen.

Professor Ronda Beaman ist eine große Befürworterin und ein Musterbeispiel für glaubwürdiges Good in jeder Interaktion mit anderen. Aber in ihrem kürzlich durchgeführten Kurs für Managementkommunikation an der Graduate School of Business der California Polytechnic University in San Luis Obispo kam Besorgnis in ihr auf. Sie hatte ihren Studenten beigebracht, auf andere zu achten, großzügig zu denken, Anerkennung auszudrücken, Mitgefühl zu zeigen und Ehrlichkeit an den Tag zu legen, doch diese Eigenschaften wurden zunehmend verdrängt von einer Haltung nach dem Motto: »Vorankommen ist alles; tu, was immer dafür nötig ist; mach keine Gefangenen.«

Ihre Studenten simsten, twitterten und mailten einander zwar Nachrichten, hatten jedoch keine Ahnung, wie sie die Eigenschaften von Good zeigen oder ein Dankschreiben aufsetzen sollten. Dr. Beaman befürchtete, dass Good aus dem Bereich Kommunikation bald verschwunden sein könnte.

Nachdem sie sich das eine Weile angesehen hatte, kam Dr. Beaman jedoch zu dem Schluss, dass ein Good-Mindset zeitlos ist. Es verändert sich lediglich die Art und Weise, wie man es einsetzt und kommuniziert. Sie erklärte es so: »Die Technologie mag sich verändern, aber jeder Situation und Nachricht mit einem Good-Mindset zu begegnen ist wichtiger denn je. Mit der Zunahme der Effizienz wurde Good zunehmend kostbarer und du musst kreativ sein und Formen finden, wie du es einsetzt, um anderen zu helfen.« Good ist immer wichtig, aber wie Sie es kommunizieren und anwenden, kann stark variieren.

Ein Good-Mindset ist wesentlich für den Aufbau dieser tiefen, anhaltenden Überzeugung, die Sie und alle anderen motiviert, ihr Bestes zu geben. Wie können Sie nun Ihr Good-Mindset wirksam stärken, damit es alle wesentlichen Eigenschaften enthält, die Arbeitgebern so wichtig sind?

Die Good-Verstärker

Wir ermutigen Sie, sich mit ganzem Herzen und gezieltem Lernen jedem der folgenden drei Good-Verstärker zu widmen – der Impact Map (einer »Landkarte« der Auswirkungen Ihres Handelns und Denkens), dem persönlichen Bestandsbuch (ein Haben-/Soll-Konto für Ihr Good) und MyCode (Ihrem persönlichen Verhaltenskodex). Richtig angewendet können sich diese drei so ergänzen, dass Sie Ihr Good-Mindset in jeder Situation zu aktivieren vermögen. Wir haben festgestellt, dass jedes einzelne dieser Tools das authentische Potenzial besitzt, im Berufs- wie im Privatleben wegweisend zu sein.

Die ersten beiden Tools lassen Sie zunehmend besser und detaillierter erkennen, inwiefern Ihre Wirkung auf andere und der daraus resultierende Wert Good entsprechen, sodass Sie sofort Verbesserungen vornehmen können. Sie können diese Tools bei jeder sich bietenden Gelegenheit anwenden, um zu überprüfen, wie Sie über sich denken und sich anderen gegenüber präsentieren.

Ihr Mindset zu erkennen und zu verbessern geht meistens Hand in Hand, vor allem wenn es um Good geht. Das dritte Tool geht über Auswirkung und Wert hinaus. Es verhilft Ihnen zu der wunderbaren Veränderung, die eintritt, wenn Sie die besten Aspekte Ihres Good-Mindsets in allen Situationen anwenden. Jeder Arbeitgeber wird sich dann messbar besser an Sie erinnern und Sie für sich gewinnen wollen.

Damit diese Eigenschaft von Dauer ist, brauchen Sie Intensität und Konzentration. Wenn Sie sich nur kurz über diese Tools informieren, entspricht das dem Gehen auf dem Laufband bei niedrigster Geschwindigkeit. Sie werden bei diesem Tempo nicht so stark davon profitieren, als wenn Sie richtig trainieren und ordentlich schwitzen.

Impact Map

Eine der wichtigsten Fragen, die jeder Arbeitgeber Ihnen stellen wird, betrifft Ihren Einfluss auf andere Menschen. Die Impact Map schafft Klarheit darüber, wo Sie in dieser Hinsicht einzustufen sind. Es ist ein einfaches Tool, mit dem Sie Ihre Antwort auf diese Frage positiver und überzeugender machen.

Als wir uns mit Global beschäftigten, haben wir bereits darüber gesprochen, wie sehr Ihr Mindset andere Menschen beeinflussen kann. Diese Erkenntnis zieht in der Regel Fragen nach sich:

➤ Wen beeinflusse ich absichtlich oder unabsichtlich am stärksten?

➤ Wie viele Menschen beeinflusst mein Mindset oder könnte dies zumindest tun? Und auf welche Weise?

➤ Auf welche Weise beeinflusse ich andere positiv oder negativ beziehungsweise könnte ich das tun?

Eine hervorragende Möglichkeit, sich mit diesen Fragen auseinanderzusetzen, ist das Ausfüllen Ihrer persönlichen Impact Map. Da Sie nun mit der Theorie über soziale Netzwerke und den drei Einflussebenen vertraut sind, betrachten wir die Impact Map als nächsthöhere, Good-getränkte Version Ihres persönlichen 3G-GPS, das wir im vorhergehenden Kapitel behandelt haben. Stellen Sie es sich vor wie einen Kieselstein, der in einen See geworfen wird und von der Mitte aus Kreise zieht: Das sind Sie.

Ihre Impact Map zieht drei Kreise. Diese repräsentieren den Einfluss, den Sie auf Ihr Umfeld haben. Die Impact Map verbindet Auswirkung und Absicht. Da Ihr Mindset wie ein Objektiv ist, durch das Sie Ihre Arbeit und Ihr Leben sehen und steuern, spiegelt die Impact Map, wo, wie und in welchem Ausmaß Ihre Gedanken und Handlungen andere beeinflussen.

Wenn Sie zum Beispiel Ihre Assistentin zum Mittagessen einladen, so ist das eine nette, aufmerksame Geste. Tun Sie das aus ehrlicher Dankbarkeit und Großzügigkeit, bekämen Sie dafür im Bereich Good für Ihre guten Absichten bei einer bescheidenen Tat 6 von 10 Punkten. Sind Ihre Absichten jedoch taktischer Natur und nicht ehrlich – Sie bezahlen Ihrer Assistentin das Essen, damit sie noch härter arbeitet, oder wollen mit dieser Aktion Ihren Chef beeindrucken –, dann läge Ihr Punktwert bei 2 oder 3. Es ist eine nette Geste, motiviert durch ein selbstsüchtiges Ziel, was ein gewisses Wohlwollen generiert. Wenn Sie vorhatten, Ihrem Papa zum Geburtstag zu gratulieren, weil Sie ihn aus ganzem Herzen lieben, und es dann an besagtem Tag absolut vergessen haben, dann erhalten Sie immer noch -6 Punkte, weil es ihn sehr gekränkt hat. Haben Sie ihm jedoch bewusst nicht gratuliert, dann sind es -8.

Sie sehen, dass es bei dieser Übung notwendig ist, absolut ehrlich zu sein. Das ist nicht leicht. Falls Sie bei Ihren Antworten unsicher sind, sollten Sie Menschen aus Ihrem Umfeld nach deren Einschätzung fragen. Es ist erstaunlich, wie wirkungsvoll, aufschlussreich und, wie wir hoffen, inspirierend dieses Tool sein kann. Die drei Ausdehnungskreise Ihrer Impact Map stehen für nah, mittelweit und weit entfernt:

Nah – Die Menschen in Ihrem unmittelbaren Umfeld, die am stärksten davon beeinflusst werden, wie viele und welche Facetten von Good Sie in Ihrem 3G-Mindset haben und im Umgang mit ihnen an den Tag legen.

Mittelweit – Die Menschen außerhalb Ihres unmittelbaren Umfelds, die vorhersehbar auf gewisse Weise davon beeinflusst werden, wie viel Good Sie in Ihrem Mindset haben.

Weit entfernt – Alle Menschen, die auch nur potenziell auf irgendeine Weise durch die Ausprägung von Good in Ihrem 3G-Mindset beeinflusst werden könnten.

Ein Teilbeispiel einer Impact Map sehen Sie hier:

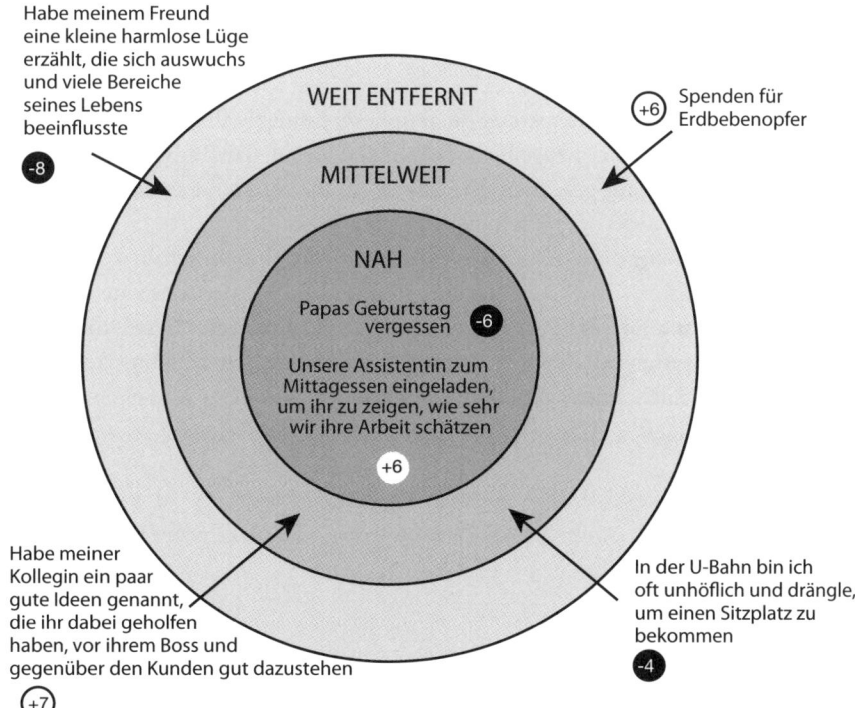

Übung:

Impact Map

Jetzt sind Sie an der Reihe.

1. Nehmen Sie ein leeres Blatt Papier und zeichnen Sie Ihre Antworten auf oder, wenn Ihnen das lieber ist, malen Sie sie sich in Ihrer Fantasie aus.

2. Ziehen Sie drei konzentrische Kreise entsprechend denen im vorherigen Diagramm. Beschriften Sie diese mit »Nah«, »Mittelweit« und »Weit entfernt«.

3. Beschreiben Sie ausschließlich mit Blick durch das Objektiv der Good-Mindset-Eigenschaften innerhalb jedes Kreises die unmittelbaren (nahen), mittelweiten und am weitesten entfernten Auswirkungen, die Sie im Berufs- und Privatleben haben (siehe Beispiel oben). Falls Sie unsicher sind, fragen Sie Menschen aus Ihrem Umfeld nach deren Einschätzung.

4. Damit ein möglichst realistisches Bild entsteht, sollten Sie für jeden Kreis mit drei bis fünf überzeugenden Einträgen aufwarten. Geben Sie Ihr Bestes, Namen von echten Menschen oder Gruppen aufzuschreiben, die Sie durch Ihre Good-Mindset-Eigenschaften beeinflussen (auf gute oder schlechte Weise).

5. Damit diese Übung exakt durchgeführt wird und Erkenntnisse liefert, addieren Sie auf jeder Ebene und für jede Person oder Gruppe, die Sie beeinflussen, die entsprechende Punktzahl, von -10 (extrem negative Beeinflussung) bis zu 10 (extrem positive Beeinflussung). Berücksichtigen Sie bei der Punktvergabe Ihre ehrlichen Absichten und die Auswirkungen.

6. Als Nächstes berechnen Sie den durchschnittlichen Wert für jeden Kreis: nah, mittelweit, weit entfernt. Abschließend ermitteln Sie den Gesamtdurchschnitt dieser drei Punktwerte. Was ist Ihr Gesamtpunktwert?

Fragen:

Wie zufrieden sind Sie mit der Anzahl der Menschen, die Sie auf jeder Ebene beeinflussen?

Antwort: _____

_____

_____

Beeinflussen Sie auf manchen Ebenen mehr als auf anderen?

Antwort: _____

_____

_____

Wie ist Ihre Beeinflussung verteilt? Haben Sie einen eher allgemeinen (entfernten) Einfluss? Oder haben Sie einen eher unmittelbaren (nahen) Einfluss?

Antwort: _____

_____

_____

In welchem Umfang und auf welche Weise beeinflussen Ihre Absichten Ihren Punktwert?

Antwort: _____

_____

_____

Wenn Sie sich die einzelnen und die durchschnittlichen Punktwerte ansehen, wie denken Sie über die Qualität Ihrer Beeinflussung? Haben Sie den Eindruck, Ihr volles Potenzial auszuschöpfen?

Antwort: _____

_____

_____

Was würde passieren, wenn Sie Ihre Punktwerte deutlich erhöhen könnten?

Antwort: _____

_____

_____

Unsere Erfahrung nach gleicht diese Übung dem Putzen einer mit Fliegendreck verschmutzten Windschutzscheibe: Sie müssen zwei- bis dreimal drübergehen, bis sie sauber ist. Jedes Mal, wenn Sie die Frage wiederholen, werden Ihnen die Zusammenhänge klarer und Ihnen fallen mehr Antworten ein, bis Sie das Gefühl haben, mehr oder weniger ganze Arbeit geleistet zu haben. Oftmals gehören die Antworten, die Ihnen zuletzt einfallen, zu den wichtigsten.

Die Impact Map liefert Ihnen einen ersten Blick in den Vergrößerungsspiegel. Das ist nicht immer schmeichelhaft, aber die Erkenntnisse können gewaltig sein. Sie bekommen einen klaren Blick dafür, über welchen aktuellen und potenziellen Einfluss – durch die Kombination aus Absichten und Handlungen – Ihr Good-Mindset verfügt. Setzen Sie dieses Tool täglich bei allem ein, was Sie tun. Streben Sie die bestmögliche Version an, damit Sie auf die Frage von Arbeitgebern »Welchen Einfluss üben Sie auf andere aus?« eine Antwort geben können, mit der Sie hervorstechen.

Das nächste Tool wird Ihnen dabei helfen, Ihre Bedeutung für jeden Arbeitgeber zu stärken, indem Sie einen detaillierten, scharfen Blick auf die gesamte Beeinflussung werfen, die Sie auf andere Menschen ausüben.

Ihr persönliches Bestandsbuch

Mit welchen Facetten Ihres Good bewirken Sie über die grobe Einteilung Ihrer Impact Map hinaus am meisten Positives? Es sind diese Feinheiten, die Ihren Lebenslauf, Ihre Bewerbungsgespräche und Ihr tagtägliches Verhalten durchziehen und stärken. In Kapitel 8 werden wir Ihnen zeigen, wie Sie diese Tools und Antworten einsetzen, um Ihre Chancen auf den besten Arbeitsplatz mindestens zu verdreifachen.

Mit welchen Facetten bewirken Sie möglicherweise unabsichtlich Nachteile? Wenn Sie Beispiele finden und einen Punktwert zwischen 1 und 10 dafür vergeben müssten (10 ist extrem stark, 1 ist extrem schwach), was würden Sie in Ihr persönliches Bestandsbuch eintragen?

Buchhalter nutzen Bestandsbücher, um ein klares Bild davon zu erhalten, wie das Guthaben oder Vermögen (was man besitzt) sich im Vergleich zum Soll oder den Verbindlichkeiten (was man schuldet) verhält. Natürlich hoffen Sie, dass Ihre Berechnungen ein deutliches Plus ergeben. Jetzt haben Sie die Chance, diese Vorgehensweise auf Ihr eigenes Mindset zu übertragen, indem Sie Ihr persönliches Bestandsbuch ausfüllen. Sie werden feststellen, dass diese Vorgehensweise enorm hilfreich und aufschlussreich ist.

Wenn Sie derzeit in einem Beschäftigungsverhältnis stehen, dann werden Sie dieses Tool im Kontext Ihres Berufs einsetzen wollen. Wenn Sie eine Arbeit suchen, dann überprüfen Sie Ihr persönliches Konto im Kontext der Menschen, denen Sie momentan begegnen. Wir haben einige Eigenschaften von Good eingetragen, um Sie zu unterstützen, wollen Ihnen damit aber keine Grenzen auferlegen. Möglicherweise möchten Sie andere Eigenschaften hinzufügen, von denen Sie das Gefühl haben, dass Sie Ihr Plus und Minus genauer beschreiben.

Übung:

Erstellen Sie Ihr persönliches Bestandsbuch

Sehen Sie sich unser Beispiel an, damit Sie eine Vorstellung davon bekommen, wie Ihr persönliches Bestandsbuch aussehen könnte.

Für diese Übung müssen Sie einen genauen Blick auf Ihr Online-3G-Panorama-Feedback werfen (falls vorhanden) oder zumindest auf Ihre 3G-Preview-Ergebnisse. Seien Sie gnadenlos ehrlich. Sie müssen das aufschreiben, was korrekt ist und der Realität entspricht und nicht das, was Sie sich wünschen.

1. Schreiben Sie für jede Good-Mindset-Eigenschaft, die entweder in Ihrem 3G-Panorama/Preview-Feedback hervorgehoben ist oder die Sie für besonders wichtig halten, ein konkretes Beispiel auf, wie Sie andere positiv oder negativ beeinflussen könnten.

2. Tragen Sie wie zuvor bei der Impact Map für jedes Beispiel Beeinflussungswerte von -10 bis 10 ein, um das Ausmaß Ihres positiven oder negativen Einflusses auf andere abzubilden.

3. Addieren Sie Ihre positiven Punktzahlen. Addieren Sie Ihre negativen Punktzahlen. Subtrahieren Sie die Gesamtminuszahl von der Gesamtpluszahl, um Ihren Gesamtwert für Good zu berechnen.

4. Stellen Sie sich folgende Frage: »Was genau kann ich tun und wozu bin ich am meisten motiviert, um meinen Negativwert deutlich zu reduzieren und den positiven Einfluss zu verstärken, den ich auf andere habe?«

5. Schreiben Sie drei konkrete Handlungen auf, die Sie, basierend auf Ihren Antworten zu Punkt 4, durchzuführen gedenken. Im Folgenden haben wir ein Beispiel aufgeführt.

Beispiel: Persönliches Bestandsbuch				
Persönliches Bestandsbuch	Plus (+)	Punktwert	Minus (-)	Punktwert
Ehrlich	Ich habe meinem Chef erzählt, dass ich bei einem wichtigen Projekt nachlässig war und jemanden bitten musste, mir beim Projektabschluss zu helfen.	6		
Unehrlich			Ich habe mich krank gemeldet, weil ich keine Lust hatte, zur Arbeit zu gehen. Und das, obwohl sich mein Team auf mich verlassen hat.	-5
Vertrauenswürdig	Ich habe meinem Assistenten mein Auto geliehen, damit er Waren zu einem Kunden bringen konnte	7		
Misstrauisch			Ich habe einen Kollegen beschuldigt, die Idee eines Dritten gestohlen zu haben.	-8
Loyal	Ich habe kürzlich ein Stellenangebot der Konkurrenz ausgeschlagen, weil ich mich in meinem derzeitigen Unternehmen wohlfühle.	8		
Illoyal			Ich war gestern sehr versucht, meiner Freundin interne Firmeninformationen zu verraten, damit sie bei ihrer Collegeprüfung eine hohe Punktzahl bekommt.	-4
Aufrichtig mitfühlend	Ich habe meiner Kollegin, die sich am Wochenende ein Bein gebrochen hat, einen Strauß Blumen geschickt.	6		

Beispiel: Persönliches Bestandsbuch				
Persönliches Bestandsbuch	Plus (+)	Punkt-wert	Minus (-)	Punkt-wert
Heuchlerisch			Ich habe die anderen absichtlich nicht an Joes Geburtstag erinnert, weil er sich in letzter Zeit wie ein Idiot verhalten hat.	-5
Ausgeglichen	Ich habe mir bei unserem Teammeeting die Zeit genommen, mir die Meinung jedes Einzelnen anzuhören. Dadurch dauerte es zwar länger, aber wir haben ein runderes Ergebnis erzielt.	7		
Unangemessen			Ich wusste, dass meine Lösung die richtige war, also habe ich sie durchgedrückt, ohne Rücksicht auf die Meinungen meiner Kollegen.	-2
Moralisch	Ich habe einen wichtigen Auftrag storniert, weil der Kunde gegen unsere Werte verstoßen hat.	8		
Unmoralisch			Um diese Stelle zu bekommen, habe ich bei zwei wichtigen Punkten in meinem Lebenslauf gelogen.	-9
Fair	Tim hat einem unserer Kunden falsche Informationen zukommen lassen, aber ich habe ihm die Chance gegeben, dort anzurufen und seinen Fehler zu korrigieren.	8		

Beispiel: Persönliches Bestandsbuch				
Persönliches Bestandsbuch	**Plus (+)**	**Punkt-wert**	**Minus (-)**	**Punkt-wert**
Ungerecht			Mandy kam fünf Minuten zu spät zum Meeting. Ich habe sie vor allen Kollegen gerügt, ohne erst zu fragen, was der Grund für die Verspätung war.	-4
Gesamtplus: 50			**Gesamtminus: -37**	
Gesamt (Plus minus Minus): 13				

Dieses Beispiel sollte Ihnen dabei helfen, ein paar Ideen zu entwickeln, was Sie in Ihr persönliches Bestandsbuch eintragen könnten. Denken Sie daran: Sie müssen sich überlegen, welchen Facetten von Good Sie die meisten Vorteile zuordnen und mit welchen Sie vielleicht unabsichtlich Nachteile hervorrufen.

Persönliches Bestandsbuch	**Plus (+)**	**Punkt-wert**	**Minus (-)**	**Punkt-wert**
Ehrlich				
Unehrlich				
Vertrauenswürdig				
Misstrauisch				
Loyal				
Illoyal				
Aufrichtig mitfühlend				
Heuchlerisch				
Ausgeglichen				
Unangemessen				
Moralisch				

Persönliches Bestandsbuch	Plus (+)	Punkt-wert	Minus (-)	Punkt-wert
Unmoralisch				
Fair				
Ungerecht				
	Gesamtplus		Gesamtminus	
Gesamt (Plus minus Minus)				

Ihnen ist vielleicht aufgefallen, dass der Übersichtlichkeit halber einige Eigenschaften von Good nicht in die obige Übung aufgenommen wurden. Lassen Sie sich dadurch nicht einschränken. Wenn Sie Ihre Punktzahl zu anderen Good-Mindset-Eigenschaften angeben möchten, dann können Sie das natürlich tun. Nutzen Sie die Liste am Anfang dieses Kapitels.

Jeder weiß, dass er gut sein sollte. Und die meisten von uns wissen auch genau, was das bedeutet. Als Chef, Eltern, Kollegen oder als Freund können wir andere lehren, gut zu sein. Aber es zu wissen und danach zu leben sind zwei verschiedene Dinge.

Wir haben festgestellt, dass Menschen es meist deshalb nicht schaffen, Good zur Grundlage ihres Mindsets zu machen, weil sie es entweder nur oberflächlich angehen (Handlungen ohne gute Absichten), weil sie nicht daran denken oder weil sie es bewusst ignorieren, und das oft in wichtigen Momenten und über lange Zeit.

Nach dem Good-Mindset zu leben bedeutet, Ihre guten Eigenschaften stets über die schlechten dominieren zu lassen. Wir bezeichnen das als MyCode und es ist ein wichtiges Unterscheidungsmerkmal, um sich von der Masse abzuheben.

MyCode – Ihr persönlicher Verhaltenskodex

Stellen Sie sich vor, einer Gruppe von Menschen eine Belohnung dafür zu geben, dass sie sich scheinbar ohne Konsequenzen unehrlich und unethisch verhält.

Genau das haben Forscher von drei verschiedenen Universitäten (Duke in North Carolina, University of Toronto und University of California in San Diego) getan, als sie Studenten dafür bezahlten, bei einem Test zu betrügen. Die Probanden sollten die erreichten Punkte des Tests selbst addieren und dem Lehrer sagen, wie viele Antworten sie richtig hatten, und für jede richtige Antwort wurden sie bezahlt. Die Entscheidung lag allein bei den Studenten. Sie konnten lügen, ohne erwischt zu werden, oder sie konnten die Tests ehrlich korrigieren.

Und hier nun die besondere Raffinesse: Vor dem Test wurde die Hälfte der Studenten gebeten, zehn Bücher zu notieren, die sie gelesen hatten. Die andere Hälfte wurde gebeten, sich die Zehn Gebote in Erinnerung zu rufen und diese niederzuschreiben. Die Idee bestand darin, dass allein das Nachdenken über moralisches Verhalten, unabhängig von der Religion des Betreffenden und davon, wie gut er die Gebote kennt, sein persönliches ethisches Verhalten verändert. Was, denken Sie, ist passiert?

Die Gruppe mit der Buchliste gab der Versuchung nach. Die Teilnehmer logen und betrogen, um die Belohnung zu bekommen. Die Gruppe mit den Zehn Geboten tat das nicht. Allein durch das Nachdenken über einen Verhaltenskodex unmittelbar vor dem Test blieben alle trotz der in Aussicht gestellten Belohnung ehrlich. Vergleichbare Untersuchungen führten zu ähnlichen Ergebnissen.

Sich einem Verhaltenskodex zu verschreiben und von diesem geprägt zu werden kann eine tief greifende, unbewusste Wirkung auf Ihr Verhalten haben. Es ist wie eine Abkürzung, die es sehr viel leichter macht, im Sinne von Good zu denken und zu handeln. Dasselbe Prinzip gilt für unsere Liste der Good-Eigenschaften, das Eingangsbeispiel sowie die in diesem Kapitel genannten Tools zur Verstärkung von Good. Indem wir Sie durch eine Reihe von Gedanken und Übungen führen, die Ihre Good-Eigenschaften gedanklich in den Vordergrund stellen, und Sie diese dann anwenden lassen, erhöhen Sie nicht nur Ihre Chancen, ein »guter Mensch« zu sein, sondern dies auch permanent in Ihr Mindset einfließen zu lassen.

Das Experiment mit den Zehn Geboten bestätigt und bewahrheitet auch die potenzielle Kraft von Unternehmenswerten, unter Annahme von drei Bedingungen: (1) Die Werte fußen auf Moral; (2) sie sind authentisch; (3) sie werden angemessen eingesetzt, um das Verhalten der Belegschaft zu verbessern.

Wir glauben, dass die magische Wirkung des Kodex noch verstärkt werden kann, indem er personifiziert wird. Statt den Kodex eines anderen herunterzubeten, profitieren Sie sehr viel stärker von *Ihrem eigenen* Verhaltenskodex. Diese Aufgabe hat sich für unzählige Menschen, die im Laufe der Jahre Pauls Programm absolvierten, als eine der tiefgreifendsten und wirkungsvollsten erwiesen.

Auf ähnliche Weise zeigte eine Studie von Joseph Henrich an der University of British Columbia, dass Menschen aus Kulturen, die einer Weltreligion angehören (mit Überzeugungen, die sich über die Menschen in ihrem unmittelbaren Umfeld hinaus erstrecken), ein höheres Maß an Fairness gegenüber anderen aufwiesen. Anders ausgedrückt: Wer über einen klaren Verhaltenskodex verfügte, legte mehr Good an den Tag als andere.

Und wie Sie wissen, arbeiten die 3 G wirkungsvoll zusammen. Henrich und sein Team entdeckten auch eine unmittelbare Beziehung, wie global (»integriert«) diese Kulturen sein mussten, um ihre Nahrungsmittel und Verbrauchsgüter sicherzustellen. Je globaler sie waren, desto mehr Good (Fairness) legten sie an den Tag.

Eine interessante Begleiterscheinung bei dem Versuch mit den Zehn Geboten war, dass in keiner der beiden Gruppen so viel betrogen wurde, wie die Teilnehmer gekonnt hätten. Einige verweigerten es rigoros, unabhängig von Regeln oder Anreizen.

Eine der Möglichkeiten, Good zu verbessern, besteht darin, sich vom »Gut-sein-Müssen« zu lösen. Was auch immer Sie meinen tun zu *müssen,* ist niemals so stark wie ein Handeln nach der Devise: »Wenn ich die Wahl hätte, *würde* ich … « Das ist genau jene Veränderung, die Ihr eigener Verhaltenskodex bewirkt. Autonomie – unabhängiges Denken und Handeln – ist ein enorm starker Motivator. Daran sollten Sie denken, wenn Sie Ihren eigenen Verhaltenskodex erstellen.

Wir nennen dieses Tool MyCode. Sie können damit stichwortartig Ihren eigenen Kodex dokumentieren und leicht anwenden. Wir raten Ihnen dringend, diese Aufgabe ernst zu nehmen und sich die größtmögliche Mühe zu geben. So erstellen Sie einen MyCode, der Sie anspricht und auf eine andere Ebene bringt.

Der Kodex sollte so gestaltet sein, dass Sie nach seinen Regeln leben wollen und er Sie per Definition zu einem besseren Menschen macht. Überlegen Sie sich einen einfachen, klaren, einprägsamen Verhaltenskodex, den Sie Ihren Kindern an die Hand geben würden, um sie zu besseren Menschen zu machen, zu Menschen, die andere gern als Freunde und Kollegen haben und die von Arbeitgebern gesucht und im Unternehmen gehalten werden.

Übung:

Erstellen Sie einen MyCode

1. Gehen Sie Ihre 3G-Panorama-Review im Hinblick auf alle Facetten von Good durch.

2. Merken Sie sich, welche Eigenschaften relativ schwach ausgeprägt und welche Ihnen am wichtigsten sind.

3. Gehen Sie die drei bis fünf Good-Eigenschaften durch, die Sie in Kapitel 3 verbessern wollten und deren Verstärkung Ihnen den größten Nutzen bringt.

4. Formulieren Sie für jede Einzelne eine klare, aufwertende Aussage.

Beispiel MyCode

Nach folgenden Prinzipien möchte ich leben

- ✓ **Andere aufwerten:**
  Ich behandle jeden mit Achtung und Respekt.

- ✓ **Der andere kommt zuerst:**
  Ich helfe erst den anderen und dann mir selbst.

- ✓ **Mein Wort ist Gold wert:**
  Ich stehe zu meinem Wort, auch wenn es schwer ist.

- ✓ **Der schwarze Peter bleibt bei mir:**
  Ich übernehme die Verantwortung für meine Worte und Handlungen sowie deren Konsequenzen.

- ✓ **Mehr tun:**
  Ich werde beständig versuchen, mehr zu tun als nur das, was von mir erwartet wird.

Mit einem MyCode legen Sie Regeln für Ihr Mindset fest, nach denen Ihr Verhalten durch Sie und andere bewertet werden sollte.

Dieses Beispiel ist nicht dazu gedacht, dass Sie es einfach übernehmen und sagen: »Passt schon.« Ihr Verhaltenskodex wird ein anderer sein. Es wird *Ihrer* sein.

Jedes Mal, wenn Sie innehalten, über eine Ihrer Reaktionen nachdenken und sie entsprechend Ihrem MyCode verbessern, verdrahten Sie in Ihrem Gehirn neue Bahnen und stärken dadurch Ihr Mindset. Nichts kann einfacher, schneller und wirksamer sein.

Bonus für Bewerbungen: Bei jedem Vorstellungsgespräch können Sie Ihren MyCode als Erklärung für Ihre persönlichen Überzeugungen angeben und damit zeigen, wie Sie gestrickt sind. Die meisten Arbeitgeber respektieren und erinnern sich an Bewerber, die über eine solche Klarheit verfügen. Nutzen Sie MyCode, um sich von der Masse abzuheben. In Kapitel 8 geben wir Ihnen einige Tipps, wie Sie Beispiele für Ihr 3G-Mindset in Ihren Lebenslauf, in Vorstellungsgespräche und in Ihr tägliches Arbeitsleben einbauen können.

Wir hoffen, dass Sie bereits ein Gefühl für die Bedeutung von Global und Good entwickelt und Wege gefunden haben, diese von nun an zu steigern. Sie haben die Perspektive und die Grundlage. Als Nächstes brauchen Sie den Treibstoff, das Grit, um Ihr 3G-Mindset zu vervollständigen.

> **Good:**
>
> Die Grundlage Ihres 3G-Mindsets. Es geht um das Sehen und Herangehen an diese Welt auf eine Weise, die Ihrem Umfeld wirklich nützt.

Kapitelzusammenfassung

Die beiden Cluster von Good sind Integrität und Freundlichkeit. Verwenden Sie die genannten Tools, um beides zu verbessern. Arbeitgeber wollen nicht einfach nur »gute Menschen«, sondern Mitarbeiter, die alles mit einem Good-Mindset angehen und diese Eigenschaften vor allem in entscheidenden Momenten an den Tag legen. Jeder Arbeitgeber fragt sich: »Welchen Einfluss übt dieser Mensch auf andere aus?« Die Tools aus diesem Kapitel helfen Ihnen, Ihre Antworten zu definieren und zu stärken.

Impact Map:
Eine bildliche Darstellung der Auswirkung Ihrer Absichten und Handlungen auf andere Menschen, sei es im unmittelbaren Umfeld, in einiger Entfernung oder weit von Ihnen entfernt.

Persönliches Bestandsbuch:
Ihr »Rechenschaftsbericht«, der aufzeigt, welche Aspekte Ihres Good-Mindsets Vorteile und welche unbeabsichtigte Nachteile erzeugen.

MyCode™:
Ihr Verhaltenskodex. Eine Liste von Prinzipien, nach denen Sie sich zu leben verpflichten und nach denen Sie beurteilt werden.

Good bewirkt viel. In den Augen vieler Top-Arbeitgeber rangiert es ganz oben und bestimmt letztlich, ob Sie ausgesucht und wertgeschätzt werden.

Ein Good-Mindset und eine Global-Perspektive können Sie brillieren lassen. Aber ohne ausreichend Grit wird es Ihnen schwerfallen, beides aufrechtzuhalten, vor allem in der anspruchsvollen Arbeitswelt. Deshalb ist Grit wesentlich. Es ist der Treibstoff, der Sie vorwärtsbringt und auch an den düstersten Tagen Möglichkeiten zündet.

7. Entwickeln Sie Ihr Mindset: Grit

»Nur ein Mann, der weiß, wie es sich anfühlt, geschlagen zu sein, kann bis auf den Grund seiner Seele hinabtauchen und mit der Extraportion Kraft wieder auftauchen, die nötig ist, einen Kampf zu gewinnen, wenn es unentschieden steht.«

Muhammed Ali, dreimaliger Weltmeister im Schwergewicht

Grit:

Der Treibstoff Ihres 3G-Mindsets. Es spornt Sie an, wenn andere aufgeben, und verleiht Ihnen den nötigen »Biss«, um sich voranzukämpfen und es bis an die Spitze zu schaffen.

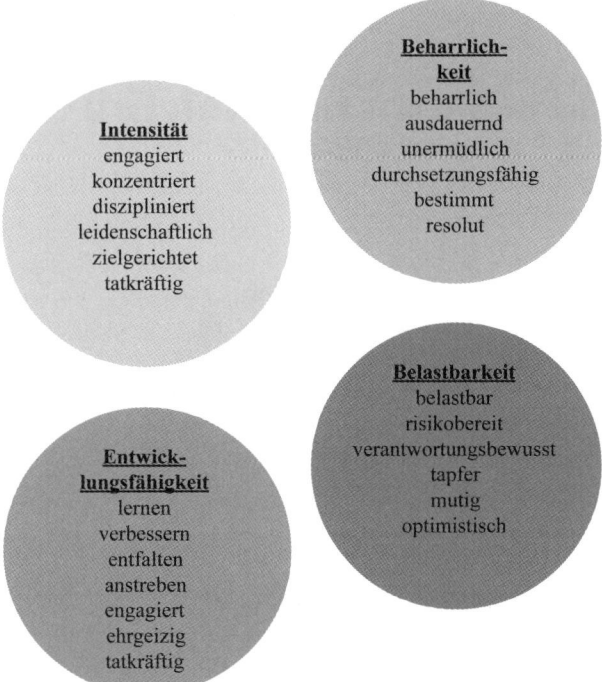

Wie Sie zweifellos festgestellt haben, können Global und Good das Leben entscheidend verändern und die beruflichen Aussichten enorm steigern. Der dritte Faktor, den Sie neu verdrahten und verbessern können, um sofortige, dauerhafte und spürbare Vorteile zu erzielen, ist Grit. Dieses Kapitel stattet Sie mit einer Reihe von Tools aus, um Ihr Grit zu steigern – Entwicklungsfähigkeit, Belastbarkeit, Intensität und Beharrlichkeit –, die Sie in jeder Situation anwenden können.

Grit ist der Treibstoff Ihres 3G-Mindsets. Es spornt Sie an, wenn andere aufgeben, und verleiht Ihnen den nötigen Biss, um sich voranzukämpfen. Wie bei Good und Global haben wir bei unserer jahrzehntelangen Arbeit mit Menschen wie Ihnen aus erster Hand gesehen, welch starken und bereichernden Einfluss ein ausgeprägtes Grit auf praktisch alle Lebensbereiche haben kann. Im Berufsleben ist es jedoch besonders nützlich, weil es Sie mit dem ausstattet, woran es anderen mangelt, um den besten Arbeitsplatz zu bekommen und zu behalten. Grit lässt Sie erstrahlen, wenn andere verblassen, und verleiht Ihnen Unerschütterlichkeit, wenn andere straucheln.

Widrigkeiten spielen für Ihre Karriere eine wichtige Rolle. Die meisten Leute, die in ihrem Beruf erfolgreich bestehen, tun das im Angesicht ständiger Schwierigkeiten und Herausforderungen. Manchmal kann es durchaus so aussehen, als wären die Herausforderungen überwältigend und würden ständig zunehmen. Schwierigkeiten und

Grit können für Aufstrebende, Baumeister und Vollender unterschiedliche Formen annehmen.

Grit: Aufstrebende, Baumeister, Vollender

Als **Aufstrebendem** sind Ihnen Schwierigkeiten nicht unbekannt. Inmitten der weltweiten Finanzkrise oder kurz danach in den Arbeitsmarkt einzutreten ist eine echte Herausforderung. Es kann Sie niederdrücken oder auch anspornen, abhängig von Ihrem Grit. Je schwieriger sich der Arbeitsmarkt gestaltet, desto mehr Grit werden Sie brauchen, um sich dadurch abzuheben, dass Sie weitermachen, wenn andere aufgeben.

Wenn Sie ein **Baumeister** sind, haben Sie vermutlich miterlebt, wie der Wirtschaft und dem Arbeitsmarkt der Wind aus den Segeln genommen wurde. Vermutlich waren Sie direkt betroffen, indem Sie Ihren Job verloren haben, oder indirekt, indem Sie miterlebt haben, wie Menschen in Ihrem Umfeld arbeitslos wurden. Es wäre leicht, dem Ansturm der Unsicherheiten und Schwierigkeiten zu erliegen, indem Sie alle Hoffnungen auf eine erfolgreiche Karriere begraben. Ihr Grit bestimmt Ihre Fähigkeit, neue Chancen zu ergreifen, Ihre Träume aufrechtzuerhalten und wahr werden zu lassen.

Wenn Sie ein **Vollender** sind, verspüren Sie vielleicht ein Gefühl von erlernter Hilflosigkeit. Sie glauben, dass Sie angesichts der Größe der Schwierigkeiten sowieso nichts tun können. Oder das »Vollenden« Ihrer Karriere bedeutet für Sie, nur noch zu überleben. Unserer Beobachtung nach gibt es selbst in den schwierigsten Zeiten immer jemanden, der durch erstaunliches Grit brilliert und trotz aller Schwierigkeiten etwas bewirkt. Ihr Grit kann Ihnen trotz heftigen Gegenwinds einen starken Abgang sichern.

In jedem Beruf – egal in welcher Phase – müssen Sie unbedingt auf Widrigkeiten vorbereitet sein. So wie der Soldat, der sich im Gebüsch versteckt und angesichts einer Bedrohung sofort herausspringt und handelt, ist unser Gehirn in Bereitschaft, sucht nach potenziellen Schwierigkeiten und reagiert sofort darauf. Wenn wir die Abendnachrichten im Fernsehen ansehen, reagiert unser Gehirn deshalb auch doppelt so stark auf schlechte wie auf gute Meldungen.

Nachrichtensender wissen, wie sie diesen Mechanismus nutzen können. Während eines Interviews mit einem der großen Fernsehnachrichtensender präsentierte der Sendeleiter Paul die »Powerauslöser«, die Liste der Wörter, die Redakteure und Reporter benutzen, um die höchsten Einschaltquoten zu erzielen. »Chaos«, »Katastrophe«, »Krise«, »Lage«, »Tragödie«, »Kampf«, »Krieg«, »Blutvergießen«, »Bedrohung«, »Terror« und »Zerstörung« gehören zu den Klassikern. Dem Medienprofi zufolge können wir auf Gehirnscans sehen, wie bestimmte Gehirnbereiche aufleuchten, wenn wir mit »globalen Krisen unerhörten Ausmaßes« konfrontiert werden, dass sich dagegen »politische Kontroversen« kaum auswirken. »Graduelle Klimaverschiebungen« können niemals mit »drohenden weltweiten Klimakatastrophen« konkurrieren.

Wie Sie im Beruf auf einen Hagelsturm von Problemen reagieren, wie Sie und Ihr Gehirn mit Schwierigkeiten umgehen ist zu einem der wichtigsten Faktoren dafür geworden, ob Sie die Stelle bekommen und behalten und ob Sie befördert werden. Für viele Arbeitgeber ist es der ausschlaggebende Faktor. Und genau darum dreht es sich bei Grit.

Angenommen, Sie würden eine Firma leiten, worüber würden Sie sich mehr Gedanken machen: Wie Ihre Mitarbeiter mit den Kunden umgehen, wenn alles prima läuft, oder wie Ihre Mitarbeiter reagieren, wenn es Probleme gibt? Als Führungskraft, Teammitglied und Kollege – was erachten andere als wichtiger: Wie Sie reagieren, wenn alles gut läuft, oder wie Sie reagieren, wenn Probleme auftauchen? Wo bestehen die größeren Vorteile, Potenziale und Möglichkeiten, sich auf positive Weise abzuheben?

Unser Gehirn reagiert auf große Probleme mit einem kraftvollen Mechanismus. Dieser wird als »Angriff-Flucht-Reaktion« bezeichnet und löst einen der stärksten biochemischen Prozesse im Körper aus. Betrachten Sie sich als geheimes Reservoir an Raketentreibstoff. Wird er gezündet, kann er Sie zu Momenten ungeahnter Größe antreiben. Wir alle haben schon legendäre Geschichten gehört, wie eine Mutter ein Auto anhebt, unter dem ihr Kind liegt, oder von dem erschöpften Soldaten, der seinen verletzten Kameraden unter dem Kugelhagel der Feinde meilenweit aus der Gefahrenzone trägt.

Im Geschäftsleben können diese Herausforderungen ein drohender Abgabetermin, der Verlust einer wichtigen Führungskraft, Massenentlassungen, ein Streik oder eine unerwartete Veränderung sein, die alle sorgfältig durchdachten Pläne über den Haufen werfen. In der Realität reagieren die meisten Menschen auf Probleme dieser Art zwar stark, können jedoch leider nicht damit umgehen. Für Sie ist das eine hervorragende Möglichkeit, in diesen Momenten gelassen, konzentriert und effizient zu bleiben – und mit außergewöhnlichem Grit zu reagieren.

Weniger dramatisch, aber genauso wirksam ist die Möglichkeit, mit außergewöhnlichem Grit die alltäglichen Ärgernisse, Probleme und Streitigkeiten anzugehen. Diese Eigenschaft, die überall zu Ihrem Markenzeichen und wichtigsten Unterscheidungsmerkmal werden kann, ist so selten wie flammendrotes Haar. Wenn Sie diese Fähigkeit besitzen, könnten in Zukunft sämtliche Referenzen von Ihrem Grit schwärmen, wenn bei einer Stellenbesetzung Ihr Name ins Spiel kommt. Dieses Alltags-Grit entspringt allein Ihrem fest verankerten Muster der Reaktion auf Schwierigkeiten.

Übung:

Grit

1. Denken Sie an den Menschen mit dem größten Maß an Grit, den Sie kennen. Wenn es zum Schlimmsten kommt, wer reagiert am besten?

    Antwort: _____

    _____

    _____

2. Was bewundern Sie an dieser Person am meisten?

    Antwort: _____

    _____

    _____

3. Welche Vorteile genießt er oder sie aufgrund dieses Grits?

    Antwort: _____

    _____

    _____

4. Welche Wirkung hat das Grit dieser Person auf Sie sowie auf Ihr Vertrauen und Ihren Respekt ihr gegenüber?

    Antwort: _____

    _____

    _____

Als Erfinder der Adversity-Quotient-Theorie und -Methode hat Paul in seinen bisherigen Büchern und lebenslangen Forschungen bewiesen, dass Ihr AQ alle Facetten Ihres Erfolgs prognostiziert und antreibt. Deshalb ist AQ die weltweit am häufigsten angewandte Methode für die Messung und Stärkung menschlicher Belastbarkeit, basierend auf 500.000 Menschen, die ihren AQ gemessen und gestärkt haben. Und sie wurde von der Harvard Business School verwendet, um die Führungskräfte von heute und von morgen damit auszustatten. Aber Grit ist mehr als nur der AQ, es ergänzt diesen mit Erkenntnissen zu Konzentration, Beharrlichkeit/Ausdauer, Entwicklungsfähigkeit und Lernen. Dies schafft ein noch robusteres und verbessertes Modell, um Ihr Grit einzuschätzen und zu stärken. Beginnen Sie jetzt damit.

Als wir Top-Führungskräfte baten, an einen Mitarbeiter zu denken, der mit außergewöhnlichem Grit agiert, nahmen ihre Gesichter zumeist einen sehnsüchtigen Ausdruck an und dann sagten sie *den* Namen. Der Punkt ist, dass sie tatsächlich jemanden mit dieser Eigenschaft kennen. In den meisten Fällen war es ein ehemaliger Mitarbeiter, den sie nur ungern verloren hatten, weil solche Arbeitskräfte so selten sind. Manchmal war es aber auch jemand, der aktuell zu ihrem Team gehörte und den sie sehr respektierten und schätzten. Als wir nach dem wahren Wert eines Mitarbeiters für das Unternehmen fragten, konnte die Führungskraft in der Regel gar nicht genug betonen, wie wertvoll und *selten* dieser Mitarbeiter ist. Lesen Sie die Aussage eines global agierenden Arbeitgebers:

Die wahre Geschichte – Grit

John Ainley, weltweiter Personalchef bei Aviva, einem Unternehmen im FTSE-100-Index, erzählt, er habe das große Glück gehabt, in seiner Karriere mehrere Beispiele von Teammitgliedern mit außergewöhnlichem Grit zu erleben. »Sie sind selten, aber wenn du einem begegnest, weißt du es genau. Der Wert, den diese Menschen beisteuern, übertrifft den anderer Mitarbeiter in der Regel um ein Vielfaches. Ein einziger guter Mitarbeiter mit Grit ist wertvoller als viele Mitarbeiter ohne Grit.

Angeführt wird meine Grit-Liste von Jon Hassall. Im Laufe meiner Karriere hat er für mich bei drei Arbeitsplätzen im Bereich Einzelhandel und Versicherungen gearbeitet. Welche Schwierigkeiten sich ihm auch in den Weg stellen, er meistert sie. Während andere Entschuldigungen finden, arbeitet er an Lösungen. Du musst ihm das Problem nur erklären und er macht sich sofort an die Arbeit. Wenn andere behaupten, etwas wäre unmöglich, sieht er das als Herausforderung an. Das spornt ihn an und er schafft es – trotz all der Hindernisse, die er dabei oft überwinden muss. Die Leute vertrauen und bewundern sein Grit. Das erklärt vielleicht, warum er sehr beliebt ist, einen wunderbaren Sinn für Humor hat und alle Ziele mit äußerster Beharrlichkeit erreicht.«

Beachten Sie den Satz: »Ein einziger guter Mitarbeiter mit Grit ist wertvoller als viele Mitarbeiter ohne Grit.« Eines unserer wichtigsten Ziele ist, *Ihnen* dabei zu helfen, dieser Mensch zu sein, wie Jon, dessen Wert ein Arbeitgeber mit Gold aufwiegen würde. Wenn Sie so werden, stärkt das Ihre zukünftige Berufsperspektive, und Ihr Erfolg wird drastisch zunehmen.

Übung:

Grit

1. Entwicklungsfähigkeit (auf einer Skala von 1 bis 10). Wie sehr streben Sie danach, zu wachsen und sich zu verbessern, oder verlassen Sie sich allein auf das, was Sie bereits wissen?

    Antwort: _____

    _____

    _____

2. Belastbarkeit (auf einer Skala von 1 bis 10). Wie gut schneiden Sie im Vergleich zu den belastbarsten Menschen in Ihrem Umfeld ab, jenen, die in den schwierigsten Momenten herausragen?

    Antwort: _____

    _____

    _____

3. Intensität (auf einer Skala von 1 bis 10). Wie gut bleiben Sie mit ganzer Energie und voller Konzentration bei einer Sache oder lassen Sie sich von anderen Dingen ablenken?

    Antwort: _____

    _____

    _____

4. Beharrlichkeit (auf einer Skala von 1 bis 10). Wie beharrlich verfolgen Sie Ihre Ziele, auch wenn diese noch so schwer erreichbar sind?

Antwort: _____

_____

_____

Lassen Sie uns Grit in seine Komponenten herunterbrechen und Ihnen dabei helfen, jede einzelne zu stärken. Während Sie das tun, werden Sie spüren, wie Ihr Grit alle Facetten Ihres Mindsets verstärkt und Ihnen hilft, auch in den schwierigsten Situationen mehr Global und Good zu zeigen. Ihr Grit beinhaltet Entwicklungsfähigkeit, Belastbarkeit, Intensität und Beharrlichkeit. Hier sind einige Tipps und Tools für jede einzelne dieser Eigenschaften.

Entwicklungsfähigkeit

Entwicklungsfähigkeit bedeutet, dass Sie in jedem Alter und jeder Phase dazulernen und sich verbessern können, egal wie gut oder schlecht Sie in einer Sache sind.

Übung:

Entwicklungsfähigkeit

1. Welche relativ junge Person kennen Sie, die sich so verhält, als wisse sie schon alles?

Antwort: _____

_____

_____

2. Welche ältere Person kennen Sie, die immer noch Wissenshunger verspürt und sich weiterentwickeln möchte?

    Antwort: _____

    _____

    _____

3. Inwiefern beeinflusst diese Mindset-Eigenschaft Ihren Wunsch, denjenigen in Ihrer Nähe zu haben?

    Antwort: _____

    _____

    _____

Carol Dweck von der Stanford University, die wir bereits weiter oben erwähnten, hat einige bahnbrechende Forschungen mit Kindern durchgeführt, die zu einer veränderten Sichtweise darüber führten, wie Eltern ihre Kinder erziehen sollten. Einer der wichtigsten Prädikatoren für die Leistung und den Erfolg eines Kindes besteht darin, ob sein Mindset »starr« oder »entwicklungsfähig« ist. Wenn das Kind seine Leistung auf Faktoren zurückführt, die es als festgelegt wahrnimmt, wie Intelligenz oder Talent, sinkt die Wahrscheinlichkeit, dass es sich stärker um Verbesserung bemüht, vor allem wenn es hinter den Erwartungen zurückbleibt. Kinder jedoch, die glauben, dass Anstrengung zum Erfolg führt und dass man sich stets verbessern kann, werfen nicht so schnell das Handtuch. Dasselbe Prinzip gilt für Erwachsene.

Uns ist an den Menschen mit starkem Grit etwas Charakteristisches aufgefallen. Sie sagen bei wichtigen Dingen so gut wie nie: »Okay, das ist gut genug.« Stattdessen sagen sie so etwas wie: »Das ist wirklich gut. Aber wir können es noch besser!« Dieses Verbesserungs- oder Entwicklungs-Mindset kann Sie wirklich von anderen unterscheiden. Wenn Sie beständig auch nur kleinste Möglichkeiten finden, sich zu verbessern, während andere stagnieren, werden Sie schon bald deutlich weiterkommen.

Faktoren der Entwicklungsfähigkeit

Eine der besten Methoden, ein Entwicklungs-Mindset zu etablieren, besteht darin, sich am Ende jedes Tages zu fragen: »Auf welche Weise habe ich mich heute verbessert (gesteigert, dazugelernt)?«

Umgekehrt können Sie sich Verbesserungen vornehmen: »Worin will ich mich bis zum Ende der Woche verbessern (steigern, dazuzulernen)? Und was muss ich dafür tun?«

Dasselbe Prinzip wenden wir jedes Mal an, wenn wir mit dem Flugzeug unterwegs sind und vorher unsere Aktentasche mit den üblichen Dingen packen (Laptop, Kopfhörer, Hygieneartikel, Lektüre). Wir fragen uns: »Was möchte ich während des Flugs lernen?« Dann packen wir das entsprechende Buch oder einen Zeitungsartikel ein oder was auch immer wir dafür benötigen. Es ist erstaunlich, wie sehr uns diese einfache Übung dabei hilft, richtige Gehirnnahrung zu konsumieren, statt uns mit »Süßigkeiten« (Hochglanzmagazinen oder Boulevardblättern) vollzustopfen.

Sie können die Herausforderung noch erhöhen, indem Sie eine Aufgabe oder Frage einbauen: »Welches sind die fünf derzeit führenden Trends in meiner Branche?« Oder: »Welche Beschäftigung halten Experten für besonders sinnvoll für die Zeit, die ich zur Arbeit und wieder zurück pendle?«

Übung:

Faktoren der Entwicklungsfähigkeit

1. Fragen Sie sich, wie Sie die Zeit Ihres Arbeits- oder Schulwegs besser nutzen können.

   Antwort: _____

   _____

   _____

2. Falls Sie mit dem Fahrrad fahren, worüber können Sie dabei nachdenken oder wie können Sie Ihre Route verändern, um Ihr Gehirn herauszufordern? Was können Sie unterwegs entdecken und lernen?

   Antwort: _____

   _____

   _____

3. Wenn Sie selbst fahren oder den Zug nehmen, was können Sie sich anhören, lesen, üben oder tun, um auf Ihrem Arbeitsweg zu lernen und sich zu entwickeln?

Antwort: _____

_____

_____

4. Fragen Sie sich am Ende eines Tages auf dem Nachhauseweg: »Was ist das Wichtigste, das ich heute gelernt habe?« Das wird Ihnen helfen, diese Lektion langfristig in Erinnerung zu behalten.

Antwort: _____

_____

_____

Die wahre Geschichte – Faktoren der Entwicklungsfähigkeit

Als Paul in Los Angeles ankam, um dort einen Vortrag zu halten, schickte ihm sein Kunde einen Fahrer, der sich als Gil vorstellte und ihn zum Tagungsort brachte. Beim Einsteigen bemerkte Paul das Standbild eines Moderators auf dem Videobildschirm vorne im Wagen. »Hey, Gil, sieht so aus, als würden Sie sich gut unterhalten«, sagte Paul. »Welche Show sehen Sie sich an?«

»Das ist mein Biopsychologie-Professor. Ich weiß, das klingt ein bisschen sonderbar, aber ich mache endlich meinen Collegeabschluss, und zwar online. Das ist einer der Gründe, warum ich diesen Job angenommen habe. Zwischen den Fahrten habe ich eine Menge toter Zeit. Ich lade mir die Lektionen herunter und schicke meine Fragen und Hausaufgaben per E-Mail. Das ist ziemlich cool. Und ob Sie es mir glauben oder nicht, es ist sehr viel besser, als sich einen blöden Film anzusehen.«

Der Verkehr wurde dichter und sie setzten das Gespräch fort. Paul erfuhr, dass Gil in den letzten fünf Jahren seine Maklerlizenz und ein Zertifikat für Finanzplanung erworben hatte. Er wollte so lange in dieser Branche arbeiten, bis er seinen wahren Traum verwirklichen konnte: Vertriebsberater für Großunternehmen zu werden.

Gil erwachte jeden Morgen mit der Frage: »Was kann ich heute lernen?«, oder: »Was kann ich zwischen den Fahrten schaffen?« Dieselbe Formel können Sie auf jede Auszeit oder jeden Urlaub anwenden, indem Sie sich einfach nur fragen: »Was möchte ich bis zum Ende dieser Reise lernen, damit ich nach meiner Rückkehr in meinem Beruf noch wertvoller bin?« Oder: »Von welchen Menschen, mit denen ich in den nächsten Stunden zusammen bin, kann ich am meisten lernen? Was möchte ich von diesen Menschen gelernt haben, bevor der Abend vorbei ist?« Wir bezeichnen diese gedanklichen Dehnübungen als »Optimierer«, weil sie Sie über das normale Maß hinaus aufbauen.

Dieselben Regeln gelten in jedem Beruf. Fragen Sie sich jeden Tag und jede Woche: »Was habe ich gelernt, um bei meiner Tätigkeit besser zu werden?« »Was muss ich lernen, um mich in meiner Rolle oder in der Firma weiterzuentwickeln, und wie gelingt mir das am besten, unabhängig davon, was meine Firma dazu bereitstellt?« Fragen Sie sich sogar im langweiligsten Meeting: »Was kann ich von hier mitnehmen, das mir hilft, mich zu entwickeln oder besser zu werden?« Sie werden vielleicht überrascht sein, was Sie finden können, selbst bei öden Besprechungen.

Zweifellos zeigen diejenigen, die über viel Grit verfügen, die größte Entwicklung. Machen Sie es zu Ihrer Leidenschaft. Lassen Sie es das Virus sein, das Ihr Hirn durchdringt und sich seinen Weg sucht in alles, was Sie denken und tun. Dieses Virus wird Sie interessiert, interessant, wertvoll und verbesserungsbereit halten. Eigenschaften, die jedes Unternehmen wertschätzt.

Die zweite Facette von Grit ist Belastbarkeit – Ihre Fähigkeit, mit Schwierigkeiten konstruktiv umzugehen. Paul hat bei seinen Forschungen festgestellt, dass besonders belastbare Menschen sich nicht mit Schwierigkeiten arrangieren oder sie einfach nur überstehen. Sie *nutzen* sie. Und mit unserem nächsten Tool können Sie das auch.

Belastbarkeit

Pauls Arbeit während der letzten dreißig Jahre, bei der es um die Belastbarkeit von mehr als 500.000 Menschen ging, hat bewiesen, dass Sie diese entscheidende Facette von Grit einschätzen und *permanent* verbessern können. Viele der Schlüsselergebnisse und Methoden werden ausführlich in Pauls drei Büchern zum Thema Adversity-Quotient (AQ) beschrieben. Um Ihnen dabei zu helfen, von nun an mehr Belastbarkeit zu entwickeln, haben wir eines unserer bevorzugten Tools ausgewählt, das sich für jeden eignet, der sein Arbeitsleben verbessern möchte. Wir nennen es die CORE-Fragen.

Belastbarkeitsverstärker – CORE-Fragen

Eine der einfachsten und wirksamsten Methoden, jedes Hindernis gedanklich zu durchbrechen, sind die CORE-Fragen. Dabei handelt es sich um ein wissenschaftlich fundiertes Tool, das wir weltweit bei Hunderttausenden von Menschen eingesetzt haben. Wir verwenden dieses Tool in unserem beruflichen und privaten Leben jedes Mal, wenn wir auf ein Problem stoßen.

Die wichtigste Regel ist, dass es keine Regeln gibt! Die CORE-Fragen beinhalten vier Fragen. Wählen Sie diejenige aus, die Ihrer Meinung nach bei Ihnen am besten funktioniert. Es gibt keine richtige oder falsche Antwort. Sollte es nicht klappen, dann probieren Sie eine andere Frage aus. Aber verwenden Sie diese vier Fragen – und nur diese vier Fragen – so, wie sie formuliert sind. Das ist die Disziplin der CORE-Fragen.

Die CORE-Fragen

C – Control (Kontrolle): Welche Facetten der Situation kann ich potenziell beeinflussen?

O – Ownership (Verantwortung): Wie kann ich vortreten und am schnellsten, positivsten etwas bewirken?

R – Reach (Reichweite): Was kann ich tun, um den potenziellen Nachteil zu mindern beziehungsweise den potenziellen Vorteil zu maximieren?

E – Endurance (Durchhaltevermögen): Was kann ich tun, um das Problem so schnell wie möglich hinter mich zu bringen?

Lassen Sie uns ein Beispielszenario ansehen, basierend auf einer wahren Geschichte, die Paul während seines Aufenthalts in Indien hörte, wo die Menschen, von denen sich viele um Stellen wie die Ihre bewerben, manchmal enormen, geradezu übertriebenen Ehrgeiz und Belastbarkeit an den Tag legen, um ihre Ziele zu erreichen. Dieses Tool kann aggressiv oder subtil eingesetzt werden. Wie auch immer Ihr persönlicher Stil aussieht, Sie können die CORE-Fragen anwenden, um Durchbrüche wie diesen zu schaffen:

Die wahre Geschichte – Belastbarkeitsverstärker

Raj erfuhr von einem Job, den er gern gehabt hätte. Also bewarb er sich online. Er bekam eine automatische Antwort, in der stand: »Der Abgabetermin für Bewerbungen auf diese Position ist bereits verstrichen. Danke für Ihr Interesse an der XYZ Corporation.« Das hieß also, dass er aufgeben musste. Nicht wahr?

Oder eine der CORE-Fragen stellen:

Welche Facetten dieser Situation kann ich potenziell beeinflussen (um diesen Job zu bekommen)?

Raj überlegte und entschied, die Personalabteilung des Unternehmens anzurufen. Er hinterließ mehrmals Nachrichten auf dem Anrufbeantworter, erhielt jedoch keine Antwort. Endlich, bei seinem vierten Versuch, bekam er eine kühle, professionelle Büroassistentin an den Apparat, die ihm sagte: »Tut mir leid, aber das Bewerbungsfenster für diese Position ist bereits geschlossen. Haben Sie nicht die entsprechende automatische Antwort erhalten?« Offenbar war die Sache wirklich gelaufen. Zumindest hatte er es versucht. Oder? Er versuchte es mit einer weiteren CORE-Frage:

Wie kann ich vorgehen und am schnellsten, positivsten etwas bewirken (in Bezug auf dieses Stellenangebot)?

Da sich die Position im Bereich Vertrieb befand, entschied Raj, weiter zu bohren. Er rief am Empfang an und sagte mit seiner gewinnendsten, professionellsten Stimme: »Guten Tag. Ich soll Ihrem Vertriebsleiter per Post Unterlagen zukommen lassen. Würden Sie mir bitte seinen vollständigen Namen, Titel und die Adresse nennen?« Die Empfangsdame weigerte sich. Raj rief noch zweimal an und dieselbe Stimme meldete sich. Nun, dann konnte er genauso gut aufgeben. Oder eine CORE-Frage stellen:

1. Was kann ich tun, um das Problem so schnell wie möglich hinter mich zu bringen?

    Er entschied, während der Mittagszeit anzurufen, um zu sehen, ob sich dann jemand anders meldete. Er hatte Glück! Wieder bat er um die Kontaktinformation für den Vertriebsleiter. Dieses Mal war er erfolgreich. Mit seiner CORE-Frage im Rücken dachte er: »… so schnell wie möglich. Hm.« Also bat er darum, sofort durchgestellt zu werden. Dann hörte er ein Klingelzeichen und eine Frauenstimme meldete sich: »Ms. Womacks Büro. Suzy am Apparat. Wie kann ich Ihnen behilflich sein?«

2. Raj erklärte, dass er der perfekte Kandidat für den Job sei, jedoch erfahren habe, dass die Bewerbungsfrist bereits verstrichen sei. Trotzdem würde er seine Unterlagen gern noch einreichen. Suzy hörte höflich zu und sagte dann: »Ich verstehe Ihre Situation, aber die Bewerbungen werden schon morgen gesichtet und Ms. Womack ist heute bei einer großen Verkaufsausstellung in der Stadt im Hilton. Aber Sie können sich gern auf zukünftige Stellenausschreibungen von uns bewerben.« Zumindest war sie nett und hatte ihm eine freundliche Absage erteilt. Man

kann nicht immer bekommen, was man will, und er hatte sich ziemlich bemüht. Raj hätte es dabei bewenden lassen können. Oder er konnte wieder eine CORE-Frage stellen:

3. Was kann ich tun, um den potenziellen Vorteil (dieses Rückschlags) zu maximieren?

4. Wie kann ich vorgehen, um die positivste Wirkung zu erzielen?

5. Welche Facetten dieser Situation kann ich positiv beeinflussen?

6. Nahezu jede Frage kann funktionieren. Raj entschied, es zu versuchen. Er zog seinen besten Anzug an und fuhr in die Stadt ins Hilton. Es war eine aufwendige Angelegenheit ohne Aussicht auf Erfolg, aber er tat es trotzdem. Wenn du dich nicht meldest, kann du auch nicht für das Spiel aufgestellt werden.

7. Raj fand den Saal mit der Verkaufsausstellung. Er wollte hineingehen, wurde jedoch nach seinem Namensschild gefragt. Sein Name stand nicht auf der Teilnehmerliste, also ließ man ihn nicht hinein. CORE-Frage:

8. Wie kann ich diese Situation so schnell wie möglich überwinden?

9. Raj schnappte sich einen Notizblock vom Hotel, schrieb eine Nachricht und steckte sie in einen Umschlag. Er schrieb »Vertraulich« darauf. Dann ging er zu einer anderen Tür und sagte: »Ich habe eine wichtige Nachricht für Ms. Womack von der XYZ Corporation. Möchten Sie es Ihr übergeben oder soll ich schnell reingehen und es ihr bringen?« Der Hotelangestellte sah erst Raj an, dann den Umschlag und dann wieder Raj. »Den nehme ich besser«, sagte er und bedeutete seinem Kollegen, die Tür im Auge zu behalten, während er unterwegs war. Es lief nicht wie geplant, aber Raj entschied, nicht von der Stelle zu weichen. Er wusste, dass Ms. Womack möglicherweise verärgert sein würde, also fragte er sich:

10. Was kann ich tun, um die potenziellen Nachteile zu minimieren?

Raj legte sich einen Plan zurecht. Ein paar Minuten später kam Ms. Womack mit raschen Schritten zur Tür und der Hotelangestellte zeigte auf Raj. In Rajs Nachricht hatte gestanden, dass er eine dringende Information bezüglich der neuen Stellenbesetzung hatte, von der er glaubte, dass Ms. Womack sie sofort erhalten solle, und er sie deshalb bitte, zum Ausgang zu kommen. »Was soll das alles?«, wollte sie wissen.

Raj holte tief Luft, streckte ihr die Hand hin, stellte sich vor und erklärte: »Ms. Womack, ich hoffe, Sie vergeben mir, so dreist und hartnäckig zu sein, aber darf ich annehmen, dass Sie genau diese Eigenschaften von jemandem in Ihrem Verkaufsteam erwarten?« Sie wirkte leicht irritiert und sagte: »Tut mir leid, das ist nicht der richtige Weg, um ein Vorstellungsgespräch zu bekommen oder mich zu überzeugen, falls es das ist, was Sie hier versuchen …«

Mit einem freundlichen, verständnisvollen Lächeln fuhr Raj fort: »Bitte verzeihen Sie, aber die Sache ist so dringend, weil ich Ihr nächster Top-Verkäufer werden möchte, und ich weiß von Suzy, dass Sie die Bewerbungen bereits morgen durchgehen. Als ich meine Unterlagen schicken wollte und sie mir sagte, die Bewerbungsfrist sei abgelaufen, hätte ich aufgeben können. Alle fünf Male, bei denen ich abgewiesen wurde. Aber das wollte ich nicht. Ich gebe nicht einfach auf, wenn ich davon überzeugt bin, dass ich echten Wert beisteuern kann. Und ich weiß, dass ich als Mitglied Ihres Teams dazu in der Lage wäre. Es war nicht leicht, Sie hier zu finden und zu einem Gespräch zu bekommen. Und ich nehme an, dass Ihre Vertriebsleute tagtäglich mit derlei Problemen zu tun haben. Wenn Sie keine Zeit haben, müssen Sie natürlich jetzt kein Vorstellungsgespräch mit mir führen. Aber falls doch, würde ich mich freuen und ich bin gern bereit zu warten, bis Sie ein paar Minuten Zeit haben, damit ich eine Erfrischung für Sie besorgen kann und wir uns kurz unterhalten. So oder so, würde nicht das, was ich heute auf mich genommen habe, nur um Ihre Hand zu schütteln, es rechtfertigen, dass Sie meine Bewerbung zumindest berücksichtigen? Sie werden sehen, dass ich über die richtigen Eigenschaften verfüge, um den Job zu bekommen.«

Ms. Womack überlegte, sah auf Raj und seine ausgestreckte Hand mit dem Umschlag, der seine Bewerbungsunterlagen enthielt, und sagte lächelnd: »Nun, es war ganz schön mutig von Ihnen, hier aufzukreuzen … und ich muss zugeben, dass es mir irgendwie gefällt.« Ms. Womack schwieg einen Moment und überlegte. »Wir halten uns normalerweise an unsere Bewerbungsschlusstermine. Und ich werde die nächsten vier Stunden noch mit dieser Veranstaltung beschäftigt sein. Aber ich denke, ich kann Ihnen um halb acht eine Viertelstunde zugestehen, bevor ich dann zum Abendessen muss – falls Sie bereit sind, bis dahin zu warten. Ich kann natürlich verstehen, wenn Ihnen das zu lang ist«, sagte sie und legte Raj nahe, sich zu verabschieden.

»Halb acht am Empfang. Ich werde fünfzehn Minuten früher da sein, falls Sie doch schon eher fertig sind. Vielen Dank, Ms. Womack. Ich weiß Ihre Flexibilität und Großzügigkeit zu schätzen. Bis nachher.« Raj reichte ihr seine Unterlagen, falls sie diese schon einmal durchsehen wollte, und versprach, zur Sicherheit ein weiteres Exemplar zum Gesprächstermin mitzubringen, nur für den Fall. Raj konnte sehen, wie sie beinahe bewundernd den Kopf schüttelte, als sie wegging. Wahres Grit (mit einer soliden Portion Good) gewinnt den Kampf.

Beachten Sie, dass Raj respektvoll, verständnisvoll, überzeugend, warmherzig und, ja, hartnäckig vorging. Dieses Beispiel mag zu Ihnen, Ihrer Persönlichkeit, Ihrer Vorgehensweise, Ihren Karrierezielen passen oder auch nicht. Darum geht es nicht. Die Lektion besteht darin, dass jemand, der mit einem scheinbar endlosen Trommelfeuer an Hindernissen bombardiert wird, diese jeweils überwindet, und zwar stets mit demselben Tool, den CORE-

Fragen. Und es ist eine Menge Grit erforderlich, um das zu bekommen, was Sie wollen, wenn Sie gegen den großen Pool der Gen G antreten.

Für welche Art von Aufgaben können *Sie* die CORE-Fragen nutzen und bei wem? Wir hoffen, dass Ihre Antworten, so wie bei den weltweit Hunderttausenden, die dieses einfache Tool bereits eingesetzt haben, *»für alles und jeden«* geeignet sind. Und Sie können das Tool sofort anwenden.

Übung:

Belastbarkeitsverstärker

Ein paar Tipps zu den CORE-Fragen:

1. Wählen Sie irgendein Hindernis oder irgendeine Aufgabe aus.

2. Verwenden Sie die vier Fragen einzeln.

3. Wählen Sie die Frage aus, die Ihrer Meinung nach am besten für die Situation geeignet ist:

   Welche Facetten der Situation kann ich potenziell beeinflussen?
   Wie kann ich vorgehen und am schnellsten und positivsten etwas bewirken?
   Was kann ich tun, um den potenziellen Nachteil zu mindern? Um den potenziellen Vorteil zu maximieren?
   Was kann ich tun, um das Problem so schnell wie möglich hinter mich zu bringen?

4. Verwenden Sie die Fragen exakt so, wie sie formuliert sind.[*]

---

[*] Diese Formulierungen basieren auf jahrzehntelangen Tests und Verfeinerungen. Über zwanzig Jahre lang haben Paul und sein Team die Wirksamkeit der CORE-Fragen (und anderer Tools) getestet, um den AQ und die Belastbarkeit messbar verbessern zu können. Die ursprünglichen Tools waren wesentlich komplexer. Aber im Laufe der Zeit wurden die belastbarkeitsverstärkenden Tools wiederholt getestet und verfeinert. Nach zwanzig Jahren sind die CORE-Fragen das einfachste und eines der wirksamsten belastbarkeitsaufbauenden Tools.

Intensität

Bei der Intensität geht es um aktive Konzentration. Die Arbeitgeber sehnen sich danach, denn dies ist eine nahezu verschwundene Kunst. Unsere Forschungen legen nahe, dass Intensität eine der schwierigsten und wichtigsten Facetten von Erfüllung und Erfolg ist.

Während der letzten Jahrzehnte haben sich die Diagnosen von ADHS (Aufmerksamkeitsdefizit-/Hyperaktivitätsstörung) weltweit verdreifacht. Heutzutage verwenden die Menschen diesen Begriff genauso oft als Beschreibung wie als Diagnose. Sie wenden ihn auf jeden an, der Schwierigkeiten hat, einen Satz oder Gedanken zu beenden, ohne abzuschweifen – somit auf die meisten von uns.

So wie die Technologie dazu neigt, unser aktives Vokabular zu verringern, lässt sie auch unsere Konzentrationsfähigkeit schwinden. Der weltweite Fernsehkonsum beträgt mittlerweile über 1 Trillion Stunden jährlich, während Studien zeigen, dass der Wortschatz von Teenagern seit den 1950ern um die Hälfte zurückgegangen ist.

Das Internet und elektronische Medien ziehen die Jugendlichen zunehmend von den Fernsehgeräten ab. Eine kürzlich in den USA durchgeführte Studie zeigte, dass die Acht- bis Achtzehnjährigen täglich im Schnitt knapp elf Stunden mit elektronischen Medien verbringen.

Gary Small, Professor für Psychiatrie an der UCLA und Leiter des dazugehörigen Memory and Aging Center, ist davon überzeugt, dass die mannigfaltige Mediennutzung tief greifende physiologische und neurologische Auswirkungen haben wird. »Die derzeitige Explosion der digitalen Technologie verändert nicht nur die Art, wie wir leben und kommunizieren, sondern sie verändert auch in raschem Tempo und maßgeblich unser Gehirn«, sagt er. Er erläutert, dass der tägliche Gebrauch von Computern, Smartphones, Suchmaschinen und anderen derartigen Hilfsmitteln »eine Veränderung der Gehirnzellen und die Freisetzung von Neurotransmittern anregt und schrittweise neue neuronale Verknüpfungen in unserem Gehirn verstärkt, während die alten geschwächt werden«.

Das Problem ist, dass diese Art der Stimulation nicht zwangsläufig zu mehr Intelligenz führt. Der Autor Nicholas Carr wird oft mit seiner Frage zitiert, ob das Internet dumm mache. Carr führt Dutzende Studien von Psychologen, Neurobiologen, Lehrern und Webdesignern an, die auf dieselbe Lösung hindeuten: »Wenn wir online gehen«, so sagt er, »betreten wir eine Welt, die flüchtiges Lesen, überhastetes und abgelenktes Denken und oberflächliches Lernen fördert.«

Forschungen zeigen, dass die Menschen in den meisten Ländern eine Website durchschnittlich zwischen 19 und 27 Sekunden ansehen, bevor sie weitergehen. Obwohl am Blättern an sich nichts Schlechtes ist, so weist doch der Leiter des Bereichs Kognitive Neurowissenschaft am National Institute of Neurological Disorder and Stroke, Jordan Grafman, darauf hin, dass dieses ständige Wechseln unweigerlich Auswirkungen auf unsere Konzentration und unser Gehirn hat, wodurch wir » ... zunehmend weniger in der Lage sind, ein Problem zu durchdenken und zu lösen«.

Und es ist nicht nur das Internet. Laut einer von Hewlett-Packard finanzierten Studie des Psychologen Dr. Glenn Wilson an der University of London schaden das Schreiben von SMS und E-Mails dem IQ mehr als doppelt so viel wie das Rauchen von Marihuana. Die ständige Unterbrechung durch eine »Always-on«-Technologie führt zum Verlust der Konzentration und lässt das Gehirn in einem nahezu permanenten Bereitschaftszustand zurück, statt sich auf die anstehende Aufgabe zu konzentrieren, und setzt Sie dem hohen Risiko der vom Autor so bezeichneten »Informania« aus.

Wann haben Sie das letzte Mal ein ungestörtes, tief gehendes Gespräch mit jemandem geführt, mit Augenkontakt und frei von Ablenkungen? Sie sehen, worin die Aufgabe besteht.

Übung:

Informania

Während Ihrer nächsten Pause konzentrieren Sie sich bitte zehn bis fünfzehn Minuten auf eine Person oder eine Sache. Schließen Sie dieses Buch. Blocken Sie alle Ablenkungen und Versuchungen ab, die Ihre Konzentration ablenken könnten.

Was fällt Ihnen dabei auf? Was lernen Sie über sich selbst?

Als die Epidemie der von uns sogenannten Aufmerksamkeitsstörung ausbrach, wuchs unser Bedürfnis nach Gewissensberuhigung. Flughafen-Lounges bieten nun einen »Ruheraum«, frei von Handys, Gesprächen und Lärm, sodass die Reisenden versuchen können, sich ausreichend zu entspannen, bevor sie wieder in ihre laute Welt zurückkehren. Viele Züge bieten einen »Ruhewagen« an, eine Reisemöglichkeit mit geringem Lärmpegel, für die es eine große Nachfrage gibt. Sogar bei der Gestaltung von »Geräten der Unterhaltungselektronik« wird zunehmend an eine Art persönlichen Zufluchtsort gedacht. Tragbare Geräte bieten Video, Audio und zunehmend auch 3D-Funktionen an, die alle mit der neuesten Generation ohrabdeckender, geräuschabschirmender Kopfhörer genossen werden können, um den Umweltlärm zu dämpfen, wenn es auch nur eine kurze Ruhepause ist. Viele der exklusivsten Hotelanlagen merken, dass eine digitalfreie Zone nicht etwa ein Nachteil, sondern ein wichtiges Verkaufsargument ist.

Multitasking ist eine Lüge. Der Psychologe Dr. Edward Hallowell (der außerdem Spezialist für die Behandlung von ADHS ist) bezeichnet es sogar als »eine mythische Aktivität, bei der die Menschen glauben, sie könnten zwei oder mehr Dinge gleichzeitig tun«. Es stellt sich heraus, dass das, was wir als Multitasking bezeichnen, vielmehr ein »Multiswitching« ist – als würden Sie gleichzeitig auf mehreren Bildschirmen Filme gucken. Wirklich ansehen können Sie sich nur einen Film, obwohl Sie die anderen natürlich wahrnehmen und Ihre Augen hin- und herbewegen können. Damit werden Sie aber kaum mehr aufnehmen oder die Wahrnehmung gar optimieren. Der gefährlichste Trend in Bezug auf unser inflationäres Multitasking ist das Simsen während des Autofahrens. Neue Studien belegen, dass dies gefährlicher ist, als betrunken zu fahren. So sehr wir uns wünschen, das Multitasking zu beherrschen, unsere Gehirne sind dennoch nur darauf ausgelegt, sich auf eine Sache zu konzentrieren.

Früher waren die Menschen davon überzeugt. »Im Laufe des Tages ist Zeit genug für alles, wenn du eins nach dem anderen machst. Aber wenn du zwei Dinge gleichzeitig tust, reicht nicht einmal ein ganzes Jahr aus«, sagte Lord Chesterfield in einem seiner berühmten Briefe, die er in den 1740er-Jahren an seinen Sohn schrieb. Was die Menschen heutzutage als Multitasking bezeichnen, betrachtete Chesterfield als schlechte Angewohnheit der Unreife. Stattdessen »ist die beständige und ungeteilte Aufmerksamkeit für ein Objekt ein sicheres Zeichen für wahres Genie, während Eile, Hast und Unruhe die untrüglichen Anzeichen eines schwachen und leichtfertigen Verstandes sind«. Bahnbrechende Künstler und Denker stimmen dem zu. Als er nach seinem besonderen Genie befragt wurde, antwortete Isaac Newton, wenn er eine Entdeckung gemacht habe, dann die, dass er »der geduldigen Konzentration mehr verdanke als allen anderen Talenten«.

Heutzutage bekräftigen immer mehr Untersuchungen diese Sichtweise. Multitasking ist in Wahrheit ein rasches Wechseln der Aufmerksamkeit zwischen verschiedenen miteinander wetteifernden Aufgaben, während wir die ganze Zeit abwägen, welche die wichtigste ist. Bei einer kürzlich durchgeführten Studie an der Universität von Kalifornien in Irvine wurden Sachbearbeiter in einem Büro beobachtet. Dabei wurde festgestellt, dass die Beschäftigten im Schnitt 25 Minuten brauchten, um sich von einer Unterbrechung wie dem Beantworten von E-Mails zu erholen, bis sie sich wieder auf ihre ursprüngliche Aufgabe konzentrierten. Bei einem Gespräch über Multitasking mit der *New York Times* im Jahr 2007 schätzte Jonathan B. Spira, Analyst beim Wirtschaftsinformationsdienst Basex, dass extremes Multitasking – Informationsüberlastung – der amerikanischen Wirtschaft Produktivitätsverluste von 650 Milliarden Dollar im Jahr verursacht.

Als der Psychologe René Marois von der Vanderbuilt-Universität mit Funktionellen Magnetresonanztomografien arbeitete, fand er Beweise für einen »Entscheidungsstau«, der stattfindet, wenn das Gehirn gezwungen ist, auf verschiedene Stimulatoren gleichzeitig zu reagieren. Aufgabenwechsel führt zu Zeitverlusten, weil das Gehirn entscheidet, welche Aufgabe ausgeführt werden soll.

Während Sie vielleicht glauben, unheimlich schnell zu sein, weil Sie versuchen, mehrere Dinge gleichzeitig zu tun, so werden Sie in Wahrheit langsamer und ineffizienter – um bis zu 40 Prozent langsamer, besagt eine amerikanische Studie, über die im *Journal of Experimental Psychology* berichtet wurde.

Darüber hinaus, so Russell Poldrack, Psychologie-Professor an der Universität von Kalifornien in Los Angeles, »beeinflusst das Multitasking nachteilig, wie Sie lernen«. Selbst wenn Sie die Informationen aufnehmen können, während Sie von verschiedensten Quellen abgelenkt werden, »so ist das Lernen weniger flexibel und stärker spezialisiert, sodass Sie die Information nicht so leicht wieder abrufen können«, stellte Professor Poldrack fest. Die Funktionellen Magnetresonanztomografien zeigen, dass die Menschen unterschiedliche Bereiche ihres Gehirns zum Lernen und Speichern von Informationen verwenden, wenn sie dabei abgelenkt sind, wodurch die Menge der abrufbaren und nutzbaren Daten begrenzt ist. Bei einem kürzlich ausgestrahlten Radiointerview im National Public Radio über seine Forschungen zum Multitasking warnte Poldrack: »Wir müssen uns darüber im Klaren sein, dass es seinen Tribut fordert, wie sich unsere Gesellschaft verändert. Menschliche Wesen sind nicht dafür geschaffen, so zu arbeiten. Wir sind dazu ausgelegt, uns auf eine Sache zu konzentrieren.«

Nun die gute Seite. Es zeigt sich, dass Konzentration – intensive, tiefe Konzentration – extrem gesund ist, vielleicht sogar wesentlich für unser Lernen und unser Glück. Den alten Zustand des *Yu* haben wir bereits erwähnt. Eine modernere Quelle ist das bahnbrechende Buch *Flow*, geschrieben von einem der führenden Denker unserer Zeit, Mihaly Csikszentmihalyi. Beide zeigen, dass diese Momente, in denen wir völlig in unserem Tun aufgehen – die Zeit und alles um uns herum vergessen, gebannt sind von der Aufgabe –, für viele Menschen zu den erfüllendsten Augenblicken im Leben gehören. Diese Momente scheinen zudem eine positive Auswirkung auf Ihre Gesundheit, Ihre Tatkraft und Ihren Optimismus zu haben. Kurz gesagt: Konzentration ist etwas Gutes. Und wie sowohl antike als auch moderne Lehrer betonen, kann *Yu* oder tiefe Konzentration erlernt und sogar beherrscht werden.

Der Schlüssel liegt darin, »autotelisch« zu werden, was, wie Csikszentmihalyi erklärt, vom griechischen »auto« für selbst und »telic« für Ziel stammt. Arbeit bietet die lohnendste Erfahrung, wenn sie zu etwas wird, das Sie um seiner selbst willen verfolgen. Csikszentmihalyi zitiert Chirurgen, die über ihre Arbeit sagen: »Es ist so zufriedenstellend, dass ich es auch tun würde, wenn ich gar nicht müsste«, und Segler, die sagen: »Ich investiere eine Menge Geld und Zeit in dieses Boot, aber das ist es mir wert – nichts ist mit dem Gefühl vergleichbar, das ich verspüre, wenn ich mit dem Boot draußen auf See bin.«

Natürlich bietet nicht jede Arbeit die Möglichkeit für solche Erfahrungen. Im Allgemeinen und mit ein paar bemerkenswerten Ausnahmen gibt es einen großen Unterschied zwischen einem Gehirnchirurgen und jemandem, der Routinearbeiten in einem Labor durchführt oder am Fließband arbeitet: Der Gehirnchirurg hat die Chance, jeden Tag etwas Neues zu lernen, und jeden Tag macht er die Erfahrung, dass er die Kontrolle hat und schwierige Aufgaben bewältigen kann. Der Laborant ist dagegen gezwungen, dieselben Handlungen wieder und wieder auszuführen, und was er lernt, ist hauptsächlich seine eigene Hilflosigkeit. Aber das Mindset kann Ihnen helfen, Ihre Beziehung zur Arbeit zu verändern.

Intensitätsverstärker

Je seltener etwas ist, desto kostbarer wird es. Tatsächlich ist das eines der Hauptprinzipien dieses Buches. Sämtliche Elemente des 3G-Mindsets werden immer seltener, aber gleichzeitig sind sie bei Arbeitgebern zunehmend gefragt. Das »Selten gleich kostbar«-Prinzip gilt besonders für die Konzentration. Wenn Sie der einzige durchtrainierte Mensch am Strand sind, fallen Sie positiv auf.

Dasselbe trifft auf ein Teammitglied mit der seltenen Eigenschaft zu, ganz auf eine Aufgabe oder ein Gespräch konzentriert zu bleiben, während die Aufmerksamkeit anderer wie koffeingepushte Mücken herumflitzt. In relativ kurzer Zeit kann sich Ihre Konzentration drastisch verbessern. Konzentration verstärkt Produktivität und kann – in Extremfällen – sogar Leben retten!

Die wahre Geschichte – Intensitätsverstärker

»Von uns Polizisten wird erwartet, dass wir alle Ablenkungen abschotten, uns intensiv auf unsere Umgebung konzentrieren und diese ständig nach den kleinsten Anzeichen von Auffälligem absuchen. Darauf werden wir trainiert. Das richtig umzusetzen erfordert unglaubliche Konzentration. Anfangs war ich – wie die meisten Menschen – ziemlich schlecht darin. Viele Dinge, die erfahreneren Polizisten sofort auffielen, übersah ich, obwohl sie direkt vor meiner Nase stattfanden. Aber es ist erstaunlich, wie versiert man innerhalb kürzester Zeit darin werden kann, sich völlig zu konzentrieren.

An dem Tag, als ich merkte, dass ich den Beobachtungsneuling erfolgreich hinter mir gelassen hatte, war ich mit einem Kollegen von der Kriminalpolizei in einem Zivilfahrzeug unterwegs. Wir kamen von einem Gerichtstermin und fuhren hinter einem grünen Cadillac. Als wir an einer roten Ampel dicht hinter dem Cadillac zum Stehen kamen, sah ich, dass zwei Männer in dem Wagen saßen und dass das Nummernschild an der Unterkante mit zwei Schrauben befestigt war. Mir fiel auf, dass die Stellen rund um die Schraubenlöcher an der Oberkante auffallend sauber waren. Das ließ mich vermuten, dass das Schild bis vor Kurzem noch oben festgeschraubt gewesen war. Sicherheitshalber ließen wir das Kennzeichen überprüfen und es stellte sich heraus, dass das Nummernschild zu einem anderen Wagen gehörte, der kürzlich als am Bahnhof gestohlen gemeldet worden war. Sobald wir einen Polizeiwagen zur Absicherung positioniert hatten, hielten wir den Cadillac an und nahmen die beiden Gangster fest. Wie sich zeigte, trugen sie Schusswaffen und einer der beiden wurde bundesweit polizeilich gesucht. Konzentration macht sich wirklich bezahlt.«

Duane Giannini, ehemaliger Police Officer

Sie können einige der Prinzipien, die Polizisten anwenden, um ihre Konzentration zu fördern, ebenfalls nutzen. Versuchen Sie es mit den folgenden drei Intensitätsverstärkern:

1. **Konkretisieren Sie Details.** Dieser Konzentrationsverstärker ist wie die erwachsene Version von Suchbildern. Suchen Sie nach den »Schrauben auf dem Nummernschild«, die Sie sonst übersehen würden. Während Sie sich mit jemandem unterhalten, suchen Sie nach versteckten Hinweisen im Gesicht, an der Kleidung oder in der Umgebung des Betreffenden.

   Tun Sie so, als würden Sie in einem Agentenfilm mitspielen. Sie sollen entführt und Ihnen sollen die Augen verbunden werden. Welche Details sollten Ihnen auffallen, die ein Nichtagent vielleicht übersehen hätte?

   Was fällt Ihnen in Meetings auf – bei vielen Menschen die vielleicht am häufigsten genannte Quelle für Langeweile –, das die Energie und Interaktion im Raum beeinflusst (Licht, Sitzgelegenheiten, Raum, Atmosphäre und so weiter)? Inwiefern beeinflusst der Klang der Stimmen die Qualität und Energie die Interaktion?

2. **Führen Sie den 3G-Scan durch.** Jedes Mal, wenn Sie mit jemandem zusammen sind oder sich unterhalten, versuchen Sie sofort, die 3 G einzuschätzen: Global, Grit und Good. Welches davon ist das stärkste? Welches ist das schwächste? Wenn Sie es auf einer Skala von 1 bis 10 einstufen müssten, welchen Punktwert würden Sie vergeben? Wie schnell können Sie es einschätzen? Was hat Ihr Gegenüber gesagt oder getan, um Sie die entsprechenden Schlussfolgerungen ziehen zu lassen? Welche subtilen Hinweise und Anhaltspunkte gibt es?

   Diese Fähigkeit macht sich doppelt bezahlt, weil sie Ihre Konzentration erhöht, während sie gleichzeitig Ihr Verständnis der 3G intensiviert. Wenn Sie zu einem Experten darin werden, Hinweise bei anderen zu entdecken, dann können Sie dasselbe auch für sich tun.

3. **Erschaffen Sie den Kegel der Stille.** Hierbei geht es darum, was Sie in Ihrem Innern erschaffen, und nicht um das, was außen existiert. Viele Menschen brauchen ungestörte, absolute Stille, um sich konzentrieren zu können. In der Realität bieten jedoch leider nur wenige Arbeitsplätze diesen Luxus. Auf die meisten Menschen stürmen unentwegt Ablenkungen und Unterbrechungen ein, von denen viele wesentlich interessanter sind als das Fertigstellen des Kostenberichts auf Ihrem Computerbildschirm. Einer der erstaunlichen Faktoren gedanklicher Vertiefung oder der höchsten Form absoluter Konzentration ist die Fähigkeit, alle externen Reize abzuschotten und einen

Zen-ähnlichen Fokus inmitten des Chaos herzustellen. Auch das kann erlernt und gemeistert werden.

Beginnen Sie mit Ablenkungen in kleinen Dosierungen – wie Musik, ein offenes Fenster oder das Eintreffen einer E-Mail –, die Sie bewusst ignorieren. Bauen Sie Ihre Intensität und Disziplin auf, indem Sie verlockenden Ablenkungen vorsätzlich widerstehen, so wie es sich ein Autofahrer verbietet, den Kopf zur Seite zu drehen, um sich den Unfall auf der Gegenspur anzusehen. Mit der Zeit werden Sie die klassischen Ablenkungen wie E-Mails, Telefonanrufe, SMS, menschliche Stimmen und den täglichen Lärm beherrschen, statt sich von ihnen beherrschen zu lassen. Erschaffen Sie den Kegel der Stille jederzeit und überall auf Knopfdruck, sobald Ihnen danach ist.

Beharrlichkeit

Beharrlichkeit ist eine wichtige Dimension von Grit, die Sie bei anderen vermutlich bewundern. Es ist die Fähigkeit, unermüdlich an etwas dranzubleiben, bei dem die meisten längst aufgegeben hätten. Je umkämpfter der Arbeitsmarkt wird oder je höher Sie Ihre Ziele stecken, desto wichtiger wird Beharrlichkeit und desto mehr zahlt sie sich aus.

> Ein Diamant ist nichts als ein Stück Kohle, das Ausdauer hatte.
>
> *Malcolm Stevenson Forbes*

Menschen mit einem starken Grit lassen sich nicht abschrecken, sondern reagieren mit Beharrlichkeit. Stellen Sie sich vor, Ihre Telefonnachricht liegt ganz unten im Stapel. Warten Sie einfach ab, bis Ihr überlasteter Chef sie findet und zurückruft? Oder zeigen Sie sich auf höfliche Weise hartnäckig und sorgen für freundliche, rücksichtsvolle, aber stetige Erinnerungen, die sagen: »Hey, Sie denken doch an mich? Bitte legen Sie meine Nachricht oben auf den Stapel.« Mit der Zeit wird der Betreffende Sie wegen seines schlechten Gewissens, aus Frustration oder in der Hoffnung auf Erleichterung zurückrufen und jenes Gespräch beginnen, das möglicherweise Ihr Leben verändert.

Wir haben es erlebt. Die meisten unserer Durchbrüche und Karrierefortschritte sind nicht durch Glück entstanden, sondern durch reine Beharrlichkeit: Grit, Good und Global. Als Paul 1987 seine Firma Peak Learning gründete, wollte er unbedingt Deloitte (damals Touch Ross) als ersten Kunden gewinnen. Wenn sie zusagten, war er auf dem richtigen Weg. Falls sie ablehnten, würde er nicht einmal seine Telefonrechnung bezahlen können.

Es dauerte siebzehn Telefonate, neun Briefe und fünf Meetings, von denen drei mit einer stundenlangen Anfahrt verbunden waren und dann im letzten Moment abgesagt wurden, bis er ein erstes persönliches Gespräch führen konnte. Die Leute rieten Paul, sich nicht weiter aufzureiben. Sie wollten ihn zur Besinnung bringen und einsehen lassen, dass Deloitte nicht mit ihm sprechen, geschweige denn ihn beauftragen wollte. Aber Paul entschied, das nicht persönlich zu nehmen, und setzte höfliche Beharrlichkeit ein, um seinen ersten zahlenden Kunden an Land zu ziehen, der nun seit mittlerweile vierundzwanzig Jahren mit ihm zusammenarbeitet.

Sie haben jetzt bereits gelernt, dass ein starkes »Warum« nötig ist, um etwas, das Sie wollen, mit ganzem Herzen zu verfolgen. Ohne das »Warum« fehlt Ihnen das »Wollen«. Und ohne das Wollen werden Sie auch nicht ans Ziel gelangen.

Beharrlichkeitsverstärker – das beharrliche Warum

Dieses Tool ist das einfachste und vielleicht wirkungsvollste für das Verstärken von Grit. Jedes Mal, wenn Sie überlegen, ob es einen weiteren Versuch wert ist, etwas zu verfolgen, oder ob es besser wäre, aufzugeben, stellen Sie sich die einfache Frage: »Welches ist der zwingendste Grund, aus dem ich die Sache weiterverfolgen sollte?« Oder: »Welches ist das größte ›Warum‹?«

Wenn Ihre Antwort überzeugend ist, werden Sie die Ärmel hochkrempeln, den Rücken straffen und sich mit aller Kraft dafür einsetzen. Ist sie es nicht, so könnte dies ein Indikator dafür sein, dass Sie Ihre Beharrlichkeit besser für etwas Wichtigeres einsetzen sollten.

Das Warum hervorzuheben kann tief greifende Auswirkungen haben. Nehmen Sie an, Sie spielen mit dem Gedanken, sich auf eine bestimmte Stellenausschreibung zu bewerben, und ein Freund fragt Sie: »Warum willst du das tun?« Falls Ihre Antwort lautet: »Weil ich dann mehr verdiene‹, so ist das möglicherweise nicht überzeugend genug.

Wenn das übergeordnete Warum jedoch lautet: »Ich will von dem zusätzlichen Geld eine Putzhilfe für meine Mutter engagieren, weil sie es allein nicht mehr schafft«, dann ist das »Warum« vielleicht groß genug, dass Sie alles nur Mögliche tun, um es zu realisieren.

Das beharrliche Warum umhüllt Ihren Körper und konzentriert Ihre Bemühungen. Und nun stellen Sie sich den ungewöhnlichen Erfolg vor, den Sie genießen können, wenn Sie Ihr Gehirn wachrütteln, damit es alle verbliebenen Barrieren sprengt.

Übung:

Das beharrliche Warum

1. Suchen Sie sich ein Ziel, auf dessen Verwirklichung Sie derzeit oder in naher Zukunft sehr viel Mühe verwenden (werden).

Antwort: _____

_____

_____

2. Fragen Sie sich: »Warum will ich das tun?«

Antwort: _____

_____

_____

3. Wiederholen Sie die Frage »Ja, aber warum?«, bis Sie zu jenem bedeutendsten, zwingendsten, überzeugendsten Grund vorstoßen, der Sie veranlasst, Ihr Bestes zu geben.

Antwort: _____

_____

_____

4. Tun Sie das für jede potenziell große Mühe, die Sie in etwas investieren.

Beharrlichkeitsverstärker – Gehirnwachrüttler

Dieses Tool ist erschreckend simpel und von noch schockierenderer Wirksamkeit. Es basiert auf dem Prinzip, dass Sie Ihre Verdrahtung besonders nachhaltig verändern, wenn Sie sie einfach aus der Bahn werfen. Ein schwaches Grit wird für gewöhnlich durch falsche Annahmen verursacht. Es sind Mutmaßungen, die von Ihrem verdrahteten Reaktionsmuster produziert werden. Diesen falschen Mutmaßungen folgen Sie so automatisch wie tiefen Fahrspuren in der Straße. Dann ruckeln Sie am Lenkrad, befreien die Räder aus der Rille und haben freie Fahrt.

Hier sind ein paar unserer Lieblingsfragen, die Sie stellen können, wenn Sie mit etwas scheinbar Unmöglichem konfrontiert sind:

Natürlich ist das unmöglich. Aber wenn es möglich wäre, wie könnte ich es schaffen?

Natürlich kann man so etwas nicht tun. Aber wenn es getan werden könnte, wie könnte ich es tun?

Sie können die Wortwahl an die Situation anpassen. Die Grundidee besteht darin, die Realität anzuerkennen und sie dann mit der Möglichkeits-Provokation zu erschüttern.

Gehirnwachrüttler-Fragen

Beispiele:

1. Es gibt also absolut keine Möglichkeit, innerhalb eines Tages einen Personalausweis von Ihnen zu bekommen. Aber falls doch, wie würden wir das anstellen?

2. Es gibt also für heute Nacht kein freies Zimmer mehr hier im Hotel. Aber wenn Sie könnten, wie würden Sie eine Übernachtung ermöglichen?

3. Sie können mir also kein Vorstellungsgespräch geben. Ich verstehe. Aber wenn Sie es doch könnten, wie würden wir das anstellen?

4. Natürlich werde ich diesen Job niemals bekommen. Aber wenn es doch ginge, wie könnte ich das schaffen?

5. Es ist kein Geld da, um mir die Gehaltserhöhung zu geben, von der Sie denken, dass ich sie verdient habe. Es geht nicht, weil das Geld fehlt. Aber wo könnten wir es rein theoretisch auftreiben?

6. Sie ziehen also jemanden mit meinem Hintergrund schlichtweg nicht in Betracht. Ich verstehe. Aber wie könnten wir dafür sorgen, dass Sie es doch tun?

Diese einfache Frage, die man auf die unterschiedlichste Weise stellen kann, wird genutzt, um Durchbrüche in scheinbar aussichtslosen Situationen zu erzielen. Einige der Herausforderungen, für die wir Gehirnwachrüttler benutzt haben, sind:

➤ einen neuen Pass innerhalb eines Tages zu bekommen, obwohl es normalerweise sechs Wochen dauert;

➤ in einem überbuchten Hotel ein Zimmer zu bekommen;

➤ in einem überbuchten Flugzeug Plätze zu bekommen;

➤ Kundenaufträge zu bekommen, obwohl wir die ursprünglichen Anforderungen nicht erfüllten und nicht in Betracht gezogen wurden;

➤ Termine mit Menschen zu bekommen, die normalerweise nicht zu Gesprächen bereit sind;

➤ an Orte zu gelangen, die normalerweise nicht betreten werden dürfen;

➤ Banken zum Überdenken ihrer neuen, eisernen Regeln für Kredite zu bewegen;

➤ Freunden, Kunden und Protegés bei der Verwirklichung ihrer Träume zu helfen

➤ … und bei genauerem Überlegen vermutlich, unsere Ehefrauen sagen zu lassen: »Ja, ich will dich heiraten!«

Grit kann sich wirklich bezahlt machen. Und Sie können damit jedes Hindernis beiseite räumen, das Sie davon abhält, die besten Arbeitsplätze zu bekommen oder zu behalten.

Übung:

Gehirnwachrüttler

1. Wählen Sie ein Hindernis aus, mit dem Sie derzeit konfrontiert sind oder vor Kurzem waren. Wählen Sie etwas aus, das Sie wollen und das die meisten Menschen für unmöglich halten.

   Antwort: _____

   _____

   _____

2. Was wäre die übliche oder erwartete Antwort?

   Antwort: _____

   _____

   _____

3. Sagen Sie: »Natürlich kann man das nicht tun. Aber wenn doch, wie würde ich es tun?«

   Antwort: _____

   _____

   _____

4. Da Sie das nun im Kopf durchgespielt haben, sollten Sie es in der Realität umsetzen. Wir trauen Ihnen das zu.

Das ist der Kern des Ganzen: Indem Sie mit einer dieser Fragen Ihr eigenes Gehirn oder das eines anderen wachrütteln, entfernen Sie das »Zutritt verboten«-Schild und eröffnen neues Terrain. Gehirnwachrüttler können für die meisten banalen und auch scheinbar unüberwindlichen Hindernisse eingesetzt werden. Und es ist erschütternd, wie häufig und wie gut sie bei Ihnen und bei anderen funktionieren.

Das Grit-Spiel

Sie brauchen sich gar nicht auf die wachsende Zahl grundlegender Forschungen zu stützen, welche die Wichtigkeit von Grit beweisen. Es ergibt einfach Sinn. Sie können gar nicht verhindern, von Menschen angezogen zu werden, die Entwicklungsfähigkeit, Belastbarkeit, Intensität und Beharrlichkeit ausströmen. Sie vertrauen diesen Menschen, dass Dinge erledigt werden, Sie wollen diese Menschen in Ihrem Team haben, vor allem wenn es schwierig wird, und Sie bewundern ihre Fähigkeit, das Unmögliche möglich zu machen. Vermutlich erleben Sie oft, dass Menschen mit einem großen Grit für Glückspilze gehalten werden. Aber Sie wissen es besser. Sie wissen, dass es sich dabei keineswegs um eine spezielle Ausprägung ihrer DNA handelt.

Zu Beginn dieses Kapitels erwähnten wir, dass Grit nicht nur eingeschätzt, sondern auch permanent verbessert werden kann. Sie wissen auch, dass Grit zwar entscheidend ist, aber nicht ausreicht.

Menschen mit mehr Grit, vor allem wenn es mit Global und Good kombiniert ist, sind erfolgreicher. Im Allgemeinen sind sie gesünder und glücklicher, agiler, innovativer, optimistischer, produktiver, belastbarer, beharrlicher und engagierter bei allem, was sie in Angriff nehmen. Sie sind in der Regel Spitzenleister, werden schneller befördert und häufig besser bezahlt, weil sie einen größeren Beitrag leisten und mehr Wert schaffen.

Und es gibt keinen Grund, warum die Person, die Sie wegen ihres außergewöhnlichen Mindsets bewundern – Grit, Good und Global –, nicht Sie selbst sein sollten. Wenden Sie die Tools an, die Sie in diesem und den vorangehenden Kapiteln kennengelernt haben, und Sie sind auf dem besten Weg, den Arbeitsplatz zu bekommen und zu behalten, den Sie wirklich wollen.

> **Grit:**
>
> Der Treibstoff Ihres 3G-Mindsets: Es spornt Sie an, wenn andere aufgeben, und verleiht Ihnen den Biss, den Sie zum Weitermachen brauchen. Grit beweist, dass jeder es bis ganz nach oben schaffen kann.

Kapitelzusammenfassung

Ihr Grit umfasst Entwicklungsfähigkeit, Belastbarkeit, Intensität und Beharrlichkeit und Sie können verschiedene Tools einsetzen, um diese Aspekte Ihres Mindsets zu verbessern.

Optimierer
Verwenden Sie diese Fragen in jeder Situation, damit sie Ihnen helfen, sofort zu einem entwicklungsfähigen Mindset zu wechseln.

CORE-Fragen
Verwenden Sie diese wissenschaftlich fundierten Fragen, um Durchbrüche zu erzielen und in jeder Situation – bei jeder Schwierigkeit oder Gelegenheit – ungewöhnliche Belastbarkeit zu zeigen.

Intensitätsverstärker
Denken Sie daran, den drei Schritten zu folgen, um Ihre Intensität aufzubauen. (1) Konkretisieren Sie die Details, (2) führen Sie den 3G-Scan durch, (3) erschaffen Sie den Kegel der Stille.

Gehirnwachrüttler

Verwenden Sie Fragen, mit denen Sie »am Lenkrad ruckeln«, um Möglichkeiten zu schaffen, die andernfalls nicht existieren würden.

8.   Mit 3G die besten Arbeitsplätze bekommen

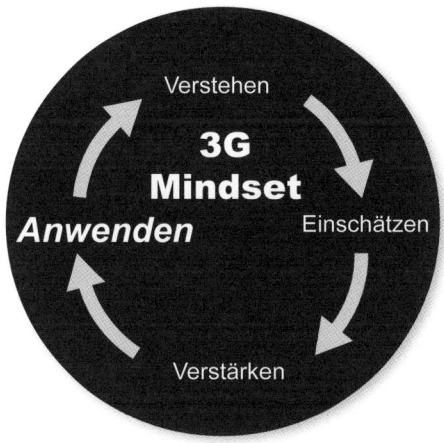

»Wir wissen wohl, was wir sind, aber nicht, was wir werden können.«

William Shakespeare

Die Top-Arbeitgeber dieser Welt wissen, was sie wollen. Aber sie wissen nicht, wie sie es bekommen können. Ihnen ist klar, dass ihre Methoden der Auswahl und Entwicklung von Mitarbeitern enorme Schwachstellen aufweisen. Sie geben fachliche Qualifikationen als Kriterium vor, obwohl sie in Wahrheit das richtige Mindset suchen.

Wie können Sie Arbeitgebern dabei helfen, Ihr starkes 3G-Mindset zu erkennen? Wie können Sie dafür sorgen, dass es aus Ihrem Lebenslauf, bei Ihrem Vorstellungsgespräch und im Beruf – bei jeder Aufgabe, Herausforderung und Interaktion – klar hervorsticht?

Das erfahren Sie in diesem Kapitel. Wenden Sie die folgenden Tipps an und Sie werden Ihre Chancen, den gewünschten Arbeitsplatz zu bekommen und zu einem der meistgeschätzten (und meistgeförderten) Mitarbeiter auf jeder Organisationsebene zu werden, buchstäblich verdreifachen.

Verdreifachen Sie Ihre Chancen auf den besten Arbeitsplatz

Wer bekommt in der Stunde der Wahrheit die Stelle? Wer hat Erfolg und wer nicht? Was genau gibt letztlich den Ausschlag?

Damit Sie sich von anderen abheben können, erklären wir als Erstes einen verbreiteten Ratschlag für nichtig und geben Ihnen stattdessen eine goldene Regel an die Hand, mit der Sie Ihren Lebenslauf zum Glänzen bringen.

Alles begann damit, dass wir verglichen, wer beim Wettstreit um den Lebenslauf gewinnt und wer verliert. Wir erstellten eine Studie und deckten einige erschreckende Wahrheiten über manche Standardregeln für Lebensläufe auf. Und wir stießen auf eine wirklich wegweisende Entdeckung, die Ihre Chancen verdreifacht, den Arbeitsplatz zu bekommen. Wir werden das der Reihe nach erklären. Zuerst müssen wir Sie jedoch mit der schonungslosen Realität konfrontieren.

Die schonungslose Wahrheit über Lebensläufe

Es ist ernüchternd. Lebensläufe sind wichtig. Das wissen Sie. In dieser globalen, vernetzten Welt verlässt man sich bei einer Einstellungsentscheidung mehr als je zuvor auf Ihren Lebenslauf. Ob Sie drin oder draußen sind, entscheidet sich dabei innerhalb weniger Sekunden.

Ihr Ziel besteht darin, etwas in Ihrem Lebenslauf zu haben, das einen zweiten (oder dritten) Blick erfordert. Sie wollen, dass der Leser innehält und Sie ernsthaft in Betracht zieht. Sie müssen sich von dem Stapel der anderen Lebensläufe abheben – oder das Spiel ist gelaufen.

Arbeitgeber haben uns eine beunruhigende Wahrheit verraten. Da es ihnen meistens vor dem mühsamen Durchsehen dicker Stapel Lebensläufe graut, beginnen sie, nach Gründen Ausschau zu halten, Bewerbungen möglichst schnell auszusortieren. Viele führen eine spezielle Liste mit Hauptschwächen, die zu einem sofortigen »Abgelehnt« führen. Aber es kommt noch schlimmer. Mit der zunehmenden Verwendung von Minibildschirmen (auf Smartphones et cetera) sieht man weniger und übersieht mehr. Dadurch ist es noch schwieriger, jemandem nahezubringen, was Sie alles zu bieten haben.

Und wer gewinnt angesichts dieser brutalen Realität? Wer verliert? Um das herauszufinden, haben wir eine unabhängige Studie entworfen und in Auftrag gegeben.

Die Studie über erfolgreiche Lebensläufe

Wir fanden uns in der einzigartigen Position, Schluss machen zu können mit all den Ammenmärchen darüber, »wie man den besten Job bekommt«, und endlich genau zu bestimmen, was Arbeitgeber veranlasst, Sie gegenüber anderen Bewerbern zu bevorzugen – oder eben nicht. Also machten wir uns an die Arbeit.

Aufgrund der Stellung von REED als weltweiter Recruiter mit einer fünfzigjährigen Geschichte, dessen Online-Stellenbörse reed.co.uk die größte in Europa ist und jährlich mehr als 20 Millionen Bewerbungen anzieht, waren wir in der Lage, zu analysieren, wer die Stelle bekommt und wer nicht. Dabei stützten wir uns auf Hunderttausende von Lebensläufen, mit denen wir jedes Jahr zu tun haben.

Schlicht gesagt taten wir Folgendes:

1. Wir wählten 30.000 verschiedene Lebensläufe aus (unterschiedliche Berufe, Altersgruppen und Hierarchieebenen).

2. Wir teilten unsere Auswahl in die beiden Hauptgruppen Gewinner und Verlierer ein, also diejenigen, die einen Arbeitsplatz bekamen, und die übrigen.

3. Ein Team unabhängiger Wissenschaftler analysierte die Unterschiede.

Was wir herausfanden, wird Ihre Lebenlaufgestaltung für alle Zeiten verändern. Sehen Sie sich einmal an, was nicht funktionierte, und dann das, was Erfolg hatte.

Die Ergebnisse: Schlecht beraten – was nicht funktioniert

Dies sind drei Tipps, die man häufig in Bewerbungsratgebern findet:

1. Beginnen Sie Ihren Lebenslauf mit einem persönlichen »Steckbrief« oder einem persönlichen Statement.

2. Verwenden Sie aktive Verben.

3. Nehmen Sie Hobbys und Interessen mit auf.

Wie sich zeigte, bringen diese Taktiken keinerlei Vorteile. Das ist nicht nur unsere Meinung. Es ist schlichtweg eine ungeschönte nackte Tatsache aus der großen unabhängigen Studie. Folgendes fanden wir heraus:

1. **Persönlicher Steckbrief oder Statement**, auch »Eingangsstatement« oder »Kurzprofil« genannt. Dabei handelt es sich um eine Stellungnahme von wenigen Sätzen, die für gewöhnlich am Anfang eines Lebenslaufs steht. Sie bietet eine kurze, schwungvolle Zusammenfassung dessen, was Sie einem Arbeitgeber bieten können.

   Der schlechte Rat: Verwenden Sie eine persönliche Stellungnahme oder einen Steckbrief, um Ihre Vorzüge hervorzuheben und dem Arbeitgeber die Möglichkeit zu bieten, Sie besser kennenzulernen.

   Unsere Erkenntnisse: 83 Prozent in unserer Stichprobe von Gewinnern und Verlierern enthielten »persönliche Stellungnahmen«, für gewöhnlich am Anfang des Lebenslaufs. Es fand sich kein signifikanter Zusammenhang mit Erfolg oder Misserfolg. *Persönliche Stellungnahmen bewirken keinen Unterschied.*

2. **Aktive Verben:** Dazu gehören Verben wie: gemanagt, geleitet, koordiniert und kommuniziert.

   Der schlechte Rat: Aktive Verben geben den Ausschlag. Verwenden Sie die in den Karriereratgebern enthaltene Liste und Sie haben einen echten Vorteil.

   Unsere Feststellung: Von den 30.000 Lebensläufen enthielt jeder im Schnitt drei aktive Verben. Dies war bei Gewinnern und Verlierern gleichermaßen der Fall. Es ließ sich kein Zusammenhang mit Erfolg oder Misserfolg herstellen. *Aktive Verben bewirken keinen Unterschied.*

3. **Hobbys und Interessen:** Dabei handelt es sich um Auflistungen dessen, womit Sie sich in Ihrer Freizeit beschäftigen. Es spiegelt wider, wie vielseitig und/oder interessiert Sie sind.

   Der schlechte Rat: Dies ist ein wesentlicher Punkt für Arbeitgeber, um Sie besser kennenzulernen. Er bietet Ihnen die Chance, andere Facetten Ihrer Persönlichkeit zu zeigen.

Unsere Feststellung: 62 Prozent des Datenbestands der Gewinner und Verlierer beinhalteten »andere Interessen« oder »Hobbys«, für gewöhnlich am Ende des Lebenslaufs. Es gibt keine signifikante Verbindung zum Erfolg oder Misserfolg. *Hobbys und Interessen bewirken keinen Unterschied.*

Wenn diese vermeintlich heiligen Regeln eines erfolgreichen Lebenslaufs gar keinen Unterschied bewirken, was unterscheidet die Gewinner dann von den Verlierern? Und welche Rolle, falls überhaupt eine, spielt dabei 3G?

Die Strategie zur Verdreifachung Ihrer Chancen

Das 3G-Mindset verdreifacht Ihre Chancen, den angestrebten Arbeitsplatz zu bekommen. Bei unseren Analysen stellten wir fest, dass das Hervorheben des 3G-Mindsets für die Aussichten eines Stellensuchenden einen entscheidenden Unterschied ausmacht.

Die Erfolgsformel besteht darin, Aussagen zu formulieren, die demonstrieren, wie Sie bestimmte 3G-Mindset-Eigenschaften eingesetzt haben, um konkrete Ziele zu erreichen. Wir bezeichnen diesen Ansatz als »3G-Mindset in Aktion«. Wer ihn verfolgt, verdreifacht buchstäblich seine Chancen auf den gewünschten Arbeitsplatz.

3G-Mindset in Aktion =
3G-Mindset-Eigenschaften → eingesetzt → um ein Ergebnis zu erzielen.

Vergleichen Sie zum Beispiel:

Missglückte Formulierung:	Verantwortlich für IT-Strategie und Teammeetings.
Erfolgreiche Formulierung:	Ein neues, globales Team verschiedener IT-Experten zusammengestellt, um innovative Lösungen für unsere hartnäckigsten IT-Probleme zu entwickeln.
Missglückte Formulierung:	Bedienung eines Gabelstaplers und zuständig für das Bestandsüberwachungssystem.
Erfolgreiche Formulierung:	Als Reaktion auf die von einer Mitarbeiterbefragung aufgezeigte Frustration generierte ich fünf Ansätze, um die Effizienz und Genauigkeit des Bestandsmanagementprozesses zu steigern.

Betrachten Sie diese Ergebnisse durch Ihr 3G-Objektiv. In beiden Fällen ist die erste Information bestenfalls oberflächlich, wenig aussagekräftig und uninteressant. Sie vermittelt keine Kraft, keine 3G-Mindset-Eigenschaft und kein richtiges Ergebnis. Die zweite Antwort spiegelt eine oder mehrere Mindset-Eigenschaften, die in die Tat umgesetzt werden, um beeindruckende Ergebnisse zu erzielen. Es werden nicht einfach nur aktive Verben benutzt, sondern eine Tätigkeit wird in einen Kontext gestellt.

Lassen Sie uns noch ein paar Beispiele analysieren:

Missglückte Formulierung:	Leitung eines Kundenserviceteams für einen Einzelhandelsbetrieb.
Erfolgreiche Formulierung:	Leitete und koordinierte das Kundenserviceteam, um eine Verbesserung der Kundenzufriedenheit bei einem Einzelhandelsbetrieb um 29 Prozent innerhalb von sechs Monaten durch die Übernahme von Best Practices aus anderen Branchen zu erzielen.

Was macht den zweiten Eintrag so viel effizienter?

3G-Mindset-Eigenschaften (implizit oder benannt) – Zusammenarbeit, Empathie, Flexibilität, Kreativität, Beharrlichkeit, Entwicklungsfähigkeit, Intensität, Aufgeschlossenheit (und so weiter)

In die Tat umgesetzt – Tempo (sechs Monate), konkrete Verbesserung (29 Prozent), andere zu Engagement geführt (leiten, koordinieren)

Ein Ergebnis erzielt – 29 Prozent in sechs Monaten. Beeindruckend!

Missglückte Formulierung:	Anbieten von Buchhaltungsdienstleistungen für verschiedene interne Kunden.
Erfolgreiche Formulierung:	Die Bedrohung abgewendet, dass meine Aufgabe ausgelagert wird, indem ich die fünf wichtigsten finanzbereichsbezogenen Frustrationen interner Kunden präzise lokalisierte und bis zum Ende des ersten Jahres beseitigte.

3G-Mindset-Eigenschaften (implizit oder benannt) – neugierig, aufgeschlossen, nachdrücklich, zuverlässig, engagiert, entwicklungsfähig, beharrlich (und mehr)

In Gang gesetzt – Tempo (erstes Jahr), konkrete Verbesserung (wichtigste fünf Frustrationen), verlässlich (erkannt und gelöst)

Ein Ergebnis erzielt – Bis zum Ende des ersten Jahres die fünf wichtigsten Frustrationen beseitigt.

Genauigkeit spielt also eine Rolle. Die von dem erfolgreichen 3G-Mindset geprägten Beispiele liefern genaue Details dessen, was die Bewerber erreicht haben. Für gewöhnlich beinhalten diese Details Handlungen, Namen und Zahlen. Je schlüssiger die Beispiele, desto überzeugender sind die Beweise, inwiefern das 3G-Mindset einer Person ihr Verhalten und den beruflichen Erfolg beeinflusst.

Unsere Analyse deckte auf, dass Lebensläufe, die ein oder mehrere Beispiele des 3G-Mindsets in Aktion zeigen, die Wahrscheinlichkeit mindestens **verdreifachen**, den angestrebten Arbeitsplatz zu bekommen. Menschen, die zwei oder mehr Beispiele in ihren Lebenslauf integrierten, hatten eine *fünfmal so hohe Wahrscheinlichkeit,* die gewünschte Stelle zu bekommen. Statistiken lügen nicht. Es ist die Kombination aus 3G-Mindset-Eigenschaften und Handlungen, die jemanden für zukünftige Arbeitgeber attraktiv macht, denn eines ohne das andere ist wie ein Rad ohne Achse. Mindset als Theorie und Mindset im Allgemeinen bedeuten gar nichts. Es kommt vielmehr darauf an, das 3G-Mindset in Aktion zu zeigen.

Beweise für das 3G-Mindset in Aktion zu finden ist nicht schwer, und es macht den Lebenslauf anschaulich. Es liefert die nötigen Details, die Ihre Authentizität beweisen. Es hilft Ihrem potenziellen Arbeitgeber zu erkennen, was Sie getan haben. Es vermittelt dem Arbeitgeber eine Vorstellung davon, wer Sie wirklich sind, wie sich Ihr Mindset zusammensetzt und was Sie in den Arbeitsplatz einbringen werden.

3G-Mindset in Aktion – Missglückte versus erfolgreiche Formulierungen	
Missglückter Lebenslauf	**Erfolgreicher Lebenslauf**
Verantwortlich für IT-Strategie und Teammeetings	Ein neues, globales Team verschiedener IT-Experten zusammengestellt, um innovative Lösungen für unsere hartnäckigsten IT-Probleme zu entwickeln *Mögliche 3G-Deskriptoren: aufgeschlossen, global, beharrlich, hilfsbereit, intensiv, belastbar, neugierig, agil*
Bedienen eines Gabelstaplers und zuständig für das Bestandsüberwachungssystem.	Als Reaktion auf die von einer Mitarbeiterbefragung aufgezeigte Frustration generierte ich fünf Ansätze, um die Effizienz und Genauigkeit des Bestandsmanagementprozesses zu steigern. *Mögliche 3G-Deskriptoren: intensiv, entwicklungsfähig, hilfsbereit, zuverlässig, mitfühlend*
Leitung eines Kundenserviceteams für einen Einzelhandelsbetrieb.	Leitete und koordinierte das Kundenserviceteam, um eine Verbesserung der Kundenzufriedenheit bei einem Einzelhandelsbetrieb um 29 Prozent innerhalb von sechs Monaten durch die Übernahme von Best Practices aus anderen Branchen zu erzielen. *Mögliche 3G-Deskriptoren: Mitgefühl, Hilfsbereitschaft, Flexibilität, Belastbarkeit, Entwicklungsfähigkeit, Intensität, Aufgeschlossenheit*

3G-Mindset in Aktion - Missglückte versus erfolgreiche Formulierungen	
Missglückter Lebenslauf	**Erfolgreicher Lebenslauf**
Anbieten von Buchhaltungsdienst-leistungen für verschiedene interne Kunden.	Die Bedrohung abgewendet, dass meine Aufgabe ausgelagert wird, indem ich die fünf wichtigsten finanzbereichsbezogenen Frustrationen interner Kunden präzise lokalisierte und bis zum Ende des ersten Jahres abschaltete. *Mögliche 3G-Deskriptoren: Neugier, Mitgefühl, Zuverlässigkeit, Intensität, Entwicklungsfähigkeit, Belastbarkeit, Aufgeschlossenheit*

Der Härtetest für das 3G-Mindset in Aktion

Mit dem 3G-Mindset-Härtetest können Sie über die einfachen Kriterien – 3G erfolgreich angewandt – hinausgehen. Eine gute Methode, um die Stärke Ihrer Aussage zum 3G-Mindset in Aktion zu überprüfen, ist die folgende Frage: *Mit welchen drei Wörtern könnte ich diese Person allein auf der Basis dieser Aussage beschreiben?* Ihre Antwort sollte 3G-Eigenschaften aus der Liste wiedergeben.

Sie werden sich daran erinnern, dass sowohl die erfolglosen wie auch die erfolgreichen Lebensläufe Hobbys oder Interessen beinhalteten. Darin liegt also nicht zwangsläufig ein Vorteil. Es kann jedoch zu einem werden, wenn Sie es richtig anstellen.

Sehen Sie sich die Einträge zu Hobbys und Interessen in den erfolglosen Lebensläufen an.

Laufen, Reisen, Lesen, Sport

Die erfolgreiche Formulierung (für eine Stelle im Rechnungswesen) war:

Sport ist ein wichtiger Teil meines Lebens. Ich mag es, mir sowohl körperlich wie auch geistig Ziele zu setzen. Als Vorbereitung für den Krebsforschungs-Lauf, an dem ich in diesem Jahr teilnehmen möchte, gehe ich dreimal wöchentlich ins Fitnessstudio.

Wenden Sie nun den Härtetest für das 3G-Mindset in Aktion an: Mit welchen drei Wörtern würden Sie die betreffende Person aufgrund dieser Aussage beschreiben? (Mögliche Deskriptoren sind »intensiv«, »konzentriert«, »entwickelnd«, »mitfühlend«, »engagiert«, »aufrichtig«.)

Hier ist noch ein Beispiel:

Missglückte Formulierung:	Erfahrung in der Arbeit mit IT-Experten auf allen Ebenen.
Erfolgreiche Formulierung:	Einrichtung und Leitung des Information Security and Assurance Forum – ein informelles Gremium von hochrangigen Informationssicherheitsexperten aus multinationalen Unternehmen mit IT-Support-Centern (eine vollständige Liste der beteiligten globalen Top-Unternehmen ist beigefügt).

Die »normale« Aussage in der missglückten Formulierung verweist auf die grundlegenden Fähigkeiten dieser Person. Es werden jedoch keinerlei 3G-Eigenschaften aufgeführt, die zur Verwirklichung eines Ziels eingesetzt werden. Kurz gesagt wird hier keinerlei 3G-Mindset in Aktion gezeigt. Es ist lediglich eine vage, nicht überzeugende Behauptung.

Was fangen Sie mit diesem Wissen nun an? Die gute Nachricht ist, dass die meisten Ihrer Gen-G-Wettbewerber ihre Lebensläufe weiterhin so gestalten werden, wie sie es seit Jahrzehnten getan haben, diskreditierten Konventionen folgen und sich verzweifelt an die Hoffnung klammern, dass irgendwo da draußen jemand ist, der erkennt, wie sie wirklich sind. Was wäre, wenn Sie nun den Zwängen der Vergangenheit entfliehen und einen Weg nutzen, um sich erfolgreicher zu präsentieren? Das können Sie.

CMe

Der CMe ersetzt den Lebenslauf und gibt ihm ein neues Erscheinungsbild. Er bietet die Informationen und Einblicke in Ihre Person, die sich ein Arbeitgeber wünscht. Er vermittelt und betont Ihre Mindset-Stärken auf eine Weise, wie es kein Standarddokument schafft.

Aufbauend auf dem ursprünglichen Durchbruch mit dem 3G-Mindset in Aktion haben wir uns Gedanken gemacht, wie wir Ihnen ein noch wirksameres Tool bereitstellen können. Es bestand Bedarf für eine völlige neue Methode, mit der Sie sich und Ihr 3G-Mindset bei denjenigen Menschen präsentieren können, die möglicherweise Einfluss auf Ihre Zukunft haben. Und die Arbeitgeber brauchten dringend einen wirkungsvollen Weg, um das Gesuchte zu finden.

Wenn das aktuelle Lebenslaufformat in der Regel eine niedrige Auflösung und einen zweidimensionalen Eindruck der Eigenschaften und Leistungen eines Individuums bietet – vergleichbar mit den ersten Röntgenbildern –, wie könnten wir es dann zu einem dreidimensionalen Bild mit hoher Auflösung weiterentwickeln, nach dem die Arbeitgeber händeringend suchen?

Wir haben den CMe als Antwort auf die klaffende Lücke im Markt geschaffen. Wir möchten Ihnen helfen, Ihre Erfolgschancen zu vervielfachen, und es Arbeitgebern ermöglichen, Sie in einem wesentlich positiveren und bedeutungsvolleren Licht zu sehen.

> **CMe**
>
> **Der hochauflösende Lebenslauf der nächsten Generation**
>
> CMe ist das einzige existierende Tool, das Ihr 3G-Mindset zusammen mit Ihren Qualifikationen und den entscheidenden Informationen hervorhebt, um das hochauflösende 360-Grad-Bild zu liefern, nach dem Arbeitgeber so dringend verlangen.

Der CMe ist wirklich dreidimensional. Online bietet er eine dreidimensionale Darstellung Ihrer Person, die Anklang bei Arbeitgebern findet – von denen 97 Prozent sagen, dass sie Mindset gegenüber fachlichen Fertigkeiten favorisieren. Oder Sie können sich Ihren CMe ausdrucken und haben ihn dann für entscheidende Gelegenheiten parat.

Der Nachweis für Ihr 3G-Mindset in Aktion wird automatisch in eines der 3 G fallen: Global, Good oder Grit. Das dürfen Sie auf keinen Fall vergessen.

Übung:

3G-Mindset

1. Notieren Sie sich jeweils drei Eigenschaften in Bezug auf Global, Good und Grit, auf die Sie besonders stolz sind.

2. Wann haben Sie diese Eigenschaften während und außerhalb der Arbeit aktiv eingesetzt oder Ihr Mindset genutzt?

3. Verfassen Sie Ihre authentischen 3G-Geschichten und -Beispiele. Finden Sie dafür die jeweils überzeugendsten Formulierungen.

4. Legen Sie einen Vorrat an 3G-Mindset-Beispielen an. Erstellen Sie zu jeder Überschrift eine Liste mit mindestens zehn Aussagen.

5. Suchen Sie die (für sich und Ihren potenziellen Arbeitgeber) relevantesten und überzeugendsten Beispiele heraus und nehmen Sie diese in Ihren neuen CMe auf.

Oder führen Sie diese Aufgabe als Teil der Erstellung Ihres persönlichen CMe unter www.3GMindset.com/book durch.

Entwerfen Sie Ihren eigenen CMe und bekommen Sie den gewünschten Arbeitsplatz

Einen starken und überzeugenden CMe zu entwickeln ist der nächste Schritt, wenn Sie Ihr Mindset in die Tat umsetzen. Im Unterschied zum traditionellen Lebenslauf enthält und betont Ihr CMe:

➤ Ihre 3G-Panorama-Ergebnisse, die Ihre 3G-Mindset-Stärken und -Vorzüge zeigen

➤ Konkrete Beispiele des in die Tat umgesetzten 3G-Mindsets, aus dem Sie die für jedes Stellenangebot passenden auswählen können

➤ Die erforderlichen Fähigkeiten und Qualifikationen

Das bietet einem Arbeitgeber, was er sucht – einen direkten Einblick in die 3G-Mindset-Eigenschaften, die Sie am meisten wertschätzen und an den Tag legen. Es lässt Sie glänzen und erhöht Ihre Chancen auf einen guten Arbeitsplatz, dem Sie auch gerecht werden.

Ein gut formulierter CMe hebt Sie sofort von anderen mit ähnlichen oder gar besseren Fachkenntnissen und Erfahrungen ab. Er bezieht sich auf einzigartige Weise auf Ihre 3G-Panorama-Ergebnisse und hebt – natürlich – Ihre Erfahrung, Ausbildung und Fähigkeiten hervor. Wir werden Ihnen zeigen, wie Sie Ihr 3G-Mindset nutzen, um Ihren personalisierten CMe zu erstellen, und das wird Ihnen wiederum helfen, den Arbeitsplatz zu bekommen, den Sie haben wollen.

Ihren CMe zu erstellen ist einfach, erfordert jedoch Zeit und Ihre ungeteilte Aufmerksamkeit. Sie werden eine hochauflösende Darstellung Ihrer Person anfertigen und überprüfen wollen, dass diese auch korrekt ist.

Sie können Ihren CMe manuell erstellen oder das kostenlose CMe-Online-Formular nutzen. In jedem Fall benötigen Sie die Ergebnisse aus Ihrem 3G-Panorama.

Online-CMe

Sie können die Ergebnisse Ihres 3G-Panoramas mit einem einzigen Klick in Ihre CMe-Vorlage übertragen, entweder gleich nach dem Ausfüllen des Panoramas oder später, indem Sie direkt auf Ihren persönlichen Datenbereich zugreifen. Sie müssen auch Ihre persönlichen Angaben und eine Zusammenfassung Ihrer Fähigkeiten, Ausbildung und Erfahrung mit aufnehmen. Eine Menge können Sie aus Ihrem bereits existierenden Lebenslauf übernehmen oder Sie formulieren einige Punkte ganz neu. Ihren CMe mit anderen Augen und durch das spezifische Objektiv Ihres 3G-Mindsets zu sehen ist ein eindeutiger Vorteil, weil Ihre 3G-Mindset-Eigenschaften deutlicher hervortreten werden.

In fünf einfachen Schritten erhalten Sie Ihren CMe:

1. Füllen Sie Ihren 3G-Panorama-Report aus.

2. Tragen Sie Ihre persönlichen Daten in Bereich zwei ein.

3. Tragen Sie Ihr Repertoire an Schlüsselfähigkeiten und Qualifikationen in Bereich drei ein.

4. Tragen Sie Ihren bisherigen Karriereverlauf in Bereich vier ein.

5. Wählen Sie Beispiele für Ihr 3G-Mindset in Aktion aus, passen Sie diese an und tragen Sie sie ein.

Um Ihren CMe mit den Informationen aus Ihrem 3G-Panorama zu verbinden, gehen Sie wie folgt vor: Melden Sie sich bei Ihrem persönlichen Account auf www.3GMindset.com an. Sobald Sie Ihr 3G-Panorama vollständig ausgefüllt haben, sehen Sie den Button »Create CMe«. Wenn Sie ihn anklicken, werden Ihre 3G-Punktwerte aus Ihrem 3G-Panorama in eine neue Vorlage übertragen, mit der Sie Ihren CMe gestalten können. Folgen Sie den Schritten, um Ihre Schlüsselfähigkeiten und Qualifikationen und – was am wichtigsten ist – Beispiele und Beweise Ihrer 3G-Mindset-Stärken und Ihres 3G-Mindsets in Aktion hinzuzufügen.

Beachten Sie: Das CMe-Programm ist eine Anleitung, mit deren Hilfe Sie nicht nur das Beste Ihres 3G-Mindsets einfügen, sondern auch dafür sorgen, dass Ihr gesamter CMe davon geprägt ist.

Vorbereitungen zur Erstellung Ihres CMe

Wenn Sie nun mit Ihrem CMe beginnen wollen, gehen Sie wie folgt vor:

1. Erstellen Sie eine Zusammenfassung Ihrer Fähigkeiten, Ausbildung und Erfahrung. Möglicherweise können Sie dabei auf Ihren bisherigen Lebenslauf zurückgreifen.

2. Schreiben Sie Ihre persönlichen Daten auf (Name, Adresse, Kontaktinformationen und so weiter). Auch diese Punkte können Sie eventuell Ihrem bisherigen Lebenslauf entnehmen.

3. Drucken Sie Ihre 3G-Panorama-Ergebnisse und den Report aus.

4. Nutzen Sie Ihre Liste der Beispiele für in die Tat umgesetztes 3G aus der Aufgabe auf Seite.

5. Kreisen Sie auf Ihren vorhandenen Dokumenten (Anschreiben, Lebenslauf und so weiter) ein, wo Sie ein Wort, einen Satz oder einen Eintrag gegen eine 3G-Mindset-Eigenschaft austauschen können, die durch ein Beispiel Ihres 3G-Mindsets in Aktion gezeigt wird. In jedem Fall sollten Sie sicherstellen, dass Ihr vorhandener Lebenslauf diese 3G-Mindset-Eigenschaften an konkreten Beispielen aus der Praxis aufzeigt, unabhängig davon, ob Sie Ihren eigenen CMe erstellen wollen oder nicht.

Mit diesen Schritten verkürzen Sie die erforderliche Zeit, um online Ihren persönlichen CMe zu erstellen.

Geben Sie Ihr Bestes. Das Zusammentragen wird Sie vielleicht ein bisschen Zeit kosten, aber danach können Sie online gehen, um Ihren ganz persönlichen CMe zu gestalten. Sobald Sie dieses Formular online ausgefüllt haben, ist Ihr CMe fertig und Sie können ihn potenziellen Arbeitgebern entweder als Ausdruck oder als Datei zukommen lassen, womit Sie Ihre Chancen, ausgewählt zu werden, mindestens verdreifachen. Ihr CMe wird schrittweise Ihren Lebenslauf ersetzen und Sie von anderen abheben. Letztlich erspart er Ihnen Zeit und erhöht Ihre Chancen.

Übung:

CMe

1. Gehen Sie auf www.3GMindset.com, loggen Sie sich in Ihren persönlichen Account ein und klicken Sie auf »CMe«. Sollten Sie noch keinen Account erstellt haben, gehen Sie auf www.3GMindset.com/book.

2. Klicken Sie auf »Share«, fügen Sie eine Anfrage für eine Feedback-Nachricht hinzu und zeigen Sie Ihren CMe Freunden, Kollegen und Ihrer Familie.

3. Verwenden Sie deren Feedback, um Ihren CMe weiter zu verbessern.

CMe-Tipps

Um optimal vom Erstellen Ihres CMe zu profitieren, müssen Sie präzise und ehrlich sein. Ihr CMe liefert ein hochauflösendes, dreidimensionales Bild von Ihnen. Achten Sie vor allem darauf, dass es authentisch und keine Attrappe ist. Höchstwahrscheinlich ist Ihr CMe vollgepackt mit Beispielen, aber welche davon Sie letztlich auswählen, muss wirklich Ihnen entsprechen und dem, was Sie tun. Es sollten die Beispiele sein, von denen Sie gern und voller Stolz erzählen. Versuchen Sie, Ihre Schlüsselleistungen hervorzuheben, ohne dabei zu übertreiben, und halten Sie ständig Ausschau nach Möglichkeiten, Ihr in die Tat umgesetztes 3G-Mindset zu demonstrieren.

Ihr CMe dient vor allem dazu, Ihre Chancen auf die engere Auswahl des potenziellen Arbeitgebers drastisch zu erhöhen. Im Vorstellungsgespräch bekommen Sie dann weitere Gelegenheiten, die Stärken Ihres 3G-Mindsets hervorzuheben. Ihr CMe bietet Ihnen die perfekte Grundlage, auf der Sie im persönlichen Gespräch mit dem potenziellen Arbeitgeber agieren können. Er wird Thema sein und Sie können Ihren Gesprächspartner mit sehr viel mehr Informationen über sich und Ihr Mindset füttern als andere Bewerber. Sie werden der Einzige sein, der klar das vermittelt, wonach Arbeitgeber so verzweifelt Ausschau halten. Sie werden deutlich hervorstechen.

CMe™

Was unterscheidet den CMe von herkömmlichen Lebensläufen?

Forschungen haben eindeutig gezeigt, dass Arbeitgeber das Mindset höher bewerten als Fachkenntnisse. Der CMe ersetzt den überholten herkömmlichen Lebenslauf durch das Einbringen dieses entscheidenden Bestandteils und liefert einen wesentlich detaillierteren und wertvolleren Einblick in den Kandidaten.

Der CMe legt den Schwerpunkt auf das Mindset. Er liefert die wesentlichen 3G-Panorama-Punktzahlen gemeinsam mit entscheidenden Mindset-Werten und -Stärken sowie authentischen Beispielen des Mindsets in Aktion.

Herkömmlicher Lebenslauf	**CMe**
➤ Aufgaben	➤ inhärente Werte
➤ Chronologie	➤ Motivatoren und Stärken
➤ Werdegang	➤ stichhaltiger Prädikator zukünftigen Erfolgs
➤ Fachkenntnisse	➤ Mindset UND Fachkenntnisse
➤ auf Papier ausgedruckt	➤ online, interaktiv, unmittelbar

CMe – der Lebenslauf der nächsten Generation

Edward P. Robinson

Edward erzielte einen überdurchschnittlich hohen Punktwert beim 3G-Panorama.

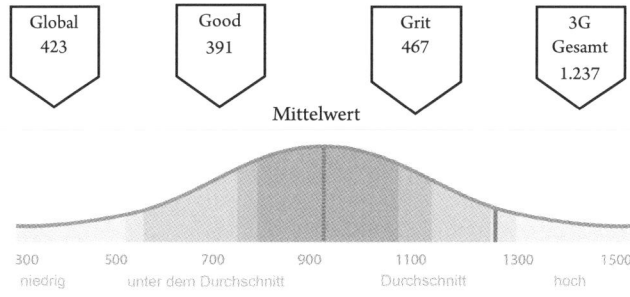

| Global 423 | Good 391 | Grit 467 | 3G Gesamt 1.237 |

Mittelwert

300 niedrig   500   700 unter dem Durchschnitt   900   1100 Durchschnitt   1300   1500 hoch

Ihre 3G-Panorama-Punktwerte werden von Ihrem Online-Assessment übernommen.

Mindset-Eigenschaften

Edwards 3G-Panorama-Profil zeigte seine drei starken Bereiche:

➤ Grit – Belastbarkeit

➤ Global – Aufgeschlossenheit

➤ Good – Integrität

Tragen Sie die Mindset-Eigenschaften ein, die Ihnen am wichtigsten sind. Auf der Website finden Sie ein Tool, das Ihnen dabei hilft.

Edward wählte die sechs folgenden Mindset-Eigenschaften als die für ihn wichtigsten aus:

➤ ehrlich

➤ loyal

➤ flexibel

➤ anpassungsfähig

➤ innovativ

➤ aufrichtig

3G-Mindset in Aktion

➤ Ich habe Marktanalysen erstellt und Empfehlungen ausgesprochen, basierend auf der finanziellen und medizinischen Situation des Kunden in einer von der Bankenaufsicht regulierten und stark zielorientierten Umgebung. Zudem pflege ich dieses Kundenportfolio und überwache und schaffe Möglichkeiten für Querverkäufe innerhalb der Gruppe.

Fügen Sie drei herausragende Beispiele dafür ein, wie Sie das 3G-Mindset angewandt haben, um vorzeigbare Resultate zu erzielen.

➤ Ich habe Erfahrung mit der Arbeit in einem Callcenter mit hohem Anrufvolumen, mit dem Verkaufen von Policen sowie mit dem Kundendienst. Ich bin in der Lage, mit einer großen Bandbreite von Kunden und ihren unterschiedlichen Bedürfnissen umzugehen.

➤ Ich spiele Posaune und war früher Mitglied des Regional Symphony Orchestra. Jetzt arbeite ich ehrenamtlich mit dem Civic Youth Orchestra, assistiere beim Unterricht und springe bei Bedarf in der Blechbläserabteilung ein.

Stellen Sie sich wirkungsvoll vor

Wenn Sie Ihren potenziellen Arbeitgeber zum ersten Mal kontaktieren, sei es per E-Mail oder per Post, mit einer herkömmlichen Bewerbung, Ihrem Lebenslauf oder dem neuen CMe, brauchen Sie ein paar gut formulierte Sätze, die Ihre Bewerbung begleiten und das Interesse des Arbeitgebers wecken.

Das ist das Anschreiben. Dieser Brief ist eine weitere Gelegenheit, durch etwas Wirkungsvolles und Persönliches aus der Menge herauszuragen. Denken Sie gründlich über die Stelle nach, für die Sie sich bewerben, und welche 3G-Mindset-Eigenschaften dafür besonders wichtig sind.

Betrachten Sie die unterschiedlichen Kontexte und Situationen, mit denen Sie in dieser Rolle konfrontiert sein werden. Anschließend wählen Sie die passendsten Beispiele für Ihr 3G-Mindset in Aktion aus. Stellen Sie sicher, dass sie überzeugend und relevant sind. Dann heben Sie sie in Ihrem Anschreiben hervor.

Versuchen Sie nicht, die Wirkung Ihres kompletten CMe zu kopieren. Ein oder zwei Beispiele Ihres 3G-Mindsets in Aktion genügen. Kombiniert mit Interesse an und Begeisterung für das Unternehmen, bei dem Sie sich bewerben, wird das Ihre Chancen enorm verbessern, in die engere Auswahl für ein Vorstellungsgespräch zu kommen. Auf diese einfache Weise können Sie in Ihrem Anschreiben einen Eindruck von Ihrem 3G-Mindset in Aktion vermitteln.

Anschreiben mit 3G-Mindset in Aktion: Beispiel
Sehr geehrter (Name der Kontaktperson beim Arbeitgeber)
Teamleiter Kundendienst,

ich beziehe mich auf Ihre Stellenausschreibung für die oben genannte Position.
Ihr Engagement für den Kundendienst auf höchster Ebene und Ihr Einsatz für kontinuierliche Innovation, um dem Wettbewerb immer einen Schritt voraus zu sein – wie auf Ihrer Website ausführlich beschrieben –, haben mein starkes Interesse an dieser Position geweckt.

An meinem jetzigen Arbeitsplatz habe ich:
➤ *das Kundenserviceteam koordiniert und geleitet und durch die Übernahme von Best Practices aus unabhängigen Branchen innerhalb von sechs Monaten eine Verbesserung der Kundenzufriedenheit für den Einzelhandelsbetrieb um 29 Prozent erzielt;*

➤ *das Arbeitnehmerfeedback analysiert und fünf Methoden erarbeitet, um die Effizienz und Präzision des Steuerungsprozesses signifikant zu verbessern;*

➤ *durch die Organisation und Durchführung eines Halbmarathons für die Krebsforschung mitgeholfen, die Teammoral aufzubauen, und eine gute Sache unterstützt.*

Ich füge einen CMe bei, den viele Arbeitgeber als den Lebenslauf der nächsten Generation betrachten, und würde mich freuen, von Ihnen zu hören.

Mit freundlichem Gruß
David Barrow

Übung

3G-Mindset-Anschreiben

1. Wählen Sie jene Mindset-Eigenschaften aus, die Ihrer Meinung nach für diesen Arbeitsplatz am wichtigsten sind.

2. Wählen Sie aus Ihrer Liste der 3G-Mindset-Stärken (3G-Panorama) und der Liste von Beispielen des 3G-Mindsets in Aktion zwei oder drei aus, die Ihrer Meinung nach am besten zu dieser spezifischen Aufgabe passen.

3. Heben Sie diese in Ihrem Anschreiben hervor, sodass der potenzielle Arbeitgeber einen ersten Eindruck von Ihrem 3G-Mindset in Aktion erhält.

Das 3G-Mindset im Bewerbungsgespräch demonstrieren

Nachdem Sie Ihren CMe erstellt und eingesetzt haben, ist nun der große Tag gekommen. Sie wurden zu dem alles entscheidenden Vorstellungsgespräch für die Stelle eingeladen, die Sie unbedingt haben wollen. Wie können Sie in diesem Gespräch am besten eine Vorstellung von Ihrem 3G-Mindset in Aktion vermitteln? Und wie können Sie dafür sorgen, dass Sie nicht nur beeindrucken, sondern sich von anderen abheben und die Stelle bekommen?

Tipp 1: Denken Sie daran: Welche Fragen der Personalverantwortliche Ihnen auch stellt, er ist verzweifelt auf der Suche nach Anzeichen für Ihr 3G-Mindset.

Tipp 2: Personalverantwortliche verwenden normalerweise nicht den Begriff »Mindset« und wissen auch nicht, wonach sie konkret fragen oder worauf genau sie achten müssen. Sie können das Thema aufbringen, indem Sie fragen, ob Fachkenntnisse oder die innere Einstellung höher bewertet werden.

Tipp 3: Lassen Sie in jede Aussage glaubwürdig eine Facette des 3G einfließen.

Das ist es, was die Arbeitgeber wollen. Wir haben Tausende befragt und ihre Botschaft war eindeutig.
Vergleichen Sie die Antworten auf die Frage dieses Personalverantwortlichen: »Wir haben 250 Bewerber. Sagen Sie mir, warum ich Sie für diese Position auswählen sollte.«

1. »Ich verfüge über alle fachlichen Fähigkeiten und Qualifikationen, nach denen Sie suchen. Tatsächlich verfüge ich über zwei Jahre Berufserfahrung, die unmittelbar relevant für diese Tätigkeit sind. Wenn Sie möchten, kann ich Ihnen die Aufgaben und Verantwortungen meiner früheren Stellen detaillierter beschreiben.«

2. »Im Kern scheint es bei dieser Position darum zu gehen, komplexe Probleme zu lösen und sich nicht von den stetigen Veränderungen beirren zu lassen. Das erfordert Wissbegier und Belastbarkeit, beides Eigenschaften, die ich in meinem Lebenslauf angeführt habe. Ich würde Ihnen gern beschreiben, was ich an meinem letzten Arbeitsplatz getan habe, um Ihnen zu zeigen, dass ich jemand bin, der sich von großen Herausforderungen anspornen lässt. Deshalb bewerbe ich mich auch auf diese Stelle.«

Welchen Kandidaten würden Sie nehmen? Der erste platziert Ihr Unternehmen in den Kontext der Branche. Der zweite hebt Ihr Unternehmen mittels Fakten von den anderen ab.

Sie werden schnell feststellen, dass es eine leichte und angenehme Aufgabe ist, Ihr 3G-Mindset in jede Antwort einfließen zu lassen, die Sie geben, und in jede Frage, die Sie stellen.

Arbeitgeber werden Ihr 3G-Mindset auf unterschiedliche Weise hinterfragen. Aber letztlich ist Wissen Macht. Und zu verstehen, woran der Arbeitgeber hinter dem Trommelfeuer verwirrender Fragen und der Reihe von Beurteilungsverfahren tatsächlich interessiert ist, verschafft Ihnen einen echten Vorteil.

Machen Sie sich bewusst, über wie viel Macht Sie im Vorstellungsgespräch verfügen und wie vergleichsweise gering die Macht des Personalverantwortlichen ist. Vergessen Sie nicht, dass dieser Arbeitgeber jemand wirklich Effektiven rekrutieren möchte. Eine unkluge Einstellungsentscheidung kann dem gesamten Unternehmen schaden und den Ruf des Personalverantwortlichen ruinieren – was seinem schlimmsten Alptraum entspricht.

Die Personen, die Ihnen beim ersten Gespräch gegenübersitzen, wissen relativ wenig von Ihnen. Sie wollen Belege dafür finden, dass Sie derjenige sind, der Sie zu sein vorgeben. Sie wollen Beweise, dass Sie das tun können, was sie von Ihnen wollen. Auch wenn Sie für ihre Sorgen wenig Verständnis und genug mit Ihren eigenen Nerven zu tun haben, so ist es dennoch hilfreich, sie zu berücksichtigen.

Wie gut das Bild auch immer sein mag, das Ihr CMe liefert, erst wenn er Ihnen gegenübersitzt, nimmt der Recruiter Sie als ganze Person war. Bei einem guten Anwerber können Sie davon ausgehen, dass er den CMe als Sprungbrett benutzt. Er wird jede Gelegenheit nutzen, Ihnen auf den Zahn zu fühlen, und Ihre Aussagen müssen sich gegen die Konkurrenz behaupten.

Ein Recruiter mit vielen Jahren Berufserfahrung im Einstellen von Mitarbeitern für eine globale Investment-Bank erzählte uns, wie gern er in Bezug auf Belastbarkeit und Glaubwürdigkeit nachhakt. »Wenn ich einen potenziellen Mitarbeiter interviewe, frage ich ihn als Erstes nach seinen persönlichen Interessen. Die Antwort zeigt oft, wie ehrlich und wie leidenschaftlich jemand ist. Einmal habe ich jemanden interviewt, der sagte, dass er sich für Menschenrechte engagiere. Als ich nachhakte, stellte sich heraus, dass er vor langer Zeit einmal an einem Friedensmarsch teilgenommen hatte, das war aber auch alles. Das hat mich wenig beeindruckt. Seine Antwort vermittelte den Eindruck von Halbherzigkeit und dass er nicht über die nötige Leidenschaft verfügte, nach der ich für diese bestimmte Position suchte.«

Allein durch wenige Fragen zu den persönlichen Interessen verschafft sich dieser Anwerber schnell einen Eindruck von Ihren Good-Eigenschaften (Ehrlichkeit) sowie von Ihren Grit-Eigenschaften (Leidenschaft, Engagement, Beharrlichkeit). Je mehr Recruiter im Hinblick auf das 3G-Mindset geschult sind, desto mehr müssen Sie mit ähnlich formulierten Fragen rechnen. Und das kann Ihnen nur zum Vorteil gereichen! Wie Sie anhand der vielen Beispiele in diesem Buch sehen können, ist der Wandel im Hinblick auf die Bedeutung von Fachkenntnissen und Mindset bereits in vollem Gange.

Die meisten Personalverantwortlichen tasten im Nebel, wenn es um Mindset geht. Sie treffen ihre Entscheidungen bestenfalls aus dem Bauch heraus. Häufig nehmen sie Zuflucht zu fachlichen Fertigkeiten, weil ihnen das Vorliegen von Kompetenzrastern und -listen einen falschen Eindruck von Exaktheit vermittelt. Denken Sie stets daran, dass Ihr Gesprächspartner verzweifelt auf der Suche nach dem richtigen Mindset ist; möglicherweise weiß er jedoch nicht genau, wie das aussieht oder wonach er fragen muss. Sie können den Spieß herumdrehen, indem Sie das Gewünschte anbieten. Durch Ihren CMe, durch unsere Tipps sowie durch alles, was Sie aus diesem Buch gelernt haben, können Sie Ihrem Gegenüber zeigen, wie es geht. Und dabei werden Sie brillieren.

Noch ein simpler, aber wirkungsvoller Tipp: Gehen Sie die Top-6- und Top-20-Mindset-Eigenschaften (Kapitel 1) noch einmal durch und tun Sie, was in Ihrer Macht steht, sie während des Interviews an den Tag zu legen. Lassen Sie sich auf positive Weise von diesen Eigenschaften vereinnahmen, indem Sie sich daran erinnern, was der potenzielle Arbeitgeber am wahrscheinlichsten in Ihnen sucht. Bei den Top 6 können Sie praktisch nicht falschliegen.

Inwiefern hilft Ihnen diese Information? Zunächst einmal unterstreicht sie erneut, wie wichtig es ist, authentisch zu bleiben, vor allem bei Ihrem CMe. So wie es ein hochauflösendes Fernsehbild für Schauspieler schwierig macht, Narben zu verbergen, ist mit dem Übertreiben von Interessen und Leistungen oder dem Erfinden von Details über Ihren bisherigen Werdegang in Ihrem CMe die Katastrophe programmiert. Das ist viel zu leicht durchschaubar.

Wenn Sie jedoch echte Beispiele von in die Tat umgesetzten 3G-Eigenschaften haben und auf echte Leistungen aufbauen, müssen Sie sich vor den entsprechenden Fragen nicht fürchten. Und ja, es lohnt, sich noch einmal an die Details zu erinnern, die Ihre Behauptungen untermauern, bevor Sie in das Gespräch gehen. Falls Sie dann darauf angesprochen werden, können Sie zu jedem Punkt etwas sagen.

Der Personalverantwortliche möchte herausfinden, wie groß Ihr Engagement bei den genannten Beispielen tatsächlich war und wie gut Sie sie auf seine bohrenden Fragen hin weiter ausführen können. Er möchte die 3G-Mindset-Erkenntnisse, die er durch den CMe möglicherweise gewonnen hat, bestätigt wissen und besser verstehen. Mit jeder Frage sollten Ihre stärksten Mindset-Eigenschaften weiter glänzen. Verankern Sie sie in Ihrer Sprache. Mindset und Sprache sind füreinander wie Spiegel. Sie reflektieren und in gewissem Maße gestalten sie den anderen.

Ian Nicholas, Personalchef bei REED, sagt: »Bei nahezu jeder Aufgabe überholt das Mindset die Erfahrung. Wenn Menschen das richtige Mindset haben, sind sie im Beruf wesentlich engagierter und das Fachwissen legen sie sich zwangsläufig zu. Wenn Sie also auf der Suche nach jemandem sind, der für Sie ausgezeichnete Arbeit leisten soll, vor allem langfristig, dann würde ich Mindset empfehlen. Jemand mit dem richtigen Mindset wird sich über die Zeit das nötige Wissen aneignen.«

Ian erzählte uns, dass Mindset-Eigenschaften und Konkretheit zusammengehören. Das ist ein guter Tipp für Ihre Vorbereitung auf Interviews. »Wenn ich kompetenzspezifische Fragen stelle, frage ich gleichzeitig nach Beweisen für echtes Engagement. Die meisten Menschen, vor allem auf einer höheren Hierarchieebene, geben eine gute Antwort, deshalb grabe ich nach echten Beweisen für das Besondere der Situation und die Anstrengungen, die derjenige überwinden musste, um etwas durchzuführen und zu erreichen. Wenn mir jemand von einer Prozesseinführung erzählt, dann hake ich nach: ›Und wie groß war das tatsächliche Mitarbeiterwachstum, welcher Prozentsatz, welcher Geschäftsbereich war davon betroffen und wie stark?‹ Diejenigen, die nicht intensiv beteiligt waren, kennen die Details nicht. Die sagen so etwas wie: ›Oh, an die Einzelheiten kann ich mich nicht mehr erinnern.‹ Für mich legt das nahe, dass sie gar nicht dabei waren. Wer wirklich beteiligt war, weiß eine Menge Details über eine Situation und das Unternehmen sowie über die Anstrengungen, die nötig waren, um Ergebnisse zu erzielen. Weil er so stark beteiligt war, kennt er alle Antworten und kommuniziert sie mit der selbstverständlichen Leidenschaft und Energie, die wir bei unseren Mitarbeitern suchen.«

Die geheime Welt der Personalverantwortlichen

Es gibt noch einen Aspekt des Bewerbungsgesprächs, den Sie im Hinterkopf behalten sollten. Obwohl Recruiter letztlich Menschen mit 3G-Mindset suchen, können sie von anderen Überlegungen abgelenkt sein. Der wichtige Anspruch, während des Auswahlprozesses nicht nur fair zu bleiben, sondern auch als fair wahrgenommen zu werden, kann die Dinge manchmal verzerren und den Vorgang in eine Checklistentätigkeit verwandeln, bei der es anscheinend wichtiger wird, den Papierkram zu erledigen, als den richtigen Mitarbeiter zu finden.

Der potenziell sinnvolle Prozess, der als »kompetenzorientiertes Bewerbungsgespräch« bekannt ist, kann manchmal auf völlig falsche Weise angewandt werden. Wir haben jede Menge Horrorgeschichten über roboterhafte Personalverantwortliche gehört, die sich allein auf Standardfragen verlassen und keinerlei Interesse an den Antworten zeigen.

Sollte Ihnen das passieren, verzweifeln Sie bitte nicht. Sie sind dennoch im Vorteil. Auch wenn der Personalverantwortliche während des Gesprächs in einem starren, wenig hilfreichen System zu stecken scheint, letztlich sucht er immer noch nach demselben. Sie müssen ihn davon überzeugen, dass Sie das gesuchte 3G-Mindset besitzen. Und wieder lügen die Statistiken nicht. Halten Sie an 3G fest und Sie verdreifachen Ihre Chancen, die Stelle zu bekommen.

Sie müssen jede Gelegenheit ergreifen, Arbeitgebern den Beweis zu liefern. Wie begrenzt die Fragen auch sein mögen, die man Ihnen stellt, Sie können mit Ihren Antworten darüber hinausgehen. Natürlich müssen Ihre Antworten relevant und angemessen sein, denn das sind sehr wichtige 3G-Eigenschaften. Doch auch wenn Sie darauf achten, dass Ihre Antworten prägnant auf jede Frage eingehen, sollten Sie einen Schritt weitergehen. Fügen Sie ein Beispiel oder ein Detail aus Ihrer Erfahrung hinzu, das Ihr 3G-Mindset in Aktion zeigt, so wie Sie es auch bei Ihrem CMe getan haben.

Ein Recruiter, der einer starr festgelegten Gesprächsstruktur folgt, wird möglicherweise frustriert sein, dass es so schwierig ist, die nötigen Informationen für eine komplette Einschätzung zu erhalten. Liefern Sie ihm die Beweise, dass Sie über die gesuchten Mindset-Eigenschaften verfügen. Das wird ihn freuen und erleichtern und Ihnen zweifellos helfen, sich auf die richtige Weise von den anderen abzuheben.

Inzwischen kennen Sie Ihre 3G-Mindset-Stärken und Sie sollten eine Zusammenfassung dieser Stärken aus Ihren 3G-Panorama-Ergebnissen haben. Idealerweise haben Sie auch bereits Ihren CMe ausgefüllt. Sie zu kennen und zu haben ist entscheidend. Sie einzusetzen ist Macht.

Ihr gesamtes 3G-Mindset in *jeder* Situation zu demonstrieren macht sich bezahlt. In einer Situation wie der oben beschriebenen können Sie auf Ihre 3G-Stärken setzen und dafür sorgen, dass sie nicht zu übersehen sind.

> »Wenn mir die Leute im Bewerbungsgespräch aussagekräftige Beweise eines gewinnenden Mindsets liefern könnten, würde das alles verändern. Es ist das, was wir am meisten brauchen und was wir bei Neueinstellungen am schlechtesten einschätzen können.«
>
> John Suranyi, ehemaliger Präsident von DIREKTV

Wenn Sie zum Beispiel bei den Good-Facetten Mitgefühl und Einfühlsamkeit einen hohen Punktwert erzielt haben, sollten Sie sicherstellen, dass diese Eigenschaften in der Anwendung glaubwürdig herüberkommen. Vielleicht indem Sie den Meinungen anderer Leute zuhören und Ihr Verständnis bekunden, selbst wenn Sie anschließend ein Gegenargument formulieren. Haben Sie bei Grit einen hohen Punktwert für Intensität erzielt, dann demonstrieren Sie Ihre Fähigkeit, sich ganz auf die anstehende Aufgabe einzulassen und alle Energie hineinzustecken. Umso besser stehen die Chancen, dass ein Arbeitgeber Sie wegen der Mindset-Eigenschaften auswählt, in denen Sie am stärksten und die Ihnen am wichtigsten sind. Das kann eine starke positive Auswirkung auf die Eignung haben.

Ihre wichtigste Erkenntnis aus diesem Kapitel besteht darin, dass Sie Ihr 3G-Mindset einsetzen können, um Ihre Chancen auf jeder Stufe der Arbeitsuche drastisch zu verbessern. Und wenn Sie Ihr 3G-Mindset auf die konkrete Weise anwenden, die wir empfohlen haben – um sich in Ihrem CMe (verbesserter Lebenslauf), im Interview und natürlich bei jedem Rückschlag, jeder Herausforderung und jeder Wendung der Ereignisse Chancen zu sichern –, werden Sie Ihre Erfolgschancen drastisch vervielfachen.

Kapitelzusammenfassung

Wenn Sie Ihr 3G-Mindset in Aktion zeigen, verdreifachen Sie Ihre Chancen, den angestrebten Arbeitsplatz zu bekommen.

Fügen Sie konkrete Beispiele in Ihren Lebenslauf ein, indem Sie nach folgender Formel vorgehen:

3G-Mindset-Eigenschaft – in die Tat umgesetzt – um ein Ergebnis zu erzielen.

Persönliche Statements, aktive Verben sowie Hobbys/Interessen bewirken in Lebensläufen keinen Unterschied.

Der CMe ersetzt den Lebenslauf. Er bietet ein hochaufgelöstes 3D-(3G)-Bild des Bewerbers und ist ein Tool, um Arbeitgebern einen Beweis des Mindsets zu liefern, nach dem sie so verzweifelt suchen.

Spicken Sie Ihren CMe mit Beispielen von 3G-Mindset in Aktion.

Demonstrieren Sie in jedem Vorstellungsgespräch proaktiv 3G-Eigenschaften, vor allem die Top 20 und Top 6, um sich abzuheben.

Ihre 3G-befeuerte Karriere ist jedoch hier noch nicht zu Ende. Nachdem Sie Ihr 3G-Mindset eingesetzt haben, um den Arbeitsplatz zu bekommen, den Sie wollen, entfaltet sich eine ganz neue Welt von Möglichkeiten. Wenn Sie das Gelernte anwenden, um in jedem Beruf voranzukommen und erfolgreich zu sein, wird sich die Kraft des 3G erst so richtig entfalten.

9. Wie Sie mit dem 3G-Weg einen guten Arbeitsplatz behalten und beruflich erfolgreich sind

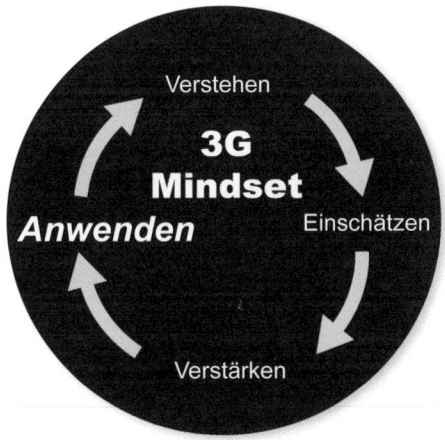

»Die bei Weitem beste Belohnung, die das Leben zu bieten hat, ist die Chance, schwer für etwas zu arbeiten, das es wert ist.«

Theodore Roosevelt

Wenn Sie erst die Stelle haben, ist es Ihr persönlicher ROI (Return on Individual, deutsch: Ertrag pro Person), der Ihr Schicksal prägt. Betrachten Sie Ihren ROI als den vollen Wert, den Sie persönlich durch Ihre Arbeit erbringen können. Einfach ausgedrückt bedeutet ROI: Um zu ermitteln, wie viel Sie tatsächlich beitragen, müssen Sie alles, was Sie hinzufügen, mit dem vergleichen, was Sie abziehen. So können Sie den tatsächlichen Wert definieren, berechnen und verbessern, den Sie bei der Arbeit erbringen. In diesem Kapitel werden wir Ihnen zeigen, wie das geht.

Je größer Ihr echter Gesamtbeitrag in Relation zu den Kosten Ihrer Beschäftigung ist, desto größer ist Ihr ROI. Das zu erkennen ist lebenswichtig. Sich davon (auf eine gute Weise) jeden Tag bei der Arbeit antreiben zu lassen wird Sie von anderen abheben und auf einen lohnenden und bereichernden Karriereweg bringen. Optimieren Sie Ihren ROI und Sie können Ihre Zukunft gestalten.

Deshalb ist der ROI eine der wichtigsten Berechnungen, die Arbeitgeber für jeden Beschäftigten in jeder Karrierephase durchführen können. Zudem hilft er Ihnen und Ihrem Arbeitgeber herauszufinden, warum man gerade Sie im Unternehmen halten sollte. Ihr persönlicher ROI macht deutlich, wie klug Ihr Arbeitgeber war, in Sie zu investieren.

Unabhängig davon, ob Sie ein Aufstrebender, ein Baumeister oder ein Vollender sind: Wenn Sie Ihren ROI ausbauen, werden Sie feststellen, dass Sie gegenüber anderen »qualifizierteren« Mitarbeitern befördert und gehalten werden und Möglichkeiten und Verantwortlichkeiten erhalten, die nur wenige andere genießen.

Ihr ROI ist ein Prozentsatz, der anhand des Gesamtwertes Ihrer Arbeit, Ihrer Ideen und Ihres Einflusses sowie Ihrer Gesamtkosten für Ihren Arbeitgeber wie folgt berechnet werden kann:

$$\text{ROI} = \frac{(\text{Arbeit} + \text{Ideen} + \text{Einfluss} - \text{aufgewendete Mittel})}{\text{Aufwand}} \times 100$$

Mein ROI-Rechner

Arbeit = alles Greifbare, in das Sie Anstrengungen und Energie investieren und das Ihrer Organisation nützt

Ideen = Ihre Ideen oder Vorschläge, die nach Umsetzung einigen (hoffentlich positiven) Wert für andere schaffen

Einfluss = Ihre Nettowirkung (plus oder minus) auf andere (siehe persönliches Bestandsbuch und Impact Map aus Kapitel 6)

Aufwand = die Gesamtkosten dessen, was Ihnen für die Arbeit zur Verfügung gestellt und/oder verbraucht wurde

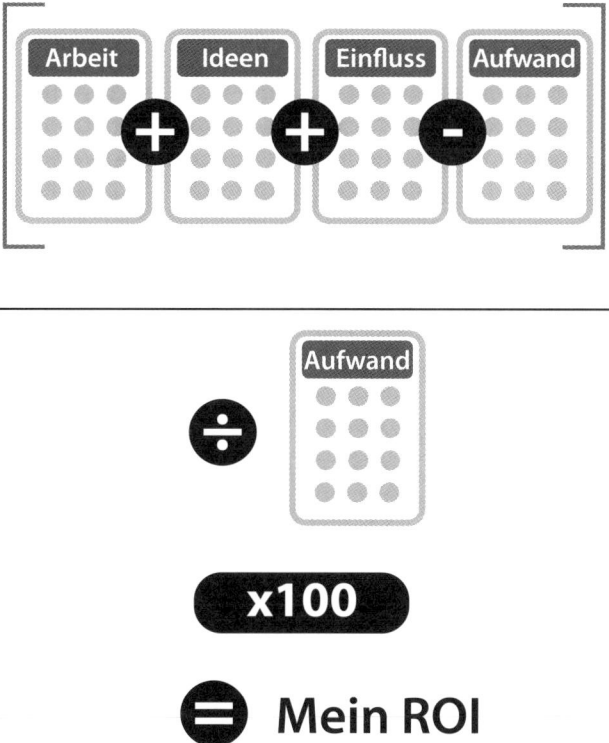

Um zu verstehen, wie Sie Ihren ROI bestimmen, wollen wir uns einige Beispiele ansehen.

Den ROI berechnen

Su Lim (Name abgeändert) arbeitet als Kreditberaterin bei einer mittelständischen Bankfiliale in Singapur. Sie besitzt alle erforderlichen Ausbildungen und Zertifikate, um fundierte Bewertungen und Empfehlungen zu Kreditbewilligungen und -bedingungen abzugeben. Sie erscheint pünktlich, arbeitet den ganzen Tag und ist selten krank. Sie kleidet sich angemessen, ist gut organisiert und höflich, verfügt jedoch über relativ wenig Energie. Su Lim nimmt an den erforderlichen Meetings teil und macht sich Notizen über das, was entschieden und besprochen wird.

Am Ende der Woche ist sie ziemlich erschöpft. Nach dem Grund befragt, würde sie sagen, dass ihr Chef von ihr verlangt, so hart zu arbeiten, dass es zu viel zu tun gibt und dass sie große Verantwortung trägt.

Jedes Jahr weist ihre Leistungsbewertung aus, dass sie die Erwartungen erfüllt. In Wahrheit macht sie zwar ihren Job, aber kein bisschen mehr. Sie hat den ursprünglichen Antrieb verloren, Menschen bei der Finanzierung ihrer Träume zu helfen, und betrachtet Kreditanfragen mittlerweile als wachsenden Stapel auf ihrem Schreibtisch. Infolgedessen sehen sich Kunden häufig Verzögerungen und Papierkrieg gegenüber, wenn sie auf ihre Kreditbewilligung warten. Aber das ist normal. Die Bearbeitungszeiten von Su Lim entsprechen dem Standard. Kurzum, *ihre Arbeit ist durchschnittlich.*

Als Su Lim bei der Bank anfing, entwickelte sie Ideen, um starre Prozesse zu verbessern und Abläufe für die Kunden effizienter zu gestalten. Ihr Chef fühlte sich bedroht und war wenig angetan von dieser »blutjungen Göre mit Universitätsabschluss«, die versuchte, Schwung in den Laden zu bringen. Also gab Su Lim auf. Sie machte keine Vorschläge mehr und passte sich an. Heute nimmt sie zwar an Meetings teil, trägt jedoch nicht viel dazu bei. Wenn sie eine Idee oder eine Antwort braucht, zieht sie das Schulungshandbuch auf ihrem Regal zu Rate.

Sie erklärt Kunden häufig, warum etwas nicht geht, statt nach Wegen zu suchen, um es möglich zu machen. Ihre Vorstellungen schaden dem Geschäft nicht, aber sie helfen auch nicht. Und in einem wettbewerbsintensiven Geschäft sind fehlende Verbesserungen für gewöhnlich gleichbedeutend mit Rückschritt. Su Lim punktet im Bereich Ideen ziemlich niedrig.

Oberflächlich betrachtet ist Su Lim »wirkungsneutral«, weil sie weder eine ernsthafte Bremse noch eine echte Treiberin am Arbeitsplatz ist. Sie hat gute und schlechte Tage wie jeder andere. Aber hinter den Kulissen, wenn sie und ihre Kollegen beim Mittagessen sind oder man sich im Pausenraum trifft, neigt sie dazu, in das allgemeine Klagelied einzustimmen: Das obere Management verstehe überhaupt nicht, was es tatsächlich bedeute, Kreditberater zu sein. In Meetings weist sie jetzt jedes Mal auf die Einschränkungen und Hindernisse hin, wenn jemand eine bessere Vorgehensweise vorschlägt. Sie denkt, dass sie allen einen Gefallen tut, aber in Wirklichkeit erstickt sie jeden neuen Funken. *Su Lim hat einen negativen Einfluss.*

Da Su Lim einschließlich Nebenleistungen angemessen bezahlt wird und stets die Standardlohnerhöhungen erhalten hat, liegt *der Wert der für sie aufgewendeten Mittel bei niedrig bis moderat.*

Su Lim arbeitet gut genug, um (vorerst) beschäftigt zu bleiben, aber da sie lediglich die geforderten Aufgaben erledigt, ist ihr tatsächlicher Wert, ihr persönlicher ROI, ziemlich gering.

Stellen Sie sich vor, Sie wären ihr Chef. Wenn aus irgendeinem Grund die Belegschaft abgebaut werden müsste, würden Sie Su Lim behalten? Wenn sie um eine Beförderung bäte, würden Sie zustimmen? Wenn Sie gebeten würden, ihr eine Empfehlung für einen anderen Arbeitgeber zu geben, was würden Sie ehrlicherweise sagen? Wenn Sie heute ihre Stelle erneut besetzen sollten, würden Sie Su Lim wieder einstellen?

Unsere Feststellung ist, und vielleicht entspricht das auch Ihrer Erfahrung, dass die Arbeitswelt voll ist von Su Lims. In den meisten Organisationen erledigt die Mehrheit der Mitarbeiter einfach nur ihren Job und hat das Gefühl, sehr hart zu arbeiten, aber in Wirklichkeit liegt die Leistung dieser Menschen weit unter ihrem potenziellen Wert. Jeder Arbeitgeber wird Ihnen bestätigen, dass hartes Arbeiten nicht unbedingt dasselbe ist wie optimale Wertvermittlung.

Sogar ohne die Zahlen bekommen Sie ein Gespür dafür, dass der persönliche ROI von Su Lim weit unter ihrem Potenzial liegt – obwohl sie laut Leistungsbewertung die Erwartungen erfüllt. Wenn Sie alles, was sie in Anspruch nimmt (Ressourcen, Energie, Schwung, Möglichkeiten), von dem abziehen, was sie beiträgt (bearbeitete Darlehen), ist das Ergebnis nicht aufregend.

Der persönliche ROI-Wert für Arbeit, Ideen und Einfluss wird auf einer Skala von -20 bis 20 bestimmt. Auf dieser Skala könnten Sie Su Lim eine 4 für die Arbeit, eine -5 für Ideen und eine -4 für Einfluss zuteilen. Ressourcen werden auf einer Skala von 0 bis 20 eingeteilt. Auf dieser Skala könnte Su Lim bei 5 liegen. Werden diese Werte nun in die unten stehende Formel eingetragen, ergibt sich ein ROI von -200 Prozent – für einen »normalen« Angestellten! Den Job zu erledigen ist nicht dasselbe wie echte Wertvermittlung.

$$ROI = \frac{(Arbeit + Ideen + Einfluss - Aufwand)}{Aufwand} \times 100$$

Su Lims ROI

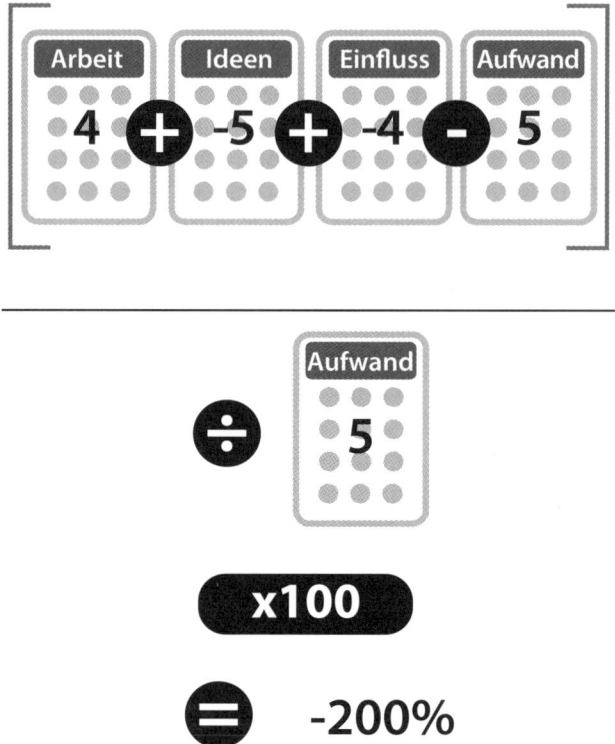

Nachdem wir den ROI von Su Lim berechnet haben, kann es nützlich sein, ihr 3G-Mindset näher zu betrachten. Verwenden Sie Ihr neues Wissen, um Su Lims 3G-Mindset einzuschätzen oder zu bewerten. Um Verwechslungen mit ihrem ROI zu vermeiden, wollen wir eine Skala von 1 bis 10 verwenden, wobei 10 der höchste Wert ist.

Beginnen Sie mit Global. Global schließt sowohl Vernetztheit als auch Offenheit ein. Es bedeutet, Ihr gesamtes Handeln im größeren Zusammenhang der Wirtschaft und der Welt zu betrachten. Und es bedeutet, die Wissbegierde, Offenheit und geistige Mobilität zu haben, um über die unmittelbare Welt hinauszublicken und in die grenzenlose Weite zu gehen, um neue Einblicke und Ideen zu ernten. Wie würden Sie Su Lim bewerten? Sie geht zu ihrer Bank, konzentriert sich auf das, was innerhalb ihrer Bank geschieht, und hat kein Verlangen, umzudenken oder gar ihre Arbeitsabläufe zu verbessern. Auf einer Skala von 1 bis 10 würde sie für Global vielleicht bei 2 eingeordnet.

Sie werden sich erinnern, dass Good Integrität (moralisch, zuverlässig, authentisch) und Liebenswürdigkeit (freundlich, mitfühlend, empathisch, großzügig und so weiter) einschließt. Su Lim ist höflich und nett. Sie lächelt freundlich und behandelt ihre Kunden mit dem nötigen Respekt. Und weil sie ihren Job beherrscht, vertrauen ihr die Kunden und Mitarbeiter, dass sie die richtigen Entscheidungen innerhalb der feststehenden Parameter trifft. Sie verhält sich moralisch einwandfrei, und obwohl sie einige »Wahrheiten« zurückhält, würde sie nicht offen lügen. Sie als allzu großzügig, freundlich, mitfühlend oder anteilnehmend zu beschreiben wäre unzutreffend. Sie demonstriert eine Art klinische Empathie, aber nicht mehr, die sie unaufrichtig scheinen lässt, wenn sie einem Kunden sagt: »Wir nehmen Ihre Angelegenheit wichtig.« Würden Sie Su Lim bei Good mehr als eine 5 oder 6 geben?

Wenn Grit Entwicklungsfähigkeit, Belastbarkeit, Intensität und Beharrlichkeit umfasst, wie würden Sie Su Lim bei dem letzten G bewerten? Sie zeigt keine Lernbereitschaft, tut nur, was erforderlich ist, um sich zu verbessern, macht ihren Job, saugt aber wohl mehr Energie auf, als sie weitergibt, und findet schnell Rechtfertigungen, warum Dinge nicht gemacht werden können, anstatt beharrlich nach Möglichkeiten zu suchen. Ihr Grit-Wert? Können Sie sie höher einstufen als 3 oder 4?

Su Lim hat einen niedrigen 3G-Wert und sie hat einen niedrigen ROI. Stellen Sie sich vor, Su Lims Mindset wäre bei allen 3G-Eigenschaften herausragend. Wenn sie bei allen Facetten von Global, Good und Grit hohe Werte aufwiese, was würde dann mit ihrem ROI geschehen? Schlechtes 3G-Mindset, schlechter ROI. Starkes 3G-Mindset, starker ROI. 3G steuert den ROI, der wiederum Ihren Erfolg steuert.

Im Laufe der Jahre haben wir festgestellt, dass es viele Menschen wie Su Lim gibt, die vor Talent platzen und die richtigen Voraussetzungen mitbringen, sich aber im Ergebnis schließlich *negativ* für ihre Arbeitgeber auswirken, weil sie Energie, Moral, Vertrauen, Loyalität, Kameradschaft und die Gesamtleistung herunterziehen. Manchmal können die tatsächlichen Resultate ziemlich erschreckend sein.

Nehmen Sie Daniel (Name geändert), einen begabten Versicherungsmathematiker bei einer der weltweit größten Versicherungsgesellschaften. Er hat seinen Doktortitel der Mathematik an einer Spitzenuniversität erworben und gehört bei der Bearbeitung von versicherungsmathematischen Problemen bestimmt zu den schnellsten, erfahrensten und kenntnisreichsten Mitarbeitern im gesamten Team. Er kann im Kopf Aufgaben lösen, für welche die meisten die Hilfe eines Computers benötigen, und das doppelt so schnell. In Anbetracht seines speziellen Talents könnte ein Versicherungsmanager fragen: »Wo kann ich so jemanden herbekommen?« Man könnte meinen, dass Daniel immensen Wert liefert.

Die Wirklichkeit sieht jedoch anders aus. Die Fluktuation in Daniels Team ist *dreimal* so hoch wie im übrigen Unternehmen und der Hauptgrund ist Daniel. Auf die Frage, warum sie kündigen, beschreiben Daniels Teamkollegen, manchmal unter Tränen, sein monströses Ego, die Art, wie er jedermann entweder brutal beiseite fegt oder die Ideen stiehlt, seine Bereitwilligkeit, zu betrügen oder zu lügen, um seinen Willen durchzusetzen, und wie er ständig Menschen gegeneinander ausspielt, um gut dazustehen. Ein direkter Mitarbeiter platzt heraus: »Er ist unerträglich!«

Um es noch schlimmer zu machen, ist Daniel dafür bekannt, bei den Top-Managern zu buckeln, um wertvolle Ressourcen von anderen Geschäftsbereichen abzuziehen, die diese brauchen, um ihre Ziele zu erreichen. Er tut das, damit er seine eigenen Ziele erreichen kann und mehr Lob einheimst. Ein aufgebrachter Kollege sagt: »Er ist die niederträchtigste und eigennützigste Person, mit der ich jemals gearbeitet habe! Ich schwöre, dass er seine eigene Mutter in die Sklaverei verkaufen würde, wenn ihm das einen größeren Bonus einbrächte … niemand, und damit meine ich wirklich *niemand*, vertraut diesem Kerl.«

Wie ist Daniels ROI? Er löst schwierige Probleme, indem er tolle Ideen und konkrete Lösungen beiträgt. Das stellt für seinen Arbeitgeber einen großen Wert dar. Aber er bringt Spitzentalente dazu, sich vom Unternehmen zu trennen, und erringt seinen »Erfolg« auf Kosten anderer Teams und Regionen. Er schafft ein Klima des Misstrauens, der Anspannung und der Angst. Daniel bekommt viele Ressourcen. Er wird ansehnlich bezahlt, erhält ein volles Paket an Nebenleistungen, hat ein großes Büro, produziert eine Menge Berichte (viele unwichtig) und erwartet, ja verlangt sogar, dass Dutzende Mitarbeiter sie lesen. Außerdem taktiert er geschickt, um an der Macht zu bleiben.

Ist er in Summe positiv oder negativ? Wenn eine Organisation bei der Kündigung eines bestimmten Mitarbeiters einen Seufzer der Erleichterung ausstößt, dann hat diese Person wahrscheinlich einen negativen Saldo. Selbst die strahlendsten Talente können die schwärzesten Wolken erzeugen.

Zugleich haben wir auf allen Ebenen von Organisationen Menschen mit durchschnittlichem, sogar unterdurchschnittlichem Talent getroffen, die enorm positive Resultate für ihren Arbeitgeber erzielen. Um solche Menschen zu halten, würden Arbeitgeber alles tun, größtenteils wegen ihres außergewöhnlichen 3G-Mindsets. Das ergibt Sinn.

Lassen Sie uns einige Werte festlegen. Auf einer Skala von 20 bekäme Daniel die folgenden Punkte:

$$ROI = \frac{(Arbeit + Ideen + Einfluss - Aufwand)}{Aufwand} \times 100$$

Daniels ROI

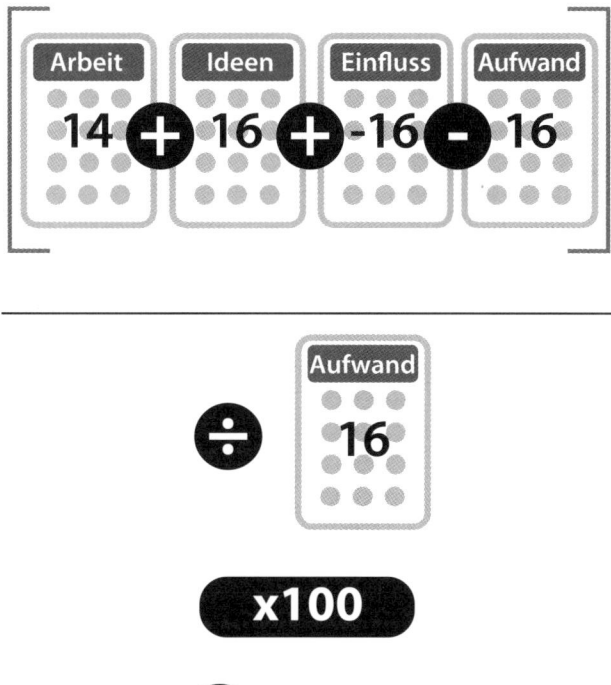

Wir haben also mit Daniel einen ranghohen, sehr talentierten Mitarbeiter, dessen ROI ausgeprägt negativ ist. Mit anderen Worten, es kostet seine Organisation – im wahrsten Sinne des Wortes – mehr, ihn zu beschäftigen, als sie zurückbekommt. Und das beruht auf Daniels schwachem 3G-Mindset.

Ein negativer ROI ist niemals gut. Er liefert starke Argumente für Ihre sofortige Entlassung. Ein nur geringfügig positiver ROI ist nicht viel besser. Er stellt Sie als mittelmäßig dar und Sie werden wahrscheinlich zu den Ersten gehören, wenn Ihr Arbeitgeber Kündigungen vornimmt. Zudem behindert er auch den Erfolg und die Motivation von Mitarbeitern aus Ihrer unmittelbaren Arbeitsumgebung.

Das leuchtet ein. Eine der besten Methoden, einen guten Arbeitsplatz zu behalten und darin erfolgreich zu sein, besteht darin, sich in Ihren Arbeitgeber hineinzuversetzen, die Dinge aus seiner Perspektive zu sehen und sich dann die Frage zu stellen, die er sich unterbewusst jeden Tag im Hinblick auf jeden seiner Angestellten stellt: »Welchen echten Wert liefert diese Person tatsächlich für unsere Organisation?«

Das zu wissen und, noch wichtiger, zu optimieren ist eine der wirksamsten Vorgehensweisen, um sicherzustellen, dass Sie nicht nur einen guten Arbeitsplatz bekommen, sondern auch von jedermann als unentbehrlich betrachtet werden, für den und mit dem Sie arbeiten. Genau das haben uns Top-Arbeitgeber in unserer Untersuchung erzählt: 3G steuert Ihren persönlichen ROI. Deshalb bewerten Arbeitgeber Mindset höher als Skillset. Das richtige Mindset schafft größeren Wert für Arbeitgeber und für Sie selbst.

Sie können die folgende Tatsache verstörend oder auch vielversprechend finden: Wir haben festgestellt, dass die Menschen, die am meisten oder am besten *arbeiten,* nicht notwendigerweise auch den größten *Wert* liefern – oder von ihren Arbeitgebern und den Stakeholdern, die ihren Gesamterfolg bei der Arbeit beeinflussen, am meisten geschätzt werden. Der Wert übertrumpft die Arbeitsergebnisse. Aber wie oft nehmen wir an, dass mehr Arbeit automatisch mehr Wert bedeutet? Die Idee ist, den von Ihnen erbrachten Wert zu optimieren statt nur die reine Arbeitsleistung.

Denken Sie an die Rolle, die Ihr 3G-Mindset spielt. Abgesehen von den offensichtlichen und erkennbaren Faktoren – wie viel eine Person leistet, verkauft, erzeugt, zusammenbaut und liefert: Was bestimmt Ihre Gesamtwirkung für die Organisation oder den von Ihnen erbrachten Wert? Wir geben Arbeitgebern den Impuls, über die normalen Kalkulationen hinauszugehen und einzubeziehen, welchen Einfluss das Mindset von Angestellten auf Moral, Energie, Innovation, Kultur, Verpflichtung, Produktivität und Leistung insgesamt haben kann. Ihre Schlussfolgerungen können in vielen Fällen überraschend sein.

Es stellt sich heraus, dass Ihr 3G-Mindset häufig mehr zum ROI (Ihrem Nettowert für die Organisation) beitragen kann als jeder andere Faktor. Warum? Weil Ihr 3G-Mindset jede Facette dessen prägt, wer Sie sind und was Sie jeden Tag in die Arbeit einbringen.

Stellen Sie sicher, dass Ihr persönlicher ROI beständig über 100 Prozent liegt. Das bedeutet, dass Sie durch Ihre Arbeit, Ihre Ideen und Ihren Einfluss mehr als doppelt so viel beitragen wie die Mittel, die Sie verbrauchen. Wenn Ihr persönlicher ROI konsequent über 100 Prozent liegt, sollten Ihr Beitrag und Wert deutlich erkennbar sein und Sie befinden sich auf einem guten Weg zu einer glänzenden Karriere.

Minimaler ROI

Für Ihren beruflichen Erfolg durch 3G zahlt es sich aus, sich in Ihren Arbeitgeber hineinzuversetzen. Ist es nicht interessant, wie oft sich Unternehmensleiter mit der klischeehaften Formulierung äußern: »Unsere Mitarbeiter sind unser größter Aktivposten«? Und dennoch weisen ihre Finanzabteilungen die Menschen als »Personalkosten« aus und diese Menschen erscheinen weder als Aktivposten noch bei den Verbindlichkeiten in der Bilanz ihres Unternehmens. Tatsächlich sind Menschen, jedenfalls einige, der größte Aktivposten ihres Unternehmens, während andere seine größte Belastung sein können. Wenn Sie an den Einsatz Ihres 3G-Mindsets denken, sollten Sie das im Hinterkopf behalten.

Im geschäftlichen Alltag wären nur wenige Geschäftsleute bereit, einen Vertrag mit einer Klausel zu unterzeichnen, die sie zu unbegrenzter Haftung verpflichtet. Sie wollen nicht alles aufs Spiel setzen, doch seltsamerweise tun sie das jedes Mal, wenn sie jemanden einstellen. Denn eine einzige Person kann durch ihr Verhalten ein Unternehmen in ernsten Verruf bringen oder finanziell ruinieren, im Extremfall auch beides.

Das ist keine Hypothese. Er ist sehr real. Die *Deep-Water-Horizon*-Katastrophe von 2010 verursachte einen beispiellosen Umweltschaden im Golf von Mexiko, kostete BP Milliarden und zerstörte den Ruf des Unternehmens. In den 1990er-Jahren verursachten die betrügerischen Alleingänge des Händlers Nick Leeson den Zusammenbruch von Barings, einer der ältesten Banken Großbritanniens. Und die Pleite des Energieriesen Enron wurde auf ähnliche Weise durch die Handlungen einer Handvoll unehrlicher Personen verursacht. Menschen mit großen Schwächen in ihrem Mindset können nicht nur ihren eigenen Wert (ROI) unterminieren, sondern auch den ihres Unternehmens.

Das sind einige der wohl bekanntesten Beispiele, aber es gibt Tausende andere. Die gesamten Auswirkungen solcher Handlungen sind unmöglich zu berechnen, aber sie sind sicher immens. Unternehmen können von nachlässigen, unfähigen oder unehrlichen Beschäftigten in die Knie gezwungen werden. Sie werden nicht viele Unternehmensleiter sagen hören: »Unsere Leute sind unsere größte Belastung«, aber für viele Unternehmen trifft genau das zu. Sie können Ihr 3G-Mindset verwenden, um ein außergewöhnlicher Aktivposten zu sein, selbst wenn andere den Wert der Organisation schädigen.

Maximaler ROI

Am anderen Ende der Skala gibt es Menschen, die einen enorm hohen ROI haben. James erinnert sich an seine erste Arbeitgeberin, Anita Roddick, die Gründerin von The Body Shop.

»Ich habe Anita geschrieben, weil ich für einen Unternehmer arbeiten wollte. Es war ein Schuss ins Blaue und ich war verblüfft, als ich eines Samstagmorgens einen Anruf von ihr bekam. Sie redete schnell und voller Elan. Ich wusste sofort, dass ich für sie arbeiten wollte. Am darauffolgenden Montag hatte ich ein Vorstellungsgespräch bei ihr. Sie zählte auf, was alles zu tun war, und fragte dann: ›Wann können Sie anfangen?‹ Meine Antwort lautete: ›Sofort.‹«

Zu dieser Zeit, in einem relativ frühen Stadium ihrer Karriere, hatten Anita und ihr Mann Gordon The Body Shop aus dem Nichts zu einem an der Londoner Börse gelisteten Unternehmen aufgebaut. Anita war gerade als Unternehmerin des Jahres ausgezeichnet worden. Sie hatte Neuland betreten. The Body Shop hatte klar Stellung bezogen. Keines der dort verkauften Produkte (von Seife und Lotionen bis zu Shampoos und Kosmetik) wurde an Tieren getestet. Vielmehr kämpfte das Unternehmen leidenschaftlich gegen Tierversuche mit Kosmetik. Anitas Geschäft war vom gleichen Aktivismus geprägt wie sie selbst.

Von seinen Anfängen 1976 bis zu Anitas frühem Tod 2007 ist The Body Shop exponentiell gewachsen. Heute ist es ein globales Einzelhandelsunternehmen mit mehr als zweitausend Filialen in sechzig Märkten weltweit.

Anita demonstrierte ein erfolgreiches 3G-Mindset und es war ihr 3G-Mindset, das ihren hohen persönlichen ROI bewirkte. Warum? Weil Ihr 3G-Mindset beeinflusst, wer Sie sind und was Sie jeden Tag in die Arbeit (und ins Leben) einbringen. Betrachten Sie Anita mal durch das 3G-Objektiv.

1. **Global:** Anita lenkte ihren Blick über ihre unmittelbare Welt hinaus und hielt weltweit nach neuen Produkten und frischen Ideen Ausschau. Sie war immer unterwegs und immer auf der Jagd. In den Regenwäldern des Amazonas, in den Dschungeln Borneos und in den Bergen Indiens fahndete sie nach neuen Einfällen. Sie war stets neugierig auf die Produkte, die Menschen in anderen Kulturen benutzen, übernahm die vielen guten Ideen, denen sie begegnete, und passte sie an. Das Ergebnis war eine unglaubliche Bandbreite von fantasievollen und kreativen Produkten aus aller Welt, vereint unter einem Dach und der einheitlichen Marke The Body Shop.

2. **Good:** Anita baute ihr Unternehmen auf einem hohen Ethos auf. Good war kein Nebenprodukt oder etwas, das man im Hinterkopf behalten sollte. Es war der absolute Kern ihres gesamten Handelns und aller ihrer Ziele, seien es die Fair-Trade-Bewegung für die Zulieferer des Unternehmens, die Rechte der Frauen rund um die Welt oder der Grundsatz, dass keins der im Unternehmen verkauften Produkte an Tieren getestet sein durfte. Ihr Good-Mindset machte ihr Unternehmen zu einem begehrten Arbeitgeber und half ihr, die Besten der Besten anzuwerben und zu halten.

3. **Grit:** Anita gründete ihre Firma und ihr erstes Geschäft in Brighton in Südengland, während ihr Mann beruflich längere Zeit im Ausland tätig war und sie sich zu Hause um die zwei kleinen Töchter kümmerte. Zu einer Zeit, als Unternehmerinnen eine Seltenheit waren und ihr Unternehmen nur eine kleine Erfolgsgeschichte vorweisen konnte, sammelte sie Kapital, beschäftigte sich mit Investoren und überzeugte die Aufsichtsbehörden. Dieser Gründungsgeist und ihre große persönliche Energie durchdrangen The Body Shop, während die Firma wuchs. Anita zeigte bis zum Schluss charakteristisches Grit und entschied sich, über ihre Krankheit zu sprechen (Hepatitis C), damit die Öffentlichkeit mehr Verständnis dafür aufbrachte.

Was denken Sie, wie Anitas ROI ausfallen würde? Nehmen Sie sich einen Moment Zeit zum Überlegen. Obwohl wir nicht alle Information haben, die wir bräuchten, um ihn genau zu berechnen, können wir es dennoch versuchen. Die Zahl wird mit Sicherheit sehr hoch ausfallen. Anita sprühte vor Ideen, vom ursprünglichen Konzept bis zu den Produktdetails und dem Vertriebsweg. Sie hatte zudem massiven Einfluss auf die Menschen, mit denen sie arbeitete, und auf die Kunden, die sie bediente.

Stellen Sie sich vor, Sie wären Anita Roddicks Chef, Partner oder Arbeitskollege. Welchen ROI würden Sie ihr zuteilen? In Anbetracht des riesigen Wertes ihrer Arbeit, ihrer Ideen und ihrer Wirkung sowie ihrer echten Bemühungen, die von ihr verbrauchten Ressourcen zu beschränken, würde ihr ROI Hunderte, wenn nicht gar Tausende Prozent betragen. Anders ausgedrückt, sie wäre das Zehn- bis Hundertfache dessen wert, was es kosten würde, sie anzustellen.

Fragen Sie sich selbst, wenn Sie zwanzig oder sogar hundert gute Mitarbeiter hätten, wen würden Sie befördern? Und wie wahrscheinlich würden Sie jemanden wie Anita aus Ihrem Team ausschließen wollen? Oder prophezeien Sie, so wie wir, dass sie die letzte Person wäre, die Sie gehen lassen würden? Was wäre, wenn Ihr Arbeitgeber genauso über Sie dächte?

Sie müssen keine unternehmerische Legende sein, um einen außergewöhnlichen ROI zu erreichen. Ari Spoto ist eine Universitätsstudentin im letzten Studienjahr, die aus ihrer Mietwohnung im kalifornischen San Luis Obispo einen persönlichen Concierge-Service betreibt und mit ihrem Auto Besorgungen für ihre Kunden in der ganzen Stadt erledigt. Sie wird auf Basis eines stündlichen oder täglichen Honorars bescheiden bezahlt, aber blüht auf durch die Freiheit, die ihre Arbeit ihr gibt, weil sie sie entsprechend ihrem Stundenplan einteilen kann. Allwöchentlich bedient sie mehrere Kunden.

Die Kosten, sie anzustellen, sind klein (geringe Ressourcen); sie strengt sich immer besonders an, um eine außergewöhnliche Leistung zu erbringen, häufig besser, als ihr jeweiliger Auftraggeber es selbst tun könnte (außergewöhnliche Arbeit); sie entwickelt ständig geniale Ideen, um Zeit und Geld zu sparen und/oder Dinge besser zu machen (außergewöhnliche Ideen); und sie investiert Energie, Begeisterung und echtes Bemühen um die Zufriedenheit anderer in alles, was sie tut (außergewöhnliche Wirkung). Infolgedessen muss ihr persönlicher ROI sehr hoch sein.

Und man kann sich unschwer vorstellen, dass Ari dieses Niveau an persönlichem ROI bei all ihren Aktivitäten an den Tag legt. Stellen Sie sich vor, wie sehr ihre Kunden sie vermissen werden, wenn sie ihr Studium abschließt. Stellen Sie sich vor, wie gern sie sie anderen empfehlen oder ihr eine überschwänglich positive Referenz für ihre zukünftigen Arbeitsplätze geben. Selbst als befristete Teilzeitmitarbeiterin ist Ari ein Mensch, den man einstellen, halten, empfehlen, belohnen und reichlich mit Chancen versehen will, alles aufgrund ihres persönlichen ROI.

Ihr persönlicher ROI

Versuchen Sie nun, Ihren eigenen ROI zu berechnen. Nehmen Sie sich Zeit dafür. Es ist eine der bestmöglichen Investitionen in Ihre Karriere. Versuchen Sie nicht um jeden Preis, mit genauen Zahlen aufzuwarten. Viel wichtiger sind der Grundgedanke und das Üben der Berechnungsmethode. Sie können die Berechnung auch online unter www.3GMindset.com durchführen.

Warnung und Rat: Die Berechnung Ihres persönlichen ROI kann sowohl schwierig als auch subjektiv sein. Wenn diese Übung halbherzig gemacht wird, kann sie wirkungslos bleiben, statt als das praxisgeprüfte, kompromisslose Tool zu dienen, das es eigentlich ist. Wir haben dieses Tool eingesetzt, um den Karriereerfolg von Spitzenmanagern und ihren Leuten zu coachen und anzuleiten. Richtig angewendet, kann es sowohl ein Aha-Erlebnis als auch einen stetigen Weg zu einer erfolgreichen, lohnenden Karriere schaffen.

Statt sich nur auf Ihre subjektive Selbstbewertung zu verlassen, lassen Sie Ihre Annahmen von anderen überprüfen, die am besten dazu qualifiziert sind. Das tun wir auch, wann immer wir unseren persönlichen ROI bewerten, und es führt stets zu einem höheren Ergebnis.

Hier ist noch einmal die Formel zur Bestimmung Ihres persönlichen ROI:

$$ROI = \frac{(Arbeit + Ideen + Einfluss - Aufwand)}{Aufwand} \times 100$$

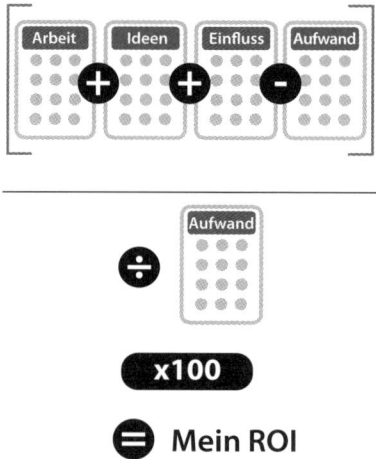

Bewerten Sie Ihren ROI – Arbeit, Ideen, Einfluss

Im Folgenden finden Sie ein paar grundsätzliche (nicht wissenschaftliche) Richtlinien, damit Sie Ihre Werte für Arbeit, Ideen und Einfluss zuordnen können:

16 bis 20: absolut außergewöhnlicher Wert (die obersten 10 Prozent)

6 bis 15: gut überdurchschnittlich (die oberen 30 Prozent)

-5 bis 5: durchschnittlicher Wert (die mittleren 40 Prozent)

-15 bis -6: klar unterdurchschnittlich (die unteren 30 Prozent)

-16 bis -20: außergewöhnlich niedriger (möglicherweise schädlicher) Wert (die untersten 10 Prozent)

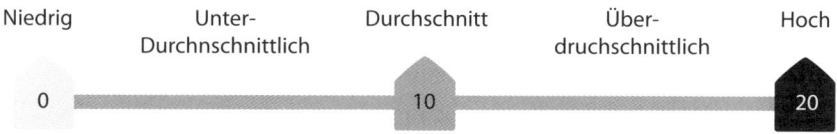

| Niedrig | Unter-Durchnschnittlich | Durchschnitt | Über-druchschnittlich | Hoch |
| 0 | | 10 | | 20 |

Arbeit

Welche Arbeit (Bemühungen, die zu einem Beitrag führen) liefern Sie? Verzeichnen Sie alle Arten von Arbeit (auf Bemühungen beruhender Beitrag), die Sie in einer typischen Woche, einem Monat oder einem Jahr liefern. Verbessert oder beeinträchtigt Ihre Anstrengung andere? Bereichert oder vermindert sie Leistungsfähigkeit und Resultate? Und um wie viel?

Schauen Sie auf Ihre Liste und bewerten Sie den gesamten tatsächlichen Wert Ihrer Arbeit. Wie würden Sie Ihre gesamte Arbeit auf einer Skala von -20 bis 20 einschätzen? Wobei 20 das Höchstmaß Ihres gesamten Beitragspotenzials darstellt (Hinweis: 20 ist ein Ideal und wird selten erreicht) und -20 für das Extrem einer negativen, schädlichen Wirkung steht. Es kann hilfreich sein, dabei an jemanden zu denken, dessen Arbeit für viele nahe an 20 liegt, und an jemanden, dessen Arbeit keinen echten Wert hat und dessen Leistung nahe an -20 liegt.

Ideen

Ideen schließen alles ein, von kleinen Vorschlägen bis zu revolutionären Veränderungen der Sicht- und Handlungsweise. Entscheidend ist, dass diese Ideen tatsächlich genutzt werden. Sie müssen realisiert werden. Das gilt für jeden Arbeitsplatz, selbst wenn Sie eine Teilzeitaushilfe sind, weil jeder Arbeitsplatz, selbst der am stärksten reglementierte, verbessert werden kann und Verbesserungen grundsätzlich Wert hinzufügen. Sie müssen nicht Krebs heilen können, um Wert zu vermitteln.

In Kapitel 5 haben wir Ihnen einige Vorschläge unterbreitet, wie man divergentes und kaleidoskopisches Denken verwenden kann, um Ideen und Lösungen zu erzeugen. Es ist nützlich, alle von Ihnen eingebrachten Ideen oder Vorschläge aufzuschreiben, die während der letzten Woche, im letzten Monat oder auch vorher umgesetzt wurden. Das können Sie hier tun:

Schätzen Sie den Gesamtwert Ihrer Ideen ein. Verwenden Sie die Bewertungsliste als Anleitung. Wo würden Sie sich selbst auf einer Skala von -20 bis 20 einstufen — wenn 20 die absolute Ausschöpfung Ihres Ideenpotenzials mit einem immensen positiven Einfluss auf andere und Ihre Organisation bedeutet und -20 das gegenteilige Extrem des negativen oder schädlichen Einflusses infolge Ihrer Ideen? Es kann helfen, für eine 20 an jene Durchbrüche zu denken, die das Unternehmen voranbringen oder Millionen einsparen, und für eine -20 an Ideen, die das Unternehmen auf einen gefährlichen, sogar tödlichen Weg führen.

Einfluss

Unter Einfluss zählen alle *übrigen* Arten, auf die Sie andere absichtlich oder unabsichtlich tangieren. Dieser Aspekt verlangt Reflexion und Aufrichtigkeit, schon weil es so viele subtile Einflussfaktoren gibt. Zudem ist es häufig schwierig, sich darüber klar zu werden, wo und wie man unabsichtlich negativ auf andere wirkt.

Einfluss schließt die positiven oder negativen Auswirkungen ein, die Sie aufgrund Ihres Stils, Ihres Tons, Ihrer Disposition, Ihrer Energie, Ihrer Wörter, Ihrer Herangehensweise, Ihrer Präsenz und Ihres Verhaltens haben. Sind Sie gegenüber anderen Menschen herzlich oder ablehnend? Sind Sie sympathisch, einfühlsam und mitfühlend oder leidenschaftslos und kühl? Neigen Sie dazu, zu fördern oder zu entmutigen? Sind Sie einladend und offen oder ablehnend und verschlossen? Neigen Sie dazu, Energie in Gespräche und Treffen einzubringen oder abzuziehen? Machen Sie Menschen produktiver, effizienter und engagierter oder mindern Sie diese Eigenschaften eher?

Es ist nicht leicht, ein gerechter, objektiver Richter zu sein. Fragen Sie im Zweifelsfall diejenigen, die Sie am besten kennen und Ihnen die ehrlichsten Antworten geben werden.

Nun können Sie rechnen. Bewerten Sie den vollen positiven oder negativen Wert Ihres Einflusses. Nutzen Sie die Bewertungsliste als Richtschnur, um auf einer Skala von -20 bis 20 – wobei 20 Ihr gesamtes Einflusspotenzial mit enormen Vorteilen für andere repräsentiert und -20 für das andere Extrem von negativen, sogar schädlichen Einflüssen steht – Ihren Einfluss einzuschätzen. Denken Sie an jemanden, der wie ein menschlicher Mahlstrom alles und jeden in den Abgrund zieht, als eine -20. Und denken Sie an die belebende, antreibende Seele der Unternehmenskultur als eine 20.

Ressourcen

Unabhängig davon, welche Position Sie innehaben, entstehen einem Unternehmen Kosten, um Sie zu beschäftigen. Vermutlich wesentlich mehr, als Sie sich vorstellen. Wenn die tatsächlichen Kosten eines Mitarbeiters in einem beliebigen Beruf berechnet werden, ist das Ergebnis oft schwindelerregend. Als Faustregel können Sie 50 Prozent zu Ihrem Gehalt hinzurechnen, um die direkten und indirekten Kosten Ihrer Beschäftigung abzudecken.

Ressourcen bezeichnen die Gesamtkosten oder den Wert all dessen, was Ihnen durch Ihr Unternehmen zur Verfügung gestellt wird. Das schließt die großen, offensichtlichen Faktoren wie Bezahlung, Ausbildung und Nebenleistungen genauso ein wie die kleineren, weniger offensichtlichen Dinge wie Toilettenpapier, Licht, Elektrizität und Raumkosten. Es beinhaltet auch die gesamte Zeit, Aufmerksamkeit und Energie, die Sie von anderen fordern, weil auch hierdurch Kosten entstehen.

Erstellen Sie eine Liste der verschiedenen Ressourcen, die Sie erhalten und/oder verbrauchen, damit Sie ein besseres Gespür dafür bekommen, auf welchen Betrag sich Ihre Ressourcen summieren.

Bewerten Sie, wie viele Ressourcen Sie verbrauchen/verlangen. Nutzen Sie dafür die Ressourcen-Bewertungsliste als Anleitung, um auf einer Skala von 1 bis 20 Ihren Ressourcenverbrauch einzuschätzen. Stellen Sie sich jemanden vor, der eine Spitzenbezahlung, Nebenleistungen, Schulungen, Arbeitsmaterialien und Räumlichkeiten bekommt und am meisten Zeit, Energie und Aufmerksamkeit von anderen fordert, und nehmen Sie ihn als repräsentativ für die 20. Und bewerten Sie eine Person, die umsonst arbeitet und ihre eigenen Betriebsmittel (Büro, Elektrizität und so weiter) zur Verfügung stellt, als 1.

Bewerten Sie die relativen und vollen Kosten der Ressourcen, die nötig sind, um Sie zu beschäftigen, anhand folgender grober Richtlinien:

16 bis 20: außergewöhnlich hohe Ressourcenkosten (die höchsten 10 Prozent)

10 bis 15: mäßig hohe Ressourcenkosten (die oberen 30 Prozent)

5 bis 10: angemessene Ressourcenkosten (die mittleren 60 Prozent)

0 bis 4: sehr niedrige Ressourcenkosten (die untersten 10 Prozent)

Ihr Gesamtwert

Setzen Sie nun die Werte für Arbeit, Ideen, Einfluss und Ressourcen in die folgende Gleichung ein, um Ihren persönlichen ROI zu bestimmen.

$$ROI = \frac{(Arbeit + Ideen + Einfluss - Aufwand)}{Aufwand} \times 100$$

Ihr persönlicher ROI wird immer als Prozentsatz ausgedrückt, denken Sie also daran, das

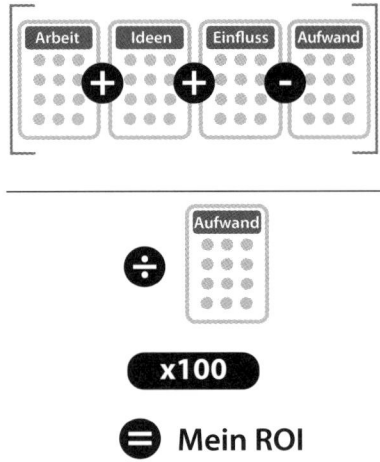

Ergebnis mit 100 zu multiplizieren. Natürlich gilt: Je höher die Zahl, desto größer ist der prozentual von Ihnen gelieferte Return.

Das Ergebnis wird Ihrem persönlichen ROI sehr nahe kommen. Jetzt beantworten Sie zwei Fragen:

1. Wird Ihr aktueller oder zukünftiger Arbeitgeber Sie ähnlich einschätzen?

2. Was müssen Sie grundsätzlich (und ohne Kompromisse) tun, um Ihre Werte zu verbessern?

Die Ergebnisse der persönlichen ROI-Berechnung können eine enorm große Bandbreite abdecken. Wenn Sie diese Berechnung für die unterschiedlichsten Menschen durchführen müssten, kämen Sie unweigerlich zu dem Schluss: Eine Person kann einen enormen (positiven oder negativen) Unterschied bewirken und die Kluft zwischen einer »guten« und einer »schlechten« Neueinstellung kann wahrhaftig tief sein.

Obwohl der persönliche ROI mathematisch berechnet werden kann, geht es mehr um das Grundprinzip als um die Zahl. Es geht darum, unbedingt Ihren Gesamtwert für alle zu optimieren, mit denen und für die Sie arbeiten, sowie für Ihr Unternehmen insgesamt. Möglicherweise fällt es Ihnen schwer, für jeden Aspekt mit exakten Zahlen aufzuwarten, aber das macht nichts. Das Ziel ist, darüber nachzudenken, wo Sie jetzt stehen und wie Sie Ihren persönlichen ROI insgesamt stärken können. Beachten Sie auch hier, wie Ihr 3G-Mindset die komplette Formel durchdringt.

Karriere machen mit der 3G-Methode – die Sicht der Arbeitgeber

Von all den Ideen, Werkzeugen, Modellen und Konzepten, die wir Arbeitgebern weltweit anbieten, erzeugt kein anderes größere Resonanz und mehr Begeisterung als die Kombination des 3G-Mindsets mit dem persönlichen ROI. Arbeitgeber erkennen das sofort und bezeichnen die Kombination 3G und persönlicher ROI als die lange gesuchte Antwort auf die Frage, wen sie einstellen, befördern, schätzen, halten und entwickeln sollen. Und fast jeder von uns befragte Arbeitgeber kann eine Geschichte zum Thema »3G fördert den Wert« (den persönlichen ROI) beisteuern.

In Anbetracht der Tools und Kenntnisse, die Sie gewonnen haben, sehen wir keinen Grund, warum Ihr nächster Arbeitgeber keine derartige Geschichte über Sie erzählen sollte, wenn Sie Ihr Mindset zum Einsatz bringen. Lassen Sie von den folgenden zwei Beispielen (eine Auswahl aus unzähligen anderen) Ihre Vorstellungskraft anregen, wenn Sie sich fragen: »Was sollte mein aktueller (oder nächster) Arbeitgeber über mich sagen?«

Eine wahre Geschichte – Mindset

Carol Urick, Vizepräsidentin bei einer großen Versicherungsgesellschaft, erzählt die Geschichte einer jungen Frau (laut Carol ist sie zu bescheiden, um uns ihren Namen nennen zu lassen), die sie bei ihrer früheren Tätigkeit in einer Investmentbank kennenlernte. Die junge Frau gestaltete ihre eigene Zukunft durch bloße Willenskraft und Entschlossenheit. Sie arbeitete in einem Hinterzimmer der Bank in der Nachtschicht und sortierte Überweisungen. Diese junge Frau hatte deutlich gemacht, dass sie unbedingt mehr im Leben erreichen wollte. »Es war ihr Mindset, nicht ihr Skillset, das uns überzeugt hat. Glauben Sie mir.«

Am Anfang suchte die junge Frau eine Stelle als Verkaufsassistentin (überwiegend Bürotätigkeit) und sie arbeitete wie besessen, um sie zu bekommen. Schließlich hatte sie sich, dank ihres erstaunlichen Mindsets, bis zur Assistenz eines Börsenmaklers in einer der Bankfilialen hochgearbeitet. Sie wollte ihre Karriere weiter nach vorne treiben und beschäftigte sich intensiv mit der Frage, was sie für den Wechsel in die Position eines

Börsenmaklers tun müsste. Diese junge Frau sah sich vor einige Herausforderungen gestellt, was die Ausbildung anging. Beinahe wäre ihr Vorhaben gescheitert, da viele ihrer Ziele mit einem Studium und dem Ablegen von Prüfungen verbunden waren.

Die meisten Menschen hätten aufgegeben. Sie nicht. Sie arbeitete noch härter. Sie wiederholte die Prüfungen so lange, bis sie sie bestanden hatte. Nach dem erfolgreichen Abschluss ihres Studiums bekam sie erst eine Stelle als Junior-Maklerin in einer Bankfiliale und wurde schließlich vollwertige Börsenmaklerin. Sie wurde rasch Neustarterin des Jahres. Sie ist außergewöhnlich. Sie ist hartnäckig, empathisch, authentisch, ehrlich und wirklich neugierig auf all die Menschen, die sie jetzt unterstützen darf. Sie ist ein guter Mensch mit enormem Grit und erkennt den Gesamtzusammenhang.

Diese Frau hätten viele auf dem Papier vermutlich als wenig überzeugend empfunden. Aber ihr Mindset – alle Eigenschaften, die wir oben genannt haben, plus ihre enorme Ausdauer, Entwicklungsfähigkeit und Lernbereitschaft – machte sie zu einer der am höchsten geschätzten Mitarbeiter der Region, und das in Konkurrenz mit vielen anderen, die auf dem Papier wesentlich qualifizierter und erfahrener waren. Carol erzählte uns: »Ich habe damals gespürt, dass sie eine große Zukunft hatte, und sie hat das seitdem wirklich bewiesen! Wir haben uns seit dieser Zeit beide in andere Richtungen entwickelt, aber ich bin mit ihr in Kontakt geblieben. Sie beeindruckt mich nach wie vor mit ihrer Karriere, hat großen Erfolg und ihr Glück gefunden.«

Im Folgenden lesen Sie die Meinung einer weiteren Wirtschaftsführungskraft.

»Wenn es darum geht, den größten Wert für das Geschäft zu erbringen, würde ich immer wieder die Person mit dem richtigen Mindset auswählen«, sagte Steve Collins, Führungskraft bei Mars, Inc. und verantwortlich für den weltgrößten Kunden Walmart.

Auf die Bitte, Namen zu nennen, sagte er: »Ich habe einige tolle Mitarbeiter, zum Beispiel Jim Dodge. Er ist jemand, der jeden Tag aufwacht und sich fragt: ›Wie kann ich besser werden? Wie kann ich mich und andere durch mein Handeln in Erstaunen versetzen?‹«

Steve stellt ohne zu zögern eine Verbindung zwischen Mindset und sichtbarem Wert her. »Ein Kerl wie er ist fünf oder mehr ›normale‹ Mitarbeiter wert. Jim und andere, die wie er dieses erfolgreiche Mindset haben, steuern die Zukunft unseres Geschäfts. Sie sind die Arbeitskräfte, die wir auf lange Sicht behalten wollen.«

Ihr 3G-Mindset bei der Arbeit einzusetzen und Ihren persönlichen ROI zu maximieren ist eine hervorragende Methode, um sicherzustellen, dass Sie sich sowohl in Ihrer gegenwärtigen als auch in Ihren zukünftigen Rollen entwickeln. So können Sie andere wesentlich qualifiziertere Kandidaten überholen.

Es ist eine brutale Wahrheit. Die Su Lims dieser Welt, die viele Überstunden machen, aber nicht über das richtige Mindset verfügen, um durch ihren persönlichen ROI Wert zu liefern, werden häufig gar nicht wahrgenommen, bei Beförderungen übersehen oder sogar entlassen.

Ari Spoto, Jim Dodge, Anita Roddick – und die Menschen, über welche die Spitzenarbeitgeber dieser Welt sprechen – beweisen, dass Sie unabhängig von Ihrer Karriereposition alle Facetten Ihres 3G-Mindsets anwenden können, um Ihren persönlichen ROI zu optimieren. Und dadurch vergrößern Sie drastisch die Chancen, besonders schnell befördert, langfristig gehalten und zu einem überaus geschätzten Mitarbeiter zu werden, was auf eine ungewöhnlich erfolgreiche und lohnende Karriere hinausläuft.

Genau das wünschen wir uns für Sie von Herzen.

Dieses Kapitel hat gezeigt, wie Sie Ihr neues und verbessertes 3G-Mindset am wirkungsvollsten einsetzen, um die besten Arbeitsplätze zu behalten und darin aufzublühen.

Kapitelzusammenfassung

3G → Persönlicher ROI → Erfolg im Beruf

Persönliche ROI-Formel

$$\text{ROI} = \frac{(\text{Arbeit} + \text{Ideen} + \text{Einfluss} - \text{Aufwand})}{\text{Aufwand}} \times 100$$

Der persönliche ROI ist die stärkste Methode, Ihr 3G-Mindset im Beruf einzusetzen.

Nutzen Sie Ihr 3G-Mindset, um Ihren persönlichen ROI jeden Tag zu optimieren, und Sie werden einer der gefragtesten, geschätztesten und bestentlohnten Mitarbeiter, dem Verantwortungsbereiche und Chancen geboten werden, die nur wenige andere erhalten.

10. Fazit

Am Anfang dieses Buch und unserer – wie vielleicht auch Ihrer – Reise stand die Frage: »Womit kann ich meine Chancen, die besten Arbeitsplätze zu bekommen, zu behalten und darin erfolgreich zu sein, am wirkungsvollsten steigern?«

Sie und die Menschen, mit denen Sie gern zusammenarbeiten würden, geben darauf dieselbe Antwort: Mit Ihrem Mindset. Aber nicht mit *irgendeinem* Mindset.

Sie wissen jetzt, dass die erfolgreiche innere Einstellung das 3G-Mindset ist. Darin stimmen die Wissenschaft und die Top-Arbeitgeber dieser Welt überein. Sie haben gesehen, dass ein mit Global, Good und Grit angereichertes Objektiv Sie von anderen abhebt und zu einem Mitarbeiter macht, den Arbeitgeber unbedingt einstellen, befördern und behalten wollen.

Als Teil der Gen G oder Generation Global erwarten Sie ein härterer Konkurrenzkampf und eine größere Vielfalt an Möglichkeiten als jede andere Generation vor Ihnen. Wir befinden uns in einer ganz neuen Ära. Die Situation ist vergleichbar mit einer gewaltigen Flut, die alle Dämme niederreißt. Ob Sie das verkümmern oder aufblühen lässt, wird allein durch eines bestimmt – Ihr 3G-Mindset. Noch nie spielte es eine größere Rolle als heute.

3G ist keine Wunderpille, die Sie schlucken, um sich dann wie durch Zauberhand zu verwandeln. Es ist ein kontinuierlicher Weg, eine persönliche und erhebende Aufgabe, zu der Sie sich verpflichten, um ein noch besserer Mensch zu werden und ein noch reicheres Leben zu genießen.

Das entspricht unserem Eingangsversprechen, Ihre Chancen zu vervielfachen, im Beruf ungewöhnlich erfolgreich zu sein, während Sie gleichzeitig Ihr Leben bereichern. Wir hoffen, dass Sie über unsere auf den Beruf bezogenen Beispiele hinaus sämtliche Prinzipien und Tools auf alle Facetten Ihres Lebens anwenden. Denn wie Sie zweifellos festgestellt haben werden, gilt alles auf diesen Seiten Dargestellte mit der gleichen Wirkung auch über die Arbeitswelt hinaus.

Dieses Buch konzentriert sich auf das Berufsleben. Dazu haben wir uns entschieden, weil wir die menschliche Würde sehr wichtig nehmen – die Würde und das Gefühl, wichtig zu sein, das Gefühl, dass es eine Rolle spielt, wer Sie sind und was Sie tun. Genau das kann am Arbeitsplatz auf einzigartige Weise gespeist werden. Wir haben diesen Bereich gewählt, weil wir die gemeinsame Leidenschaft hegen, Menschen bei ihrer Arbeit aufblühen zu sehen.

Ebenso wichtig ist uns die persönliche Energie, denn ohne Energie, ohne innere Lebenskraft ist es schwer, Dinge zu erstreben und zu erreichen, einen eigenen Beitrag zu leisten und aus irgendetwas Freude zu ziehen. Arbeit, innere Einstellung und Energie bilden eine starke Gemeinschaft.

Im Zuge unserer Forschungen stellten wir mehr als 500.000 Menschen weltweit folgende drei Fragen:

1. Welche Phase im Leben eines berufstätigen Menschen halten Sie für die energiereichste?
2. Welche Wochentage sind Ihrer Meinung nach die energiereichsten?
3. Welches sind die energiereichsten Stunden der Woche?

Was würden Sie auf diese Fragen antworten? Hier sind die Antworten der Befragten. Etwa 90 Prozent sagten:

1. Die kraftvollste Phase im Leben eines Menschen liegt zwischen dem 25. und dem 50. Lebensjahr.
2. Die energiereichsten Wochentage sind Montag bis Donnerstag.
3. Die energiereichsten Stunden sind zwischen 7 Uhr früh und 15 Uhr nachmittags.

Wenn Sie also in der glücklichen Lage sind, einen Arbeitsplatz zu haben, verbringen Sie einen Großteil Ihrer energiereichsten Zeit *bei der Arbeit*. Und das wiederum bedeutet, dass es eine schlechte Strategie ist, die energiereichsten Stunden Ihres Lebens mit etwas zu verbringen, das Sie hassen oder fürchten, um sich für später freizukaufen, für die Zeit, in der Sie weniger Energie haben.

Idealerweise gestalten Sie Ihr Arbeitsleben so, dass es lohnenswert, bereichernd und anregend ist. Wir wünschen Ihnen dieses Gefühl großer Befriedigung, wenn Sie bei allem, was Sie tun, einen herausragenden persönlichen ROI erreichen. Und dafür kennen wir keine bessere Methode, als jeden Morgen aufzuwachen und Ihr Mindset in Aktion treten zu lassen.

> Arbeit ist Leben, weißt du, und ohne das gibt es nur Angst und Unsicherheit.
>
> *John Lennon*

Danksagung

Wir möchten allen unseren tiefen Dank aussprechen, die dazu beigetragen haben, dieses Buch zu realisieren. Vor allem danken wir den Tausenden Arbeitgebern, die im Laufe der Jahre an unseren Studien teilgenommen haben, der Welt der Spitzenwissenschaftler, die uns ihre Zeit und ihr Wissen zur Verfügung stellten, um unsere Erkenntnisse und Vorgehensweisen zu ergänzen, sowie unseren geschätzten Kollegen, deren ehrliches Feedback und deren Anregungen uns und unsere Arbeit noch besser werden ließen.

Insbesondere danken wir dem REED-Team (Sarah Reynolds, Katy Nicholson, Marc Harris, Heidi Cross, Martin Warnes, Giulia Bertolini und Dutzenden anderen); dem PEAK-Team (Tina Miller, Jeff Thompson, Katie Martin, Stephen Cohen); Dr. Jerilee Grandy für ihre psychometrische Brillanz und vielen anderen. Vor allem unseren geliebten (und geduldigen) Ehefrauen und Familien danken wir, die auf so vieles verzichtet und unsere Arbeit zu einer Aufgabe und nicht nur zu einem Buch gemacht haben. Wir hoffen, wir haben euch mit Stolz erfüllt.

Jill Marsal, unsere Agentin, war beispielhaft für 3G bei der Umsetzung dieses Buches von der Idee in die Realität. Dieses Buch ist eine Anerkennung für sie und ihre seltene wertbasierte Form der Spitzenleistung. Dank ihr sind wir bessere Autoren. Sie ist wirklich einzigartig.

Wir danken unserer geschätzten Lektorin, Courtney Young, sowie Adrian Zackheim, dem geschätzten Gründer von Portfolio. Danke für das Erkennen des Potenzials.

Und nicht zuletzt danken wir Ihnen, verehrter Leser, dass Sie den Wunsch und den Mut haben, mehr aus der Arbeit zu machen als nur einen Job. Wir loben Ihr aufrichtiges Bemühen, Ihr Mindset in die Tat umzusetzen.

Anmerkungen

Einleitung: Warum die innere Einstellung so wichtig ist

11 **Ihre Chancen zu verdreifachen, den besten Arbeitsplatz zu bekommen und auch zu behalten:** Diese Aussage basiert auf einer unabhängigen Studie mit 30.000 erfolgreichen beziehungsweise erfolglosen Lebensläufen.

12 **In den Augen Ihres Chefs oder der wichtigsten Stakeholder:** Laut einer Studie, die wir bei Top-Arbeitgebern durchführten.

14 **Das belegen einige bahnbrechende Studien:** Für weitergehende Informationen zu AQ-bezogenen Erkenntnissen und Forschungen gehen Sie bitte auf www.peaklearning.com.

19 **Tatsächlich prognostiziert und steuert sie eine Menge Faktoren, einschließlich dem, wie viel Geld Sie verdienen:** Basierend auf einer Reihe unabhängiger Studien im Jahr 2010, angefangen mit der ersten Analyse der Ergebnisse der 895 3G-Panorama-Antworten, die 2010 von führenden Wissenschaftlern und der Psychometrikerin Jerilee Grandy durchgeführt wurde.

1. Die neue Realität: Was Arbeitgeber wirklich wollen

24 **zu der Altersgruppe, die wie keine andere in der Menschheitsgeschichte ADHS-Symptome (Aufmerksamkeitsdefizit-Hyperaktivitäts-Syndrom) aufweist:** Clay Shirky, *Cognitive Surplus: Creativity and Generosity in a Connected Age* (New York 2010).

27 **die unser Engagement teilen und Spaß daran haben, die Internetsuche zu perfektionieren:** www.google.com/intl/en/corporate/culture.html.

28 **dass sie bereitwillig etwa sieben »normale« Mitarbeiter gegen einen mit dem richtigen Mindset eintauschen würden:** Jedem Arbeitgeber wurde dieselbe Frage gestellt, dann wurde er gebeten, dies durch die Antwort auf die folgende Frage in Zahlen auszudrücken: »Wie viele ›normale‹ Mitarbeiter würden Sie gegen einen mit der richtigen inneren Einstellung tauschen?« Die Antworten reichten von drei bis zehn, der durchschnittliche Wert betrug 7,2.

2. Das erfolgreiche Mindset: Wir stellen Ihnen 3G vor

39   **prognostiziert, wie viel Geld Sie voraussichtlich verdienen werden:** Basierend auf einer Reihe unabhängiger Studien aus dem Jahr 2010, angefangen mit der ersten Analyse der Ergebnisse der 895 3G-Panorama-Antworten, die 2010 von führenden Wissenschaftlern und der Psychometrikerin Jerilee Grandy durchgeführt wurde.

39   **Ohne ein Global-Mindset können Sie Ihr Karrierepotenzial niemals ausschöpfen:** Persönliches Interview, das Dr. Paul G. Stoltz 2010 mit Dr. Stephen L. Cohen durchführte.

39   **eine breitgefächerte Gruppe von Personalmanagern in zweihundert globalen Organisationen:** Marshal Goldsmith, Alastair Robertson, Cathy Greenberg und Maya Hu-Chan, *Global Leadership: The Next Generation* (New Jersey 2003)

41   **bestimmt zudem, wie Sie als Führungskraft wahrgenommen und von anderen geschätzt werden:** Michael E. Brown, Linda K. Trevino und David A. Harrison, »Ethical Leadership: A Social Learning Perspective for Construct Development and Testing«, *Organizational Behavior and Human Decision Processes* 97, Nr. 2 (2005): 117-34.

41   **signifikante Auswirkungen auf Ihr Engagement beziehungsweise Ihre Kündigungsbereitschaft:** Kathryn M. Bartol, »Professionalism as a Predictor of Organizational Commitment, Role Stress and Turnover: A Multidimensional Approach«, *Academy of Management Journal* 22, Nr. 4 (1979): 815-21.

50   **schuf ein neues Wort, um dieses Phänomen zu beschreiben: Er nannte es »Coopetition«:** Adam M. Brandenburger und Barry J. Nalebuff, *Co-Opetition: A Revolutionary Mindset That Combines Competition and Co-operation: The Game Theory Strategy That's Changing the Game of Business* (New York 1996).

3. Messen Sie Ihr Mindset: Das 3G-Panorama

71   **deren Mindset von der Überzeugung geprägt ist: »Ich kann es noch besser, wenn ich mich einsetze«:** Carol S. Dweck, *Mindset: The New Psychology of Success* (New York 2006).

72   **in seinem Buch Wer bin ich, wenn ich online bin, und was macht mein Gehirn solange? – Wie das Internet unser Denken verändert:** München 2010.

75   **gehört in den Vereinigten Staaten zu den fünfzig unbeliebtesten Berufen:** *Wall Street Journal,* http://online.wsj.com/public/resources/documents/st_BEST-JOBS2010_20100105.html, 5. Januar 2010.

4. Beherrschen Sie Ihr Mindset: Wie alles funktioniert

87 **»im Gehirn biochemische Veränderungen bewirkt, die uns weiterbringen«:** K. Anders Ericsson, Ralf Krampe und Clemens Tesch-Römer, »The Role of Deliberate Practice in the Acquisition of Expert Performance«, *Psychological Review* 100, Nr. 3 (1993): 363-406.

89 **Je mehr Erfahrungen Taxifahrer sammeln, desto größer wird ihre Gehirnkapazität:** Eleanor A. Maguire et al., »Navigation-related Structural Change in the Hippocampi of Taxi Drivers«, *PNAS* 97, Nr. 8 (11. April 2000): 4398-4403.

89 **verändert die internen Funktionen und Strukturen des Gehirns:** Richard J. Davidson und Antoine Lutz, »Buddha's Brain: Neuroplasticity and Meditation«, *IEEE Signal Processing Magazine* (Januar 2008).

90 **scheinen zumindest partiell, wenn nicht gar signifikant genetisch zu sein:** Martin E. P. Seligman, *Learned Optimism: How to Change Your Mind and Your Life* (New York 1991).

90 **Gene wurden immer als starr angesehen:** David Shenk, *The Genius in all of us: Why Everything You've Been Told About Genetics, Talent and Intelligence Is Wrong* (New York 2010): 14, zitiert die Schlussfolgerungen aus *The Bell Curve* von Richard Herrnstein und Charles Murray als »Irrtümer« und vergleicht sie mit Aussagen von Michael Meaney, der weltbekannten Autorität zu Genen und Entwicklung von der McGill University.

90 **wie es der Autor David Shenk erklärt:** ebenda.

91 **»Gene multipliziert mit Umgebung«:** ebenda, 26-28.

91 **dass solche umweltbedingten Veränderungen tatsächlich vererbt werden können:** ebenda, 131-32, über Epigenetik. 1999 versuchten der Botaniker Enrico Coen und seine Kollegen am United Kingdom's John Innes Centre, den genetischen Unterschied zwischen verschiedenen Typen der Leinkrautpflanze zu isolieren … Der Unterschied fand sich nicht in den Genen, die sich als identisch erwiesen, sondern in den Epigenomen. (Einer Art Gedächtnis für Gene. Es enthält im Gegensatz zum Genom nicht nur die Bausteinabfolge des Erbguts einer Zelle, sondern auch Informationen über dessen Regulierung und Steuerung und somit darüber, in welche Richtung sich eine Zelle tatsächlich entwickelt. Das Epigenom bleibt flexibel und kann jederzeit auf Veränderungen reagieren.) Enrico entdeckte, dass diese Veränderungen vererbt werden können. Die australischen Genetiker Daniel Morgan und Emma Whitelaw machten bei Mäusen ähnliche Entdeckungen. Auf Seite 132 nennt Shenk vier wissenschaftliche Arbeiten, die zwischen 2004 und 2007 veröffentlicht wurden und bestätigen, dass die Vererbung von umweltbedingten Veränderungen zu epigenetischen Veränderungen führte.

92   **dass Dwecks Dimension der Entwicklungsfähigkeit eine wesentliche Komponente sowohl von Grit als auch von Ihrem gesamten 3G-Mindset ist:** Carol S. Dweck, *Mindset: The New Psychology of Success* (New York 2006).

93   **war die Auswirkung auf das Gehirn beim Imitieren wütender Gesichtsausdrücke drastisch reduziert:** Andreas Hennenlotte et al., »The Link Between Facial Feedback and Neural Activity within Central Circuitries of Emotion – New Insights from Botulinum Toxin-Induced Denervation of Frown Muscles«, *Cerebral Cortex* 19, Nr. 3 (Juni 2008): 537-42.

93   **helfen Spiegelneuronen zu erklären, wie Mitgefühl funktioniert:** Jean-Pierre P. Changeaux, Antonio Damasio und Wolf J. Singer, *Neurobiology of Human Values (Research and Perspectives in Neurosciences)*, (New York/Berlin/Heidelberg 2005), 107-123.

94   **1971 mit seinem berühmten Stanforder Gefängnisexperiment:** Philip Zimbardo, *The Lucifer Effect: How Good People Turn Evil* (New York 2007). Zimbardo teilte Harvard-Studenten nach dem Zufallsprinzip Rollen als Wärter beziehungsweise Gefangene zu. Innerhalb weniger Stunden wurden die »Wärter« zunehmend tyrannisch und dachten sich immer neue Schikanen aus, während die Gefangen versuchten, ihre Situation durch Unterwürfigkeit zu meistern.

95   **»Niemand ist eine Insel, in sich selbst vollständig«:** John Donne, *Devotions Upon Emergent Occasion and Death's Duel* (New York 1999).

95   **wenn Sie umgeben sind von Menschen, die auf demselben Weg sind und Sie unterstützen:** Nicholas A. Christakis und James H. Fowler, *Connected: The Surprising Power of Our Social Networks and How They Shape Our Lives* (New York 2009): 130. Studien zeigen, dass der Gewichtsverlust um 33 Prozent höher und dauerhafter ist, wenn die Betreffenden ihn im Rahmen einer Gruppe erzielen (R. R. Wing und R. W. Jeffrey, «Benefits of Recruiting Participants with Friends and Increasing Social Support for Weight Loss and Maintenance", *Journal of Consulting and Classical Psychology* 67 [1999]: 132-38).

96   **seine sehr persönliche Geschichte:** Dan Ariely, The Upside of Irrationality: The Unexpected Benefits of Defying Logic at Work and at Home (New York 2010): 1-5.

97   **Die Gruppe mit dem höchsten Bonus schnitt am schlechtesten ab:** Dan Ariely, »Bonuses Boost Activity, Not Quality«, Wired Magazine, 1. Februar 2010; siehe auch Ariely, The Upside of Irrationality, 21-38.

98   **ohne Rücksicht auf externe Belohnungen, spontan und mit voller Überzeugung:** Mihaly Csikszentmihalyi und Isabella Selega Csikszentmihalyi (Hrsg.), *Optimal Experience: Psychological Studies of Flow in Consciousness* (Cambridge 1922). Beachten Sie, dass Csikszentmihalyis Begriff yu auch als das taoistische Prinzip des wu-wei bekannt ist.

99 **Tatsächlich übertraf die Leistung derjenigen, die freiwillig beabsichtigten, dieses Instrument längere Zeit zu spielen, die der anderen um** erstaunliche 400 Prozent: Daniel Coyle, *The Talent Code: Greatness Isn't Born, It's Grown* (London 2009): 104; siehe auch Gary McPherson, »From Child to Musician: Skill Development During the Beginning Stages of Learning an Instrument«, *Psychology of Music* (Januar 2005).

99/ **gehen viele der klassischen Motivationen nach hinten los:** Daniel H. Pink,
100 *Drive: The Surprising Truth about What Motivates Us* (New York 2009): 72. Edward Deci und Richard Ryan, Verhaltensforscher von der Universität von Rochester in New York, haben in den USA, in Kanada, Israel, Singapur und Westeuropa ein Netzwerk von Wissenschaftlern zur Selbstbestimmungstheorie eingerichtet, die Selbstbestimmung und intrinsische Motivation mittels Hunderter wissenschaftlicher Arbeiten untersuchen. Ebenfalls führend auf diesem Gebiet sind unter anderem der Wirtschaftswissenschaftler Roland Benabou von der Princeton University, Bruno Frey von der Universität Zürich, Howard Gardner von der Harvard University und Robert Sternberg von der Tufts University. Pinks drei Elemente der intrinsischen Motivation: Autonomie, Können, Sinn (85-146) stützen die hier gegebenen Analysen.

5. Entwickeln Sie Ihr Mindset: Global

110 **Wie global denken und handeln Sie:** Dr. Stephen L. Cohen, »Global Leadership Requires a Global Mindset«, *Industrial and Commercial Training* 42, Nr. 1 (2001): 3-10, Emerald Group Publishing Ltd., www.Strategicleadershipcollaborative.com/articles/Stephen_L_Cohen.pdf.

115 **auf die wir uns verlassen, wenn ein Streit ausbricht:** Robin Dunbar, *Grooming, Gossip and the Evolution of Language* (Cambridge 1997); Robin Dunbar und Susanne Shultz, »Evolution in the Social Brain«, *Science 317*, Nr. 5843 (7. September 2007): 1344-47.

116 **Motivation: Social-Brain-Theorie:** Abdruck mit Genehmigung von Professor Alistair Sutcliffe und der Universität von Manchester.

123 **Folgt man den Wissenschaftlern aus Harvard und der Universität von Kalifornien Nicholas Christakis und James Fowler:** Nicholas A. Christakis und James H. Fowler, *Connected: The Surprising Power of our Social Networks and How They Shape Our Lives* (New York 2009): 50-54.

123 **die bei ihrem zukünftigen Arbeitsleben hilfreich sind:** Laut einer von reed.co.uk bei 1.450 Jobsuchenden durchgeführten Umfrage: »The Impact of Voluntary/Charity Sector Involvement«, September 2010.

123 **Jeder unglückliche Freund vermindert die Wahrscheinlichkeit um 7 Prozent:** ebenda, 51-52.

133 **eine Theorie, die der Psychologe Liam Hudson 1996 vorgestellt hatte:** Liam Hudson, *Contrary Imaginations: A Psychological Study of the English Schoolboy* (Harmondsworth 1967).

6. Entwickeln Sie Ihr Mindset: Good

142 **überragendes Engagement von ihren Mitarbeitern entgegengebracht. Gutes bringt Gutes hervor:** Michael Brown, Linda K. Trevino und David A. Harrison, »Ethical Leadership: A Social Learning Perspective for Construct Development and Testing«, *Organizational Behavior and Human Decision Processes* 97, Nr. 2 (2005).

144 **bei Kaufentscheidungen ethische und ökologische Aspekte mit einbeziehen:** Concerned Consumer Index, monatliche Umfrage von Good/Business/Populus, 2010: »Derzeit bezieht etwa die Hälfte der erwachsenen Konsumenten ethische Faktoren in ihre Kaufentscheidungen mit ein«; www.populus.co.uk/concerned-consumer-index-230810.html.

146 **»Gutes Business fußt auf großartigen Menschen, Anstand, Rücksichtnahme und aufmerksamem Zuhören«:** Tom Peters, »Kindness Can Be the Hardest Word of All«, *Financial Times*, 24. August 2010.

146 **»Meine Beobachtung ist: Freundlichkeit funktioniert! Und sie zahlt sich aus!«:** ebenda.

162 **Studenten dafür bezahlten, bei einem Test zu betrügen:** Nina Mazar, On Amir und Dan Ariely, »The Dishonesty of Honest People: A Theory of Self-Concept Maintenance«, *Journal of Marketing Research* XLV (Dezember 2008), 633-44.

163 **Auf ähnliche Weise zeigte eine Studie von Joseph Henrich an der University of British Columbia:** Joseph Henrich et al., »Markets, Religion, Community Size and the Evolution of Fairness and Punishment«, *Science* 327, Nr. 5972 (19. März 2010): 1480-84. »The Origins of selfishness«, *The Economist* (18. März 2010): »Dr. Henrich … stellte fest, dass das Ausmaß an Fairness innerhalb einer Gesellschaft in Relation zu deren Zugehörigkeit zu einer Weltreligion steht.«

7. Entwickeln Sie Ihr Mindset: Grit

176 **sind Menschen, die dieser Überzeugung und diesem Weg folgen, unmittelbar wesentlich erfolgreicher:** Carol S. Dweck, *Mindset: The New Psychology of Success* (New York 2006).

179 **in Pauls drei Büchern zum Thema Adversity-Quotient (AQ):** Dr. Paul G. Stoltz mit Erik Weihenmayer, *Adversity Quotient: Turning Obstacles Into Opportunities* (New York 1997); Dr. Paul G. Stoltz, *The Adversity Advantage: Turning Everyday Struggles into Everyday Greatness* (New York 2007); Dr. Paul G. Stoltz, *The Adversity Quotient at Work: Make Everyday Challenges the Key to our Success – Putting the Principles of AQ into Action* (New York 2000).

185 **Diagnosen von ADHS** (Aufmerksamkeitsdefizit-/Hyperaktivitätsstörung): Näheres zu ADHS finden Sie auf www.nlm.nih.gov/medlineplus/ency/article/001551.htm.

185 **weltweit verdreifacht:** Eric Taylor et al., »Attention Deficit Hyperactivity Disorder: Diagnosis and management of ADHD in children, young people and adults", *NICE* (September 2008), www.nice.org.uk/nicenedia/pdf/CG72FullGuideline.pdf.

185 **Der weltweite Fernsehkonsum beträgt mittlerweile über 1 Trillion Stunden jährlich:** Clay Shirky, *Cognitive Surplus: Creativity and Generosity in a Connected Age* (New York 2010).

185 **der Wortschatz von Teenagern seit den 1950ern um die Hälfte zurückgegangen ist:** Bericht an den Board of School Trustees, Metropolitan School District von Mortinsville, 2001, http://msadmin.scican.net/minutes/board%20minutes/2001/brd71701.htm.

185 **täglich im Schnitt knapp elf Stunden mit elektronischen Medien verbringen:** Zitiert von Hal Crowther in »100 Fears of Solitude«, *The Daily Telegraph*, 13. August 2010, zuerst veröffentlicht in *Granta* III.

186 **neue neuronale Verknüpfungen in unserem Gehirn verstärkt, während die alten geschwächt werden:** Gary Small und Gigi Borgan, *iBrain: Surviving the Technological Alternation of the Modern Mind* (New York 2008).

186 **führt Dutzende Studien von Psychologen, Neurobiologen, Lehrern und Webdesignern an, die auf dieselbe Lösung hindeuten:** Nicholas Carr, *Wer bin ich, wenn ich online bin ... und was macht mein Gehirn solange? – Wie das Internet unser Denken verändert* (München 2010).

186 **die flüchtiges Lesen, überhastetes und abgelenktes Denken und oberflächliches Lernen fördert:** ebenda.

186 **dass die Menschen in den meisten Ländern eine Website durchschnittlich zwischen 19 und 27 Sekunden ansehen, bevor sie weitergehen:** »Puzzling Web Habits Across the Globe«, Click Tales blog, 31. Juli 2008, http://blog.clicktale.com/2008/07/31/puzzling-web-habits-across-the-globe-part-1.

186 **zunehmend weniger in der Lage sind, ein Problem zu durchdenken und zu lösen:** zitiert in Don Tapscott, *Grown Up Digital* (New York 2009): 108-9.

186 **Laut einer von Hewlett-Packard finanzierten Studie des Psychologen Dr. Glenn Wilson:** Michael Horsnell, »Why Texting Harms Your IQ«, *The Sunday Times,* 22. April 2005.

187 **eine mythische Aktivität, bei der die Menschen glauben, sie könnten zwei oder mehr Dinge gleichzeitig tun:** Edward Hallowell, *CrazyBusy: Overstretched, Overbooked and About to Snap! Strategies for Handling Your Fast-Paced Life* (New York 2007).

187 **gefährlicher ist, als betrunken zu fahren:** Helen Nugent, »Texting While Driving Is More Dangerous Than Drink-Driving«, *The Times* (London), 18. September 2008, in einem Bericht über Transport-Research-Laboratory-Forschungen im Auftrag der RAC Foundation.

188 **untrüglichen Anzeichen eines schwachen und leichtfertigen Verstandes:** Philip Stanhope, *Letters to His Son* (London 1774), Brief CXXI.

187 **der geduldigen Konzentration mehr verdanke als allen anderen Talenten:** zitiert in Christine Rosen, »The Myth of Multitasking«, *The New Atlantis* 105 (Frühling 2008).

187 **um sich von einer Unterbrechung wie dem Beantworten von E-Mails zu erholen, bis sie wieder zu ihrer ursprünglichen Aufgabe zurückkehrten:** Gloria Mark et al., »No Task Left Behind? Examining the Nature of Fragmented Work«, schriftliche Fassung, präsentiert bei der Computer-Human Interaction Conference (CHI) 2005, 2-7. April 2005, Portland, Oregon: http://portal.acm.org/citation.cfm?id=1055017.

187 **der amerikanischen Wirtschaft Produktivitätsverluste von 650 Milliarden Dollar im Jahr verursacht:** zitiert von Steve Lohr, »Slow Down Brave Multi-Tasker, and Don't Read This in Traffic«, *New York Times*, 25. März 2007.

187 **Als der Psychologe René Marois von der Vanderbuilt-Universität mit Funktionellen Magnetresonanztomografien arbeitete:** René Marois et al., »Isolation of a Central Bottleneck of Information Processing with Time Resolved fMRI«, *Neuron* 52, Nr. 6 (21. Dezember 2006): 1109-20.

187 **besagt eine amerikanische Studie, über die im Journal of Experimental Psychology berichtet wurde:** Joshua S. Rubinstein, David E. Meyer und Jeffrey E. Evans, »Executive Control of Cognitive Processes in Task Switching, *Journal of Experimental Psychology: Human Perception and Performance* 27, Nr. 4: 763-97.

189 **wodurch die Menge der abrufbaren und nutzbaren Daten begrenzt ist:** Kevin Foerde, Barbara J. Knolton und Russell A. Poldrack, »Modulation of Competing Memory Systems by Distraction«, *PNAS* 103, Nr. 31 (1. August 2006): 11778-83.

189 **Menschliche Wesen sind nicht dafür geschaffen, so zu arbeiten. Wir sind dazu ausgelegt, uns auf eine Sache zu konzentrieren:** zitiert in Christine Rosen, »The Myth of Multitasking«, *The New Atlantis* 105 (Frühling 2008).

189 **kann Yu oder tiefe Konzentration erlernt und sogar beherrscht werden:** Mihaly Csikszentmihalyi, *Flow: The Psychology of Optimal Experience* (New York 2008).

189 **das ich verspüre, wenn ich mit dem Boot draußen auf See bin:** ebenda, S. 67.

8. Mit 3G die besten Arbeitsplätze bekommen

201 **Studie über erfolgreiche Lebensläufe:** 30.000 Lebensläufe, gefiltert, um eine Stichprobe von passenden/guten Reaktionen auf eine bestimmte Stellenanzeige zu bekommen, wurden für diese Studie analysiert. Die Stichprobe wurde so ausgewählt, dass sie repräsentativ war für verschiedene Zeiträume (von 2007 bis 2010) und verschiedene Arbeitsbereiche (einschließlich Buchhaltung, Verwaltung, IT, Bildung, Finanzen und Gesundheitswesen). Die Forschungsmethode beinhaltete die Verwendung einer Software, die nach Schlüsselbegriffen suchte. Ein unabhängiges Forschungsteam wendete standardisierte Kriterien an, um bestimmte Charakteristika und Eigenschaften zu erfassen. Die Lebensläufe wurden in drei Kategorien unterteilt, sodass über Ähnlichkeiten und Unterschiede entsprechend den Ergebnissen berichtet werden konnte. Lebensläufe von Bewerbern, die den Arbeitsplatz bekommen haben (der »erfolgreiche« Lebenslauf) wurden verglichen mit Lebensläufen, die in die engere Wahl gekommen waren, sowie jenen, die aussortiert wurden (die »erfolglosen« Lebensläufe). Eine vollständige Beschreibung der Studie zum erfolgreichen Lebenslauf erhalten Sie auf 3GMindset.com.

10. Fazit

257 **gibt es nur Angst und Unsicherheit:** Geoffrey Giuliano, *Lennon in America, 1971-1980* (New York 2000).

Über die Autoren

James Reed

James Reed ist Vorstandsvorsitzender von REED, einem Unternehmen für Personalvermittlung. Jedes Jahr vermittelt REED Hunderttausende Menschen auf befristete und unbefristete Arbeitsplätze in einer Reihe von Fachdisziplinen rund um die Welt. Reed begann 1991, nach seinem Abschluss an der Harvard Business School, bei dem Unternehmen. In den folgenden zwanzig Jahren hat REED den Umsatz mehr als vervierfacht. REED ist mit 20 Millionen Bewerbungen pro Jahr die Online-Stellenbörse Nummer eins in Großbritannien und einer der größten Personalvermittler in Europa. REED bietet auch Beschäftigungsförderungsprogramme, die mehr als einhunderttausend Langzeitarbeitslose wieder zurück ins Arbeitsleben gebracht haben.

James Reed ist zusammen mit Dr. Paul G. Stoltz Begründer des weltweit führenden Konzeptes zur Bestimmung und Stärkung des Mindsets. Er ist Mitglied des Chartered Institute of Personnel and Development (CIPD). Die Firma REED hat ihren Sitz in der Londoner Baker Street, in einem Eckhaus, das früher den Beatles gehörte und nun mit einer blauen Gedenktafel zur Erinnerung an das Leben und Werk von John Lennon versehen ist. James Reed lebt mit seiner Familie ganz in der Nähe.

Paul G. Stoltz, Ph.D.

Paul G. Stoltz ist ein weltweit führender Experte für die Messung und Stärkung der menschlichen Belastbarkeit. Er ist der Autor von drei weltweiten Bestsellern zu diesem Thema, die in fünfzehn Sprachen veröffentlicht wurden. 1987 gründete Stoltz das Institut PEAK-Learning, ein globales Forschungs- und Beratungsunternehmen. Er coacht, trainiert und berät Spitzenmanager, Entscheidungsträger und Meinungsführer der unterschiedlichsten Organisationen. Als einer der gefragtesten Vordenker, Redner und Ratgeber verbindet er Inspiration mit Durchführung und vermittelt seine fesselnde und pragmatische Botschaft an Zuhörergruppen von zehn bis zehntausend Menschen an den unterschiedlichsten Indoor- und Open-Air-Schauplätzen, darunter einige der größten Veranstaltungsorte der Welt.

Er wurde mit Auszeichnungen wie »Einer der 10 einflussreichsten internationalen Denker« *(HR Magazine)*, »Vordenker des Jahres« (Hongkong) und »Einer der 100 einflussreichsten Denker unserer Zeit« *(Executive Excellence)* geehrt. Die internationale Zentrale von PEAK Learning ist auf einer Viehranch in den felsigen Vorgebirgen der kalifornischen Central Coast angesiedelt. Dort lebt Stoltz auch mit seiner Familie, die von *USA Today* als »Amerikas kreativste Familie« ausgezeichnet wurde.

Stichwortverzeichnis